“工学结合、校企合作”课程改革成果系列教材
数控技术应用专业教学用书

电气控制技术常识

主　编　陈爱午
参　编　李山兵　王向军　邓跃群
主　审　朱仁盛

机 械 工 业 出 版 社

本书是根据全国职业教育机电类专业课程改革及教材建设工作会议精神，依据专业基础综合化的要求而编写。主要内容包括：电气安全常识、常用电工工具及仪表、小型变压器、三相异步电动机、直流电机、常用低压电器、三相异步电动机控制电路、直流电动机控制电路、典型机床电气控制电路。

本书可作为中等职业学校机电技术应用、数控技术应用、机电设备安装与维修电气运行与控制、电气技术应用等专业的教材，也可供从事电气工程技术人员参考。

图书在版编目(CIP)数据

电气控制技术常识/陈爱午主编. —北京：机械工业出版社，2011.1（2024.1 重印）
“工学结合、校企合作”课程改革成果系列教材. 数控技术应用专业教学用书
ISBN 978-7-111-32907-7

Ⅰ.①电… Ⅱ.①陈… Ⅲ.①电气控制—高等学校：技术学校—教材 Ⅳ.①TM921.5

中国版本图书馆 CIP 数据核字(2010)第 262859 号

机械工业出版社(北京市百万庄大街 22 号 邮政编码 100037)
策划编辑：汪光灿 责任编辑：蔡 岩
版式设计：张世琴 责任校对：张晓蓉
封面设计：路恩中 责任印制：单爱军
北京虎彩文化传播有限公司印刷
2024 年 1 月第 1 版第 6 次印刷
184mm×260mm · 14.75 印张 · 363 千字
标准书号：ISBN 978-7-111-32907-7
定价：45.00 元

电话服务
客服电话：010-88361066
010-88379833
010-68326294

网络服务
机 工 官 网：www.cmpbook.com
机 工 官 博：weibo.com/cmp1952
金 书 网：www.golden-book.com
机工教育服务网：www.cmpedu.com

前　　言

本书是根据全国职业教育机电类专业课程改革及教材建设工作会议精神，体现“工学结合、校企合作”人才培养模式教学改革成果，依据专业基础综合化的要求而编写。

本书在编写时，以必需、够用、实用、好用为原则，克服理论课内容偏难、偏深的弊端，以掌握理论、强化技能为重点，注重学生职业能力的培养。为便于学生练习、掌握和巩固所学知识，书后配有丰富的习题，同时为强化学生实践操作能力，在每一章后都配套实训项目。此外，本书在内容的阐述上，力求简明扼要、层次清楚、图文并茂、通俗易懂；在知识介绍上循序渐进、由浅入深；在实训项目上，强调实用性、可操作性。

本书可作为中等职业学校机电技术应用、数控技术应用、机电设备安装与维修、电气运行与控制、电气技术应用等专业的教材，也可供从事电气工程技术人员参考。

本书共分9章，主要内容包括：电气安全常识、常用电工工具及仪表、小型变压器、三相异步电动机、直流电机、常用低压电器、三相异步电动机控制电路、直流电动机控制电路、典型机床电气控制电路。

本书由陈爱午担任主编，第1章、第9章由李山兵编写，第2章、第6章、第7章由陈爱午编写，第3章、第4章由王向军编写，第5章、第8章由邓跃群编写。

泰州机电高等职业技术学校朱仁盛副教授担任主审，主审以严谨的科学态度和高度负责的精神，认真阅读了全部书稿和插图，并提出许多宝贵的修改意见，在此表示衷心的感谢。

本书在编写过程中得到了刘海燕主任和陆留宏主任的悉心帮助，并参阅了许多同类教材和专著，在此一并表示感谢。

由于编者水平有限，书中难免存在缺点和疏漏之处，敬请读者批评指正。

编　者

目　　录

第1章
电气安全常识

随着科学技术的迅猛发展，电能已成为各行各业不可或缺的重要能源之一，电气设备在各行各业的应用也日益广泛，人们接触电气设备的机会随之增多。如果电气设备安装不恰当，使用不合理，维修不及时，尤其是电气工作人员缺乏必要的电气安全知识，不仅会造成电能浪费，而且很容易发生触电、火灾、爆炸等电气事故，以致影响生产，甚至危及生命。因此，电气安全已日益得到人们的关注和重视。为了消除电气事故以保证安全，研究和探讨相关电气安全常识是十分必要的。

1.1　人体触电基本常识

由于人体是导电的，所以当人体接触到具有不同电位的两点时，由于电位差的作用，就会有电流通过人体，对人的肌体造成不同程度的伤害，这种现象就是触电。触电对人体的伤害程度与触电的种类、方式及条件有关。

1.1.1　触电种类和方式

1. 触电的种类

人体触电有两种类型，即电击和电伤。电击是电流通过人体内部，引起人体内部组织的破坏，以致死亡。电击所致内伤，轻则导致人体肌肉抽搐、内部组织损伤、发热、发麻、神经麻痹等，重则引起昏迷、窒息、心脏停止跳动、血液循环终止而死亡。电击伤害的严重程度与通过人体的电流大小、电流通过人体的持续时间、电流通过人体的途径、电流的频率以及人体的健康状况等因素有关。电击是最危险的触电事故，绝大部分触电死亡事故都是由电击造成的。电伤是在电流的热效应、化学效应、机械效应以及电流本身作用下所造成的人体外部的局部伤害，常表现为灼伤、烙伤和皮肤金属化等现象。电击和电伤这两类伤害在事故中也可能同时发生。

2. 触电的方式

触电事故的发生多数是由于人直接碰到了带电体或者接触到因绝缘损坏而漏电的设备，站在接地故障点的周围，也可能造成触电事故。触电可分为以下几种：

（1）人直接与带电体接触的触电事故　按照人体触及带电体的方式和电流通过人体的途径，此类事故可分为单相触电和两相触电。此类事故约占全部触电事故的40%以上。

1）单相触电。在低压电力系统中，若人站在地上或其他接地体上，人体的某一部位触及一相带电体时，电流由带电体经人体流入大地而导致的触电称为单相触电或单线触电，如图1-1所示。这是常见的触电方式。如果系统中性点接地，则加于人体的电压为220V，流过人体的电流足以危及生命。中性点不接地时，虽然线路对地绝缘电阻可起到限制人体电流的作用，但线路对地存在分布电容、分布电阻，作用于人体的电压为线电压380V，触电电流仍能危及生命。人体接触漏电的设备外壳，也属于单相触电。

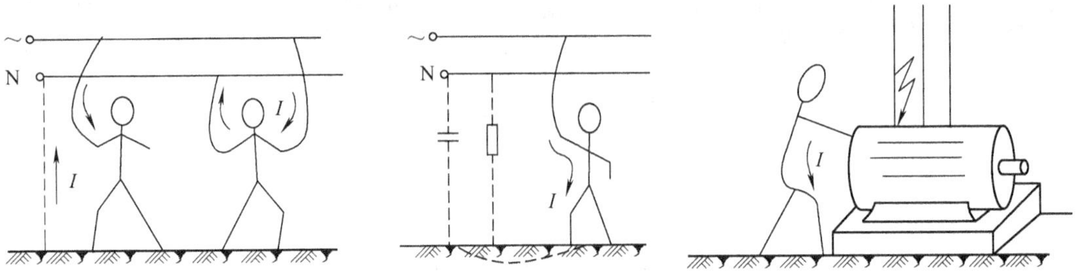

a)　　b)　　c)

图1-1　单相触电

2）两相触电。两相触电是指人体不同部位同时接触两相电源带电体，以及高压系统中人体距离高压带电体小于规定的安全距离，造成电弧放电时，电流从一相导体经人体流入另一相导体而引起的触电，如图1-2所示。两相触电时，由于加在人体上的电压为线电压，所以无论电网的中性点是否接地，人体所承受的线电压均比单相触电时要高，其危险性更大。

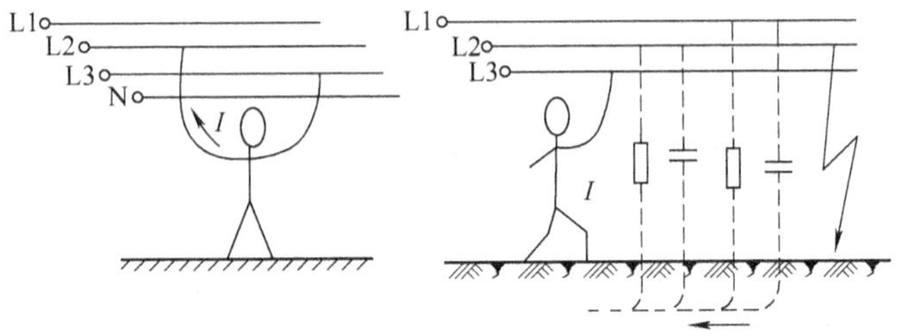

图1-2　两相触电

（2）与绝缘损坏电气设备接触的触电事故　正常情况下，电气设备的金属外壳是不带电的，当绝缘损坏而漏电时，触及到这些外壳，就会发生触电事故，触电情况和接触带电体一样。此类事故占全部触电事故的50%以上。

（3）接触电压、跨步电压触电　这也是危险性较大的一种触电方式。当外壳接地的电气设备绝缘损坏而使外壳带电，或导线断落发生单相接地故障时，电流由设备外壳经接地线、接地体或由断落导线经接地点向大地流散，此时会在以接地故障点为中心，20m为半径的范围内形成分布电位，当人站在地上触及设备外壳时，就会承受一定的电压，称为接触电压，由此引发的触电事故称为接触电压触电。若此时人站在设备附近地面上，两脚之间也会承受一定的电压，称为跨步电压。由此引发的触电事故称为跨步电压触电。

接触电压和跨步电压的大小取决于人体站立点与接地点的距离。距离越远，接触电压越大，距离越近，跨步电压越大。当距离超过20m时，可认为接触电压达到最大，而跨步电压为零，而当人体站在接地点与漏电设备接触时，接触电压为零。人体遇到跨步电压触电时，应立刻合拢双脚跳出接地点20m之外，就可以保障人身安全。

3. 触电事故规律

由于触电事故的发生都很突然，并在相当短的时间内会造成严重后果，因此死亡率较高。根据对触电事故的统计分析，其规律可概括为以下几点。

1）具有明显的季节性。每年的6～9月是触电事故的多发季节，这是由于这段时间多雨、潮湿，电气设备绝缘性能降低，同时由于天气炎热，人们穿衣单薄而多汗，因此增加了触电的可能性。

2）低压设备触电事故多。这是由于低压电网分布广，低压设备多而且比较简陋，管理不善，人们接触的机会多所致。

3）中青年和非电工触电事故多。这些人电气安全知识不足，技术不成熟，易发生触电事故。

4）便携式和移动式设备触电事故多。这是因为该类设备需要经常移动，工作条件较差，容易发生故障。

5）冶金、矿山、建筑、机械行业触电事故多。这几个行业工作现场比较混乱，温度高，湿度大，移动式设备多，临时线路多，难以管理。

1.1.2　触电对人体的伤害

触电对人体的伤害主要取决于电流，电流对人体的作用指的是电流通过人体内部对于人体的有害作用，如电流通过人体时会引起针刺感、压迫感、打击感、痉挛、疼痛乃至血压升高、昏迷、心律不齐、心室颤动等症状。而电流对人体伤害的严重程度则与通过人体电流的大小、持续时间、途径、种类及人体的状况等多种因素有关，特别是与电流大小、通电时间有着十分密切的关系。

1. 通过人体电流的大小

通过人体的电流大小不同，引起人体的生理反应也将不同。对于工频电流，按照通过人体的电流大小和人体呈现的不同反应，可将电流划分为三类，即感知电流、摆脱电流和致命电流。

（1）感知电流　就是引起人的感觉的最小电流。实验资料表明，1mA 左右的工频电流通过人体，就会使人体产生轻微颤抖和刺痛等不舒服的感觉。经验表明，一般成年男性的感知电流约为 1.1mA，成年女性约为 0.7mA。

（2）摆脱电流　是指人体触电以后能够自己摆脱的最大电流。10～30mA 的电流通过人体，便会使人体产生麻痹、剧痛、痉挛、血压升高、呼吸困难等症状。成年男性的平均摆脱电流为 16mA，成年女性约为 10.5mA，儿童的摆脱电流比成年人要小。必须说明的是，摆脱电流的能力将会随着触电时间的延长而减弱，一旦触电后不能及时摆脱电源，将会导致严重后果。

（3）致命电流　是指在较短的时间内危及人的生命的最小电流。电击致死是电流引起的心室颤动造成的，故引起心室颤动的电流就是致命电流。电流达到 50mA 以上，就会引起触电者心室颤动而有生命危险；100mA 以上的电流，足以致人于死地。

2. 电流通过人体的时间长短

电流通过人体的时间越长，造成电击伤害的危险程度就越大。一般人的心脏每收缩扩张一次的间隙约为 750ms，这 750ms 的间隙期对电流特别敏感，通电时间越长，则必然与心脏最敏感的间隙重合而引起电击；通电时间越长，人体电阻会因紧张出汗等因素而降低，导致通过人体的电流进一步增加，从而导致危险增加。

3. 电流通过人体的途径

电流通过心脏会引起心室颤动或心脏停止跳动，造成血液循环中断，通过中枢神经或有关部位均可导致死亡，电流通过脊髓，会使人截瘫。一般从左手到前胸是最危险的途径；从手到脚，从左手到右手都是很危险的电流途径；从脚到脚的途径虽然伤害程度较轻，但若摔倒，会造成电流通过全身的严重情况。

4. 通过人体的电流频率

直流电、高频电流对人体都有伤害作用，但其伤害程度一般较25~300Hz的交流电轻。直流电的最小感知电流，对于男性约为5.2mA，女性约为3.5mA；平均摆脱电流，对于男性约为76mA，女性约为51mA。高频电流的电流频率不同，对人体的伤害程度也不同。通常采用的工频电流，对于设计电气设备比较经济合理，但从安全角度看，这种电流对人体最为危险。随着频率偏离这个范围，电流对人体的伤害作用减小，如频率在1kHz以上，伤害程度明显减轻。但应指出，高压高频电流的危险性还是较大的。如6~10kV、500kHz的电力设备也有电击致死的危险。

5. 触电者自身的身体状况

通过人体电流的大小与触电电压和人体电阻有关。人体的电阻不是一个固定值，人体电阻不仅与身体自然状况和人体部位有关，而且还与环境条件等因素以及接触电压有很大关系。通常人体电阻可按1000~2000Ω考虑，在带电体电压一定的情况下，触电时人体电阻越大，受电流伤害越轻。如皮肤角质有损伤，皮肤处于潮湿或带有导电性粉尘时，人的电阻就会下降到1kΩ以下(人体体内电阻约为500Ω左右)，人体触及带电体的面积愈大，接触愈紧密，则电阻愈小，危险程度愈大。在人体电阻一定时，作用于人体的电压愈高，则通过人体的电流就愈大，电击的危险性就会增加。

1.1.3　防止触电的安全措施

电既能造福人类，也可能因用电不慎危及财产及人身安全，所以在用电过程中，必须特别注意用电安全，牢固树立安全第一的思想，贯彻预防为主的方针，认真落实保证安全的组织措施和技术措施，做到防患于未然。

触电分为直接触电和间接触电两种情况。直接触电是指人体直接接触或过分接近带电体而触电；间接触电指人体触及正常时不带电而发生故障时才带电的金属导体。下面我们先对触电的原因进行分析，从而提出预防直接触电和间接触电的几种措施。

1. 触电的原因

触电的场合不同，引起触电的原因也不尽相同。常见的触电原因主要有下面几种情况。

（1）线路架设不合规格　线路架设不合规格主要有以下情况：室内外线路对地距离、导线之间的距离小于容许值；通信线、广播线与电力线间隔距离过近或同杆敷设；线路绝缘破损；某些地区为节省电线而采用一线一地制送电等。

（2）电气操作制度不严格　电气操作制度不严格主要有以下情况：带电操作，不采取可靠的保安措施；不熟悉电路和电器，盲目修理；救护已触电的人，自身不采用安全保护措施；停电检修，不挂电气安全警示牌；使用不合格的保安工具检修电路和电器；人体与带电体过分接近，又无绝缘措施或屏护措施；在架空线上操作，不在相线上加临时接地线；无可靠的防高空跌落措施等。

（3）用电设备不合要求　用电设备不合要求主要有以下情况：电气设备内部绝缘低或损坏，金属外壳无保护接地措施或接地电阻太大；开关、闸刀、灯具、携带式电器绝缘外壳破损，失去防护作用；开关、熔断器误装在中性线上，一旦断开，将使整个线路带电。

（4）用电不规范　用电不规范主要有以下情况：违反布线规程，在室内乱拉电线；随意加大熔断器熔丝规格；在电线上或电线附近晾晒衣物；在电杆上拴牲口；在电线(特别是高压线)附近打鸟、放风筝；未断电源，移动家用电器；打扫卫生时，用水冲洗或用湿布擦拭带电的电器或线路等。

2. 触电的预防

我国每年因触电死亡人数达数千人之多，在所有触电事故中，无法预料和不可抗拒的事故只占极少数，大量的事故还是可以采取切实有效的措施来进行预防的。

（1）加强用电安全管理的组织措施

1）加强人员的培训与管理。对从事电气工作的人员必须经相关部门培训、考核合格，在具备必要的电气知识和业务技能，具备必要的安全知识和紧急救护法的基础上方可进行电气操作。可通过技术培训、岗位练兵、反事故演习等方式提高电气操作人员的技术、业务水平，大力开展安全用电宣传，普及安全用电的基本知识。

2）建立健全安全规章制度。必须认真贯彻执行安全操作规程、电气安装规程、运行管理规程、维护检修制度等，以确保工作人员人身及设备的安全，并使电气设备始终保持在良好、安全的运行状态。

3）强化用电管理和安全检查。用电管理要严把“三关”，即把好投运质量关、操作技术关、安全维护关。定期进行安全检查，对查出的缺陷、隐患及时进行处理，及时纠正用电中的不安全因素和违章行为。

（2）加强用电安全管理的技术措施　对于不同种类的触电事故，应采取不同的安全防护措施。

1）直接触电的预防。直接触电的预防措施有以下 3 种。

① 绝缘措施。良好的绝缘是保证电气设备和线路正常运行的必要条件，是防止触电事故的重要措施。选用绝缘材料必须与电气设备的工作电压、工作环境和运行条件相适应。不同的设备或电路对绝缘电阻的要求不同。例如：新装或大修后的低压设备和线路，绝缘电压不应低于 0.5MΩ；运行中的线路和设备，绝缘电阻要求每伏工作电压 1kΩ 以上；高压线路和设备的绝缘电阻不低于每伏 1000MΩ。

② 屏护措施。采用屏护装置，如常用电器的绝缘外壳、金属网罩、金属外壳、变压器的遮栏、栅栏等将带电体与外界隔绝开来，以杜绝不安全因素。凡是金属材料制作的屏护装置，应妥善接地或接零。

③ 间距措施。为防止人体触及或过分接近带电体，在带电体与地面之间、带电体与其他设备之间，应保持一定的安全间距。安全间距的大小取决于电压的高低、设备类型、安装方式等因素。

2）间接触电的预防。间接触电的预防措施有以下 3 种。

① 加强绝缘。对电气设备或线路采取双重绝缘的措施，可使设备或线路绝缘牢固，不易损坏。即使工作绝缘损坏，还有一层加强绝缘，不致发生金属导体裸露造成间接触电。

② 电气隔离。采用隔离变压器或具有同等隔离作用的发电机，使电气线路和设备的带电部分处于悬浮状态。即使线路或设备的工作绝缘损坏，人站在地面上与之接触也不易触电。必须注意，被隔离回路的电压不得超过 500V，其带电部分不能与其他电气回路或大地相连。

③ 自动断电保护。在带电线路或设备上采取漏电保护、过电流保护、过电压或欠电压

保护、短路保护、接零保护等自动断电措施。当发生触电事故时，在规定时间内能自动切断电源，起到保护作用。

（3）加强用电安全管理的一般措施　在所有人身触电伤亡事故中，既有作业人员违章、误操作造成的事故；也有由于电气设备制造不良或运行中出现故障使操作者触电伤亡的事故；还有电气设备安装不合格带来的触电事故；以及非电工人员随便处理电气事务而造成的事故等。下面根据造成用电事故的几种原因，具体分析应采取的相应措施。

1）私拉乱接造成触电。私拉乱接造成触电的主要原因包括：不遵守国家电气技术规程制度，人为制造不安全因素，如私拉乱接各种电气设备等，导致了人为触电伤亡及电气火灾事故的发生；安装质量低劣，乱拉乱扯，扰乱电网的整体布局；非电气工作人员安装、操作电气设备，造成安装无标准，操作无程序，管理无规章，运行无制度等的不安全局面。

为防止此类事故的发生，应做到以下几点：严禁使用挂钩线、破股线、地爬线和绝缘不合格的导线；严禁采用“一相一地”方式用电；不得私自攀登、操作电力设备；不得购买质量低劣的电气设备；严禁私设电网，严禁用电网捕鱼、狩猎、捕鼠或灭害；用电要申请，安装修理找电工，不准私拉乱接用电设备。

2）违章作业造成触电。违章作业造成触电的主要原因包括：安全意识不强，缺乏安全技术、遵章守纪的教育；思想麻痹大意，存在侥幸心理；管理人员对各种因素缺乏了解，安全措施不到位；视规章制度于不顾，没有严格按规程办事。

为防止此类事故的发生，应做到加强安全教育，提高安全意识，严格执行“三票三制”；认真学习各种规章制度，不断提高理论和技术水平；作业人员每年应接受相应的培训、考试，经考试合格方能上岗作业；严格按安全规程进行作业，严禁约时停、送电；对有触电危险的工作应设专人监护，专职监护人不得兼任其他工作；完善规章制度，落实安全职责，严肃劳动纪律，严格安全考核，狠抓习惯性违章。

3）设备安装不合格造成触电。设备安装不合格造成触电的主要原因包括：违反电力有关规程，没有按规程要求进行作业和质量把关；采用不合格的电气材料；安全意识不强，缺乏对电气安全知识的了解和认识。

为防止此类事故的发生，应做到加强人员培训和教育，提高人员素质。坚持原则，按章办事，把好安装质量关；不准私拉乱接用电设备，采用合格的电气设备；严格执行各种规程、制度，按章办事；工作要认真，不能有半点马虎，不能不懂装懂；定期进行设备维护检修，消除事故隐患；对三类设备进行改造，提高设备的健康水平。

4）设备失修造成触电。设备失修造成触电的主要原因包括：维护管理不善，线路设备带病运行，没有及时处理设备缺陷；工作责任心不强，缺乏安全用电认识。

为防止此类事故的发生，应做到加强设备管理，明确安全职责范围；加强线路设备的巡视检查，发现问题及时处理；加强漏电保护器的运行管理，确保安装率、运行率、灵敏率100%。

5）缺乏安全用电常识造成触电。缺乏安全用电常识造成触电的原因包括：文化素质低，缺乏安全用电常识，安全观念淡薄、无知。

为防止此类事故的发生，应做到大力普及安全用电知识的宣传教育，通过培训、广播、宣传画、影片等形式，使安全用电知识家喻户晓；临时用电设备用电，事先须征得供电部门同意方能安装，经检查合格，才能投入运行；非专业人员或电工不得从事电力工作，电力工作要严格按规程操作。

6）维护不善造成触电。维护不善造成触电的原因包括：对电力线路设备缺乏维护管理，存在事故隐患，或由于使用、修理不当，而造成意想不到的触电事故。

为防止此类事故的发生，应做到：努力提高电力线路的安全运行水平，每年应对电力设备进行一次全面的检修；应定期或不定期对线路进行巡视检查，发现问题及时处理；开展保护电力设施的宣传教育工作，做到积极防治；安装维修严格按规程要求，不能有半点马虎。

1.2　触电急救技术常识

触电急救实例表明，触电急救对于减少触电伤亡是行之有效的。因此，对于电气工作人员和所有用电人员来说，掌握触电急救知识是非常重要的，触电急救的要点是抢救迅速，救护得法。

1.2.1　使触电者尽快脱离电源

人触电以后，可能由于痉挛或失去知觉等而不能自行摆脱电源，当发现有人触电时，不可惊慌失措，应当设法使触电者迅速而安全地脱离电源，这是急救的第一步。根据触电现场的情况，通常采用以下几种急救方法。

1）如果触电现场远离开关或不具备关断电源的条件，只要触电者穿的是比较宽松的干燥衣服，救护者可站在干燥木板上，用一只手抓住衣服将其拉离电源，如图 1-3 所示，但切不可触及带电人的皮肤。也可用干燥木棒、竹竿等将电线从触电者身上挑开，如图 1-4 所示。

2）如果触电发生在相线与大地之间，一时又不能把触电者拉离电源，可用干燥绳索将触电者身体拉离地面，或用干燥木板将人体与地面隔离开，以切断通过人体流入大地的电流，然后再设法关断电源，使触电者脱离带电体。

图 1-3　将触电者拉离电源

图 1-4　将电线从触电者身上挑开

3）如果手边有绝缘导线，可先将一端良好接地，另一端与触电者所接触的带电体相接，使该相电源对地短路，迫使电路跳闸或断开熔丝，达到切断电源的目的。

4）救护者也可用手头的刀、斧、锄等带绝缘柄的工具或硬棒，在电源的来电方向将电线砍断或撬断。

1.2.2　现场急救处理

触电者脱离电源之后，应迅速对其伤害情况作出简单诊断，看一看触电者的胸部、腹部有无起伏动作，有无呼吸，瞳孔是否放大，听一听触电者心脏跳动的情况和口鼻处的呼吸声响，摸一摸触电者颈部或腹股沟处的大动脉有没有搏动，然后根据实际情况，采取正确的救护方法，迅速进行救护。

1）触电者神志尚清醒，但感觉头晕、乏力、心悸、出冷汗、恶心、呕吐等症状，应让其就地静卧休息，减轻心脏负担。

2）触电者神志有时清醒，有时昏迷。这时，应一方面请医生救治，一方面让其静卧休息，密切注意其伤情变化，做好万一恶化的抢救准备。

3）触电者已失去知觉，但有呼吸、心跳。应在迅速请医生的同时，解开触电者的衣领裤带，平卧在阴凉通风的地方。如果出现痉挛，呼吸衰弱，应立即施行人工呼吸，并送医院救治。如果出现“假死”，应边送医院边抢救。

4）若触电者呼吸停止，但心跳尚存，则应对触电者施行人工呼吸；如果触电者心跳停止，呼吸尚存，则应采取胸外心脏按压法；如果触电者呼吸、心跳均已停止，则必须同时采用人工呼吸法和胸外心脏按压法这两种方法进行抢救。

1.2.3 触电急救技术

1. 口对口人工呼吸法

人工呼吸法是帮助触电者恢复呼吸的有效方法，只对停止呼吸的触电者使用。在几种人工呼吸方法中，以口对口呼吸法效果最好，也最容易掌握。其操作步骤如下。

1）首先使触电者仰卧，迅速解开触电者的衣领、围巾、紧身衣服等，除去口腔中的黏液、血液、食物、假牙等杂物。

2）将触电者的头部尽量后仰，鼻孔朝天，颈部伸直。救护人在触电者的一侧，一只手捏紧触电者的鼻孔，另一只手掰开触电者的嘴巴。救护人深吸气后，紧贴着触电者的嘴巴大口吹气，使其胸部膨胀；之后救护人换气，放松触电者的嘴鼻，使其自动呼气。如此反复进行，吹气2s，放松3s，大约5s一个循环。

3）吹气时要捏紧鼻孔，紧贴嘴巴，不使之漏气，放松时应能使触电者自动呼气。其操作示意如图1-5～图1-8所示。

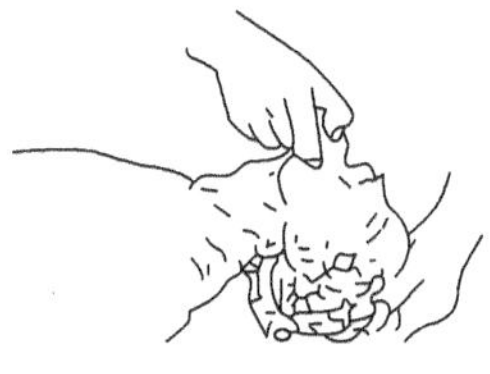

图1-5 头部后仰

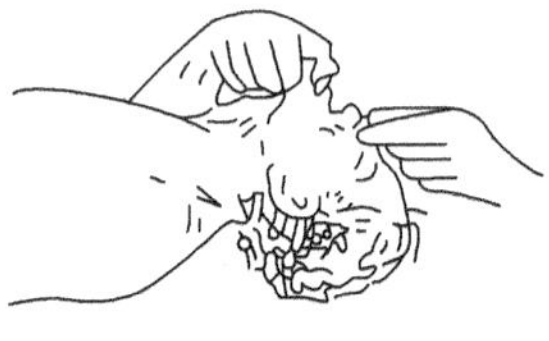

图1-6 捏鼻掰嘴

图1-7 贴紧吹气

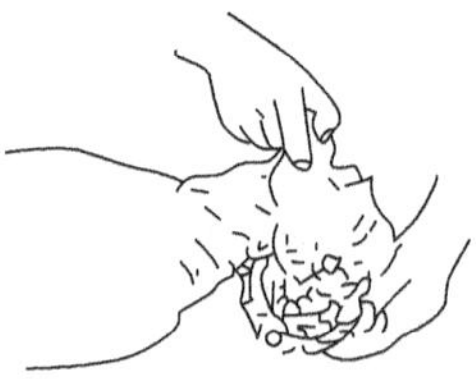

图1-8 放松换气

4）如果触电者牙关紧闭，一时无法撬开，可采取口对鼻吹气的方法。

5）对体弱者和儿童吹气时应轻微用力，不可让其胸腹过分膨胀，以免肺泡破裂。当触电者自己开始呼吸时，人工呼吸应立即停止。

2. 胸外心脏按压法

胸外心脏按压法是帮助触电者恢复心跳的有效方法。当触电者心脏停止跳动时，有节奏地在胸外廓加力，对心脏进行挤压，代替心脏的收缩与扩张，达到维持血液循环的目的。其操作要领如图 1-9 ~ 图 1-12 所示，其步骤如下。

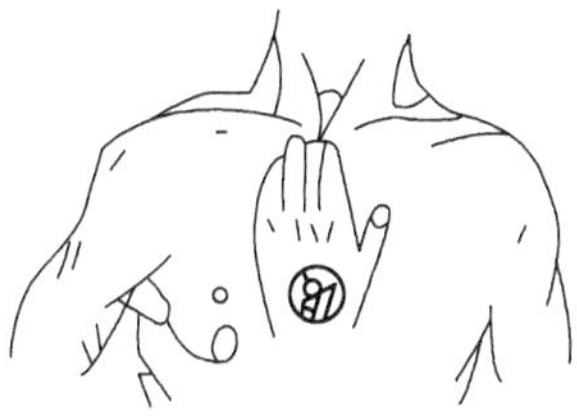

图 1-9　正确压点

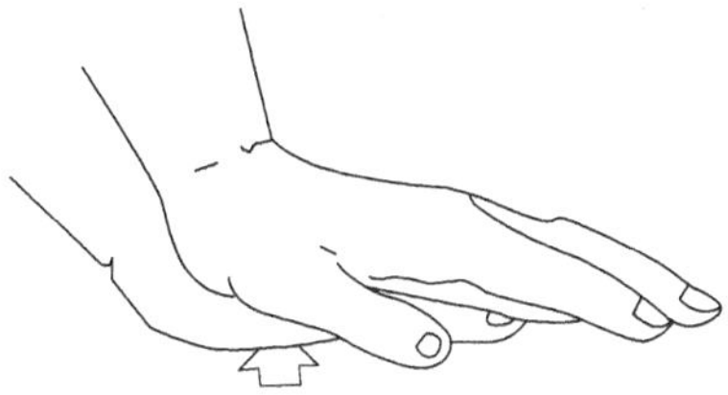

图 1-10　叠手姿势

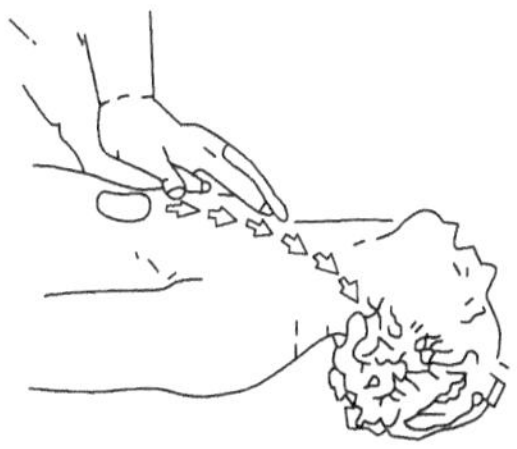

图 1-11　向下挤压

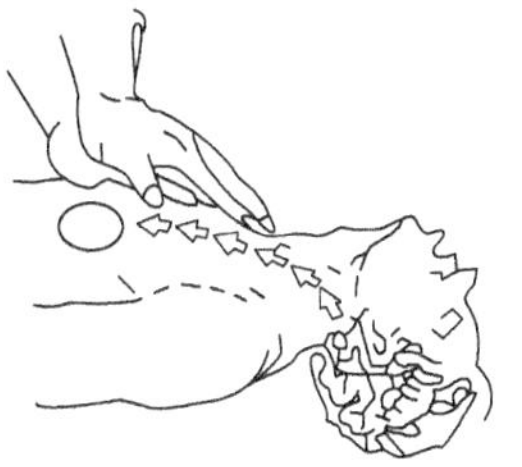

图 1-12　迅速放松

1）将触电者衣服解开，使其仰卧在硬板上或平整的地面上，找到正确的挤压点。通常是，救护者伸开手掌，中指尖抵住触电者颈部凹陷的下边缘，手掌的根部就是正确的压点。

2）救护人跪跨在触电者腰部两侧的地上，身体前倾，两臂伸直，两手相叠，以手掌根部放至正确压点。

3）掌根均衡用力，连同身体的重量向下挤压，压出心室的血液，使其流至触电者全身各部位。压陷深度成人为 3 ~5cm，对儿童用力要轻。太快太慢或用力过轻过重，都不能取得好的效果。

4）挤压后掌根突然抬起，依靠胸廓自身的弹性，使胸腔复位，血液流回心室。

重复 3)、4) 步骤，每分钟 60 次左右为宜。

总之，使用胸外心脏按压法要注意压点正确，下压均衡、放松迅速、用力和速度适宜，要坚持做到心跳完全恢复。如果触电者心跳和呼吸都已停止，则应同时进行胸外心脏按压和人工呼吸。一人救护时，两种方法可交替进行；两人救护时，两种方法应同时进行，但两人必须配合默契。

1.3　电气火灾消防知识

随着现代科学技术的发展，电能相应地得到了广泛的开发与利用。电能的应用既造福了人类社会，同时也给人类带来了触电和电气火灾事故的危险。电能通过电气设备及线路转化成热能，并成为火源所引发的火灾，统称为电气火灾。电气火灾发生后，电气设备和线路可能带电，因此在扑灭电气火灾时，应首先搞清火灾发生的原因，采取正确的扑救方法，以防发生人身触电及爆炸事故。

1.3.1 电气火灾的起因

电气火灾和爆炸在火灾、爆炸事故中占有很大的比例。如线路、电动机、开关等电气设备都可能引起火灾。变压器等带油电气设备除了可能发生火灾，还有爆炸的危险。造成电气火灾与爆炸的原因很多，除设备自身缺陷、安装不当等设计和施工方面的原因外，电流产生的热量和火花或电弧也是引发火灾和爆炸事故的直接原因。

1. 过热

电气设备运行时总是要发热的，但是，设计、施工正确及运行正常的电气设备，其最高温度和其与周围环境温差(即最高温升)都不会超过某一允许范围。例如：裸导线和塑料绝缘线的最高温度一般不超过70℃。也就是说，电气设备正常的发热是允许的。但当电气设备发生故障时，发热量就会增加，温度升高，达到一定条件时，就会引起火灾。引起电气设备过热的不正常运行大体包括以下几种情况：

（1）短路 发生短路时，线路中的电流为正常时的几倍甚至几十倍，而产生的热量与电流的平方成正比，使设备温度急剧上升，大大超过允许范围。如果温度达到可燃物的自燃点，即引起燃烧，从而导致火灾。

（2）过载 过载会引起电气设备发热。造成过载的原因大体上有以下两种情况：一是设计时选用线路或设备不合理，以致在额定负载下产生过热；二是使用不合理，即线路或设备的负载超过额定值，或连续使用时间过长，超过线路或设备的设计能力，由此造成过热。

（3）接触不良 接触部分是发生过热的一个重点部位，易造成局部发热、烧毁。接头连接不牢、焊接不良或接头处混有杂质、动触头没有足够的接触压力或接触粗糙不平，都会增加接触电阻而导致触头过热。

（4）铁心发热 变压器、电动机等设备的铁心，如果铁心绝缘损坏或承受长时间过电压，涡流损耗和磁滞损耗将增加，使设备过热。

（5）散热不良 电气设备在设计和安装时不合理，散热或通风措施受到破坏，都会造成设备过热。

此外，电烙铁等直接利用电流的热量进行工作的电气设备，工作温度都比较高，如安置或使用不当，均可能引起火灾。

2. 电火花和电弧

一般电火花的温度都很高，特别是电弧，温度可高达3000～6000℃，因此，电火花和电弧不仅能引起可燃物燃烧，还能使金属熔化、飞溅，构成危险的火源。在有爆炸危险的场所，电火花和电弧更是引起火灾和爆炸的一个十分危险的因素。

电火花大体包括工作火花和事故火花两类。工作火花是指电气设备正常工作时或正常操作过程中产生的。如开关电器的开合或接触器的触头吸合等均能产生火花。事故火花是线路或设备发生故障时出现的。如发生短路或接地时出现的火花、绝缘损坏时出现的闪光、导线连接松脱时的火花、熔体熔断时的火花、过电压放电火花、静电火花以及修理工作中错误操作引起的火花、因碰撞引起的机械性质的火花等。

1.3.2 电气火灾的预防

1. 电气火灾的特点

电气火灾与一般火灾相比，有两个突出的特点：

1）电气设备着火后可能仍然带电，并且在一定范围内存在触电危险。

2）充油电气设备如变压器等受热后可能会喷油，甚至爆炸，造成火灾蔓延且危及救火人员的安全。

所以，扑救电气火灾必须根据现场火灾情况，采取适当的方法，以保证灭火人员的安全。

2. 电气火灾的预防措施

根据电气火灾和爆炸形成的主要原因，电气火灾应主要从以下几个方面进行预防：

1）要合理选用电气设备和导线，不要使其超负载运行。

2）在安装开关、熔断器或架线时，应避开易燃物，与易燃物保持必要的防火间距。

3）保持电气设备正常运行，特别注意线路或设备连接处的接触保持正常运行状态，以避免因连接不牢或接触不良，使设备过热。

4）要定期清扫电气设备，保持设备清洁。

5）加强对设备的运行管理。要定期检修、试验，防止绝缘损坏等造成短路。

6）电气设备的金属外壳应可靠接地或接零。

7）要保证电气设备的通风良好，散热效果好。

1.3.3　电气设备灭火常识

一旦发生电气火灾，应立即组织专人采用正确方法进行扑救，必要时拨打火警 119，同时通知电力部门用电监察机构派人到现场指导和监护扑救工作。

电气设备发生火灾时，为了防止触电事故，一般都在切断电源后才进行扑救。

1. 断电灭火

电气设备发生火灾或引燃周围可燃物时，首先应设法切断电源，必须注意以下事项：

1）处于火灾区的电气设备因受潮或烟熏，绝缘能力降低，所以拉开关断电时，要使用绝缘工具。

2）剪断电线时，不同相电线应错位剪断，防止线路发生短路。

3）应在电源侧的电线支持点附近剪断电线，防止电线剪断后跌落在地上，造成电击或短路。

4）如果火势已威胁邻近电气设备，则应迅速拉开相应的开关。

5）夜间发生电气火灾，切断电源时，要考虑临时照明问题，以利扑救。如需要供电部门切断电源，则应及时联系。

2. 带电灭火

有时在危急的情况下，如等待切断电源后再进行扑救，就会有使火势蔓延扩大的危险，或者断电后会严重影响生产。这时为了取得扑救的主动权，扑救就需要在带电的情况下进行。带电灭火时应注意以下几点：

1）必须在确保安全的前提下进行，应用不导电的灭火剂，如二氧化碳、1211、1301、干粉等进行灭火。不能直接用导电的灭火剂如直射水流、泡沫等进行喷射，否则会造成触电事故。

2）使用小型二氧化碳、1211、1301、干粉灭火器灭火时由于其射程较近，要注意保持一定的安全距离。

3）在灭火人员穿戴绝缘手套和绝缘靴、水枪喷嘴安装接地线的情况下，可以采用喷雾灭火。

4）如遇带电导线落于地面，则要防止跨步电压触电，扑救人员需要进入灭火时，必须穿上绝缘鞋。

3. 充油电气设备灭火

1）充油电气设备着火时，应立即切断电源，如外部局部着火时，可用二氧化碳、1211、干粉等灭火器材灭火。

2）如设备内部着火，且火势较大，切断电源后可用水灭火，有事故贮油池的应设法将油放入池中，再进行扑救。

习 题 1

1. 填空题

(1) 人体触电有两种类型，即________和________，其中________是最危险的触电事故。

(2) 常见的触电方式有________、________、________、________。

(3) 电流对人体伤害的严重程度与________、________、________、________及________等多种因素有关。

(4) 常见的触电原因主要有________、________、________和________。

(5) 直接触电的预防措施有________、________、________三种；间接触电的预防措施有________、________、________三种。

(6) 当发现有人触电时，应首先____________________。

(7) 若触电者呼吸停止但心跳尚存，则应对触电者采用________方法进行抢救；若触电者心跳停止但呼吸尚存，则应对触电者采用________方法进行抢救。

(8) 引起电气设备过热的不正常运行大体包括________、________、________、________、________、________。

2. 选择题

(1) 当有电流在接地点流入地下时，电流在接地点周围土壤中产生电压降。人在接地点周围，两脚之间出现的电压称为(　　)。

A. 跨步电压　　B. 跨步电势　　C. 临界电压　　D. 故障电压

(2) 下列电流中数值最大的是(　　)。

A. 感知电流　　B. 摆脱电流　　C. 致命电流　　D. 安全电流

(3) 下面电流中对人体伤害最大的是(　　)。

A. 25Hz 以下的电流　　B. 150Hz 的电流　　C. 350Hz 的电流　　D. 1000Hz 的电流

(4) 下面通电途径中对人体伤害最大的是(　　)。

A. 从左手到右手　　B. 从左脚到右脚　　C. 从左手到胸部　　D. 从右手到胸部

(5) 电线接地时，人体距离接地点越近，跨步电压越高；距离越远，跨步电压越低。一般情况下距离接地体多少，跨步电压可看成是零。(　　)。

A. 10m 以内　　B. 20m 以外　　C. 30m 以外　　D. 50m 以外

(6) 如果触电者伤势严重，呼吸和心跳均已停止，应竭力施行(　　)和胸外心脏按压。

A. 按摩　　B. 点穴　　C. 人工呼吸　　D. 止血

(7) 被电击的人能否获救，关键在于(　　)。

A. 触电的方式　　B. 人体电阻的大小

C. 触电电压的高低　　D. 能否尽快脱离电源和施行紧急救护

3. 判断题

（1）所谓的人体允许电流就是可以长时间能够承受的电流。　（　）

（2）人体的电阻基本上是固定不变的。　（　）

（3）在扑救电气火灾时，在未断电之前绝不允许使用泡沫灭火器。　（　）

（4）当发现有人触电时，应立即用手将他推开，以离开电源。　（　）

（5）一般电机允许轻微的短时间过载，但绝不允许长时间严重过载。　（　）

（6）在进行断电灭火剪断电线时，不同相电线应错位剪断，防止线路发生短路。（　）

4. 问答题

（1）影响电流对人体伤害程度的主要因素有哪些？

（2）通过人身的直流安全电流、交流安全电流规定分别在多少以下？

（3）电压相同的交流电和直流电，哪一种对人的伤害大？

（4）人体电阻一般有多大？何种情况下人体电阻较小？

（5）加强用电安全管理的组织措施有哪些？

（6）触电紧急救护时，首先应进行什么？然后立即进行什么？

（7）电气设备着火，首先必须采取的措施是什么？

（8）电气设备发生火灾时，可带电灭火的器材是哪几种？

实训课题一　电工安全操作技术训练

1. 实训目的

（1）通过模拟现场的触电救护，熟悉现场触电急救的基本要领。

（2）初步掌握两种常用触电急救方法：口对口人工呼吸法和胸外心脏按压法的操作要领。

2. 实训器材

模拟人、纱布、多媒体、体操垫

3. 实训步骤

（1）组织学生观看口对口人工呼吸法和胸外心脏按压法的教学录像。

（2）在模拟的低压触电现场让一学生模拟被触电的各种情况，要求学生三人一组选择正确的绝缘工具，使用安全快捷的方法使触电者脱离电源。

（3）将已脱离电源的触电者按急救要求放置在体操垫上，学习“看、听、试”的判断办法。

（4）根据触电者无呼吸无心跳的状况选择急救方法，在模拟人体上进行正确操作。

4. 注意事项

（1）在训练时应听从指导老师现场指导，以免因操作不规范而使模拟触电者受到伤害。

（2）进行胸外心脏按压法模拟训练时，挤压位置和手掌姿势必须正确，下压时要有节奏，不能太用力，以免造成模拟触电者胸部骨骼损伤。

（3）以上模拟训练两人一组，交换进行，认真体会操作要领。

5. 思考题

（1）如何针对触电现场的实际情况，采取迅速有效的措施使触电者脱离电源？

（2）口对口人工呼吸法和胸外心脏按压法的动作要领是什么？

6. 评分标准

评分标准见表 1-1。

表 1-1 评分标准

<table>
<tr><th colspan="4">项 目 内 容</th><th>配分</th><th colspan="2">评 分 标 准</th><th>扣分</th></tr>
<tr><td colspan="4">根据触电现场情况，使触电者脱离电源</td><td>40</td><td colspan="2">（1）动作不迅速，扣 20 分
（2）采取措施不当，扣 20 分
（3）造成意外伤害，扣 40 分</td><td></td></tr>
<tr><td colspan="4">根据触电者实际状况，选择正确的急救方法</td><td>30</td><td colspan="2">（1）反应不迅速，扣 20 分
（2）方法选择不当，扣 30 分</td><td></td></tr>
<tr><td colspan="4">急救操作步骤正确，动作规范</td><td>30</td><td colspan="2">（1）步骤不正确，每处扣 5 分
（2）操作不规范，每处扣 5 分
（3）造成意外伤害，扣 30 分</td><td></td></tr>
<tr><td colspan="4">安全文明生产</td><td colspan="3">违反安全文明生产规程扣 5～40 分</td><td></td></tr>
<tr><td colspan="4">定额时间 2h</td><td colspan="3">每超时 5min，以扣 5 分计算</td><td></td></tr>
<tr><td>备注</td><td colspan="6">除定额时间外，各项目的最高扣分不应超过此项配分</td><td></td></tr>
<tr><td>开始时间</td><td></td><td>结束时间</td><td></td><td>实际用时</td><td></td><td>成绩</td><td></td></tr>
<tr><td>班级</td><td></td><td>姓名</td><td></td><td colspan="2">指导老师</td><td colspan="2"></td></tr>
</table>

第 2 章

常用电工工具及仪表

常用电工工具及仪表在电气设备安装、维护、修理工作中起着十分重要的作用，因此掌握常用电工工具和仪表的使用与维护方法，学会正确使用电工工具和仪表，既能提高工作效率，减少劳动强度，又能保障作业安全。

2.1 常用电工工具的使用和维护

常用的电工工具主要有下面几种：低压验电笔、螺钉旋具、钢丝钳、尖嘴钳、剥线钳、电工刀、活扳手、冲击钻、电烙铁等。

2.1.1 低压验电笔

低压验电笔又称试电笔、测电笔，简称电笔。它是用来检查低压线路、电器和电气设备是否带电的一种常用简易测试工具。低压验电笔按工作原理分为氖泡式和数显式两种。

1. 氖泡式低压验电笔

（1）结构与工作原理 氖泡式低压验电笔有钢笔式、旋具式和组合式等多种形式，但基本结构和工作原理都相同。低压验电笔由金属探头、降压电阻、氖泡、弹簧等部件组成，如图 2-1 所示。

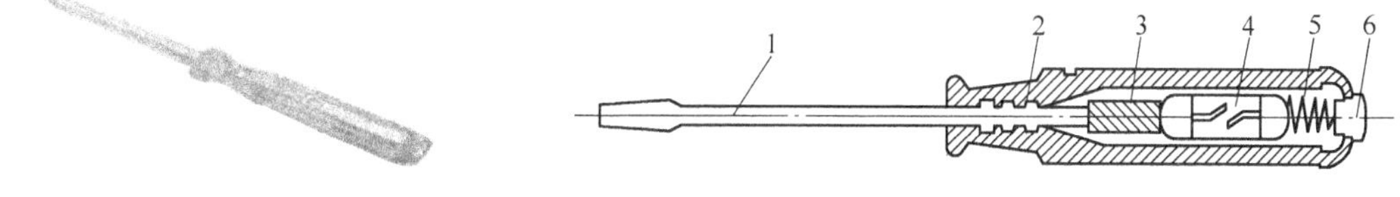

a) b)

图 2-1 氖泡式低压验电笔

a）外形图 b）结构图

1—金属探头 2—绝缘外壳 3—电阻 4—氖泡 5—弹簧 6—笔尾金属

其工作原理是：当测试带电体时，测试者用手触及验电笔的笔尾金属，此时金属探头、氖泡、电阻、人体和大地形成回路。当被测带电体与大地之间的电位差超过 60V 时，验电笔中的氖泡就会发出辉光。

（2）使用方法与注意事项

1）低压验电笔使用前应在带电体上进行校核，确认验电笔良好后方可使用，以免造成误判而发生触电事故。

2）低压验电笔使用时，正确的握笔方法是手指触及其尾部金属体，氖泡管背光朝向使用者，以便验电时观察氖泡辉光情况。避免在光线明亮的方向观察氖泡是否起辉，以免因看不清而误判。

3）低压验电笔的检测范围为 60 ~ 500V。

4）低压验电笔可以用来区分相线和零线，氖泡发亮的是相线，不亮的是零线。

5）在用低压验电笔进行测试时，如果氖泡两极都发光，就是交流电；如果两极中只有一个极发光，则是直流电。

6）若将低压验电笔接在直流电路中测试，氖泡发亮的那一极就是负极，不发亮的一极是正极。

7）一般低压验电笔均可作为螺钉旋具使用，但须注意在把验电笔当作螺钉旋具使用时，用力要轻，扭矩不可过大，以防损坏。

8）低压验电笔在使用完毕后，要保持清洁，放置于干燥、防潮、防摔碰之处。

2. 数显感应式低压验电笔

数显感应式低压验电笔可在不碰触导电体的情况下，正确测知其是否带电，以提高使用安全性。该试电笔主要是在一密闭盒体内装设了一块电路板，电路板前端焊接一向前弯折的金属板，作为传感器，并将感应的交变信号传至电路板上，经由电路板上的波形放大回路、波形处理回路、电源自我诊断回路及多谐振荡回路等电路产生适当的频率，推动压电式蜂鸣器及 LED 发声闪亮，并以此来检验该导电体是否带电。F1AC-P2 感应式验电笔是目前世界上较为先进的感应式验电笔，其电压探测范围为 AC200-600V，它既能检查三眼插座的左零右相；又能确定开关引线的正确与否；还能区分平行零相导线的零线与相线，以及查找通电导线的断点等。因其结构简单、使用方便，可以广泛用作电气工作者随身佩戴的验电工具。

2.1.2 螺钉旋具

螺钉旋具又称起子、改锥、螺丝刀等，是用来紧固或拆卸带槽螺钉的最常用的电工工具。螺钉旋具按动力源来分有手动的和电动的。它的种类很多，按照头部形状的不同，常见的可分为一字和十字两种；按照手柄材料和结构的不同，可分为木柄、塑料柄、夹柄和金属柄四种；按照操作形式可分为自动、电动和风动等形式。

1. 手动螺钉旋具

手动螺钉旋具由刀头和柄组成，按头部形状不同分为一字形和十字形两种，分别用于紧固或拆卸带一字槽或十字形槽的螺钉、木螺钉和自攻螺钉等，如图 2-2a、b 所示。

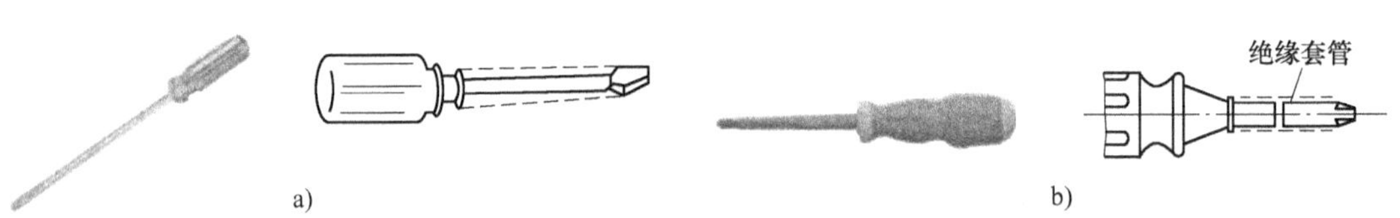

a) b)

图 2-2 手动螺钉旋具

a）一字形 b）十字形

螺钉旋具的型号含义：一字螺钉旋具的型号表示为刀头宽度 × 刀杆长。例如：2 × 75mm，则表示刀头宽度为 2mm，杆长为 75mm（非全长），杆的长度规格有 75mm、100mm、125mm、150mm 几种。十字螺钉旋具的型号表示为刀头大小 × 刀杆。例如 2# × 75mm，则表示刀头为2号，金属杆长为75mm（非全长）。型号为0#、1#、2#、3#对应的金属杆粗细大致为3.0mm、5.0mm、6.0mm、8.0mm。

2. 使用方法与注意事项

1）使用时，紧握手柄，使头部顶牢螺钉槽口，防止打滑而损坏槽口。通常以顺时针方向旋转为紧固，逆时针方向旋转为拆卸。

2）用螺钉旋具拆卸或紧固带电螺栓时，手不得触及螺钉旋具的金属杆，更不可使用金属杆直通柄顶的螺钉旋具，以免发生触电事故。

3）对触及带电体的螺钉旋具应在其金属杆上穿套绝缘管，以避免手指或邻近的带电体碰触金属杆。

4）使用时应注意根据螺钉的大小选择不同规格的螺钉旋具。切不可用小螺钉旋具去拧旋大螺钉。否则易导致不易旋紧、螺钉尾槽拧豁、螺钉旋具头部受损现象；反之，如果用大旋具拧旋小螺钉，也易造成因力矩过大而导致小螺钉滑丝现象。

3. 电动螺钉旋具

电动螺钉旋具适用于相应规格型号的螺钉、螺母的快速装卸，是各种低压电器开关、家用电器等装配流水线作业中的理想工具，能有效减轻生产工人的劳动强度，提高劳动生产效率。使用电动螺钉旋具要注意如下几个问题：

1）在使用电动螺钉旋具之前，要确定其所用电源电压，以免烧坏电路板，甚至发生其他危险。

2）在电动螺钉旋具使用时，要保持它的正常扭力，不要随意旋转调整扭力旋钮。

3）在正常生产时，无论是竖着或横着作业，都要垂直于安装螺丝的部件以免损坏部件。

4）电动螺钉旋具在运行中不得切换旋转方向，以免损坏电机，缩短使用寿命。

5）注意其使用环境，禁止在潮湿、有腐蚀性气体、高粉尘环境中存放使用。

2.1.3　钢丝钳

钢丝钳又称老虎钳、钳子，是一种较为频繁使用的用以夹持器件或剪切金属导线的电工工具。

1. 结构与规格型号

钢丝钳由钳头和钳柄两部分组成，钳头又包括钳口、齿口、刀口和铡口四部分，钳柄带有耐压500V的橡胶绝缘套管，如图2-3a、b所示。钢丝钳的常用规格有150mm、175mm、200mm三种。

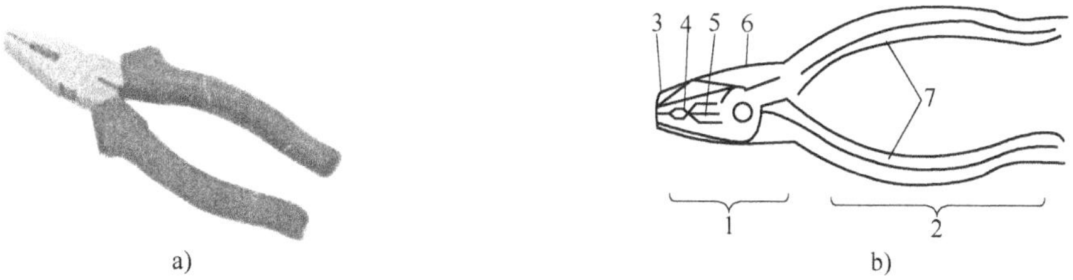

图2-3　钢丝钳

a）外形图　b）结构图

1—钳头　2—钳柄　3—钳口　4—齿口　5—刀口　6—铡口　7—绝缘套

2. 使用方法与注意事项

1）使用钢丝钳时，可用钳口弯绞或钳夹线头，用齿口来旋紧或起松螺母，用刀口来剪切或剖削绝缘层、掀拔铁钉，用铡口来铡切钢丝等较硬的金属。

2）钢丝钳在使用前，必须检查其绝缘手柄，在确认其绝缘性能良好的前提下方可带电作业，并注意保持手与金属部分之间的距离，以防发生触电事故。

3）在使用钢丝钳的过程中应注意保护绝缘套管，以免损伤失去绝缘作用。

4）用钢丝钳剪切带电导线时，必须单根进行，严禁用刀口同时剪切相线和零线或同时剪切两根相线，以免发生短路事故。

5）使用钢丝钳时，为便于控制剪切部位，刀口应朝向内侧。

6）不可将钢丝钳当锤使用，以免刃口错位、转动轴失圆，影响正常使用。钳头的轴销应经常加油润滑，保证其开闭灵活。

2.1.4 尖嘴钳

尖嘴钳与钢丝钳相仿，因其头部尖细而得名，适用于狭小的工作空间或带电操作低压电气设备。

1. 结构与规格型号

尖嘴钳由钳头和钳柄两部分组成，钳头又包括钳口和刀口两部分，钳柄带有耐压 500V 的橡胶绝缘套管，其外形结构如图 2-4 所示。尖嘴钳规格通常按其全长分为 130mm、160mm、180mm、200mm 四种。

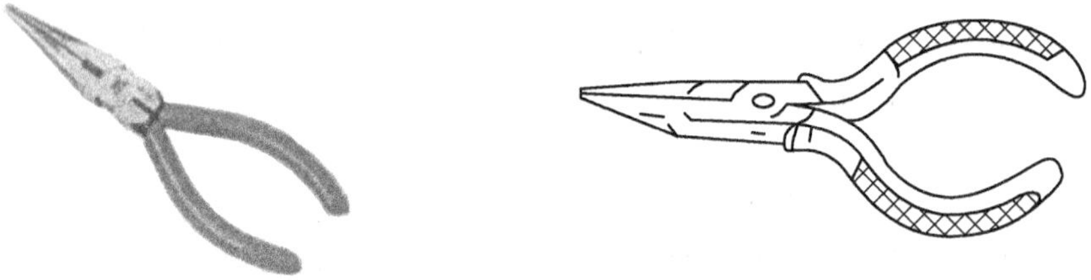

a) b)

图 2-4 尖嘴钳

2. 使用方法与注意事项

1）使用尖嘴钳时可用钳头来夹持较小螺钉、垫圈、导线和把导线端头弯曲成所需形状，用刀口来剪断细小的导线、金属丝等。

2）尖嘴钳使用注意事项与钢丝钳类似。使用过程中尚需注意，由于尖嘴钳钳头部分尖细，故钳夹物不可太大，用力切勿太猛，以防损坏钳头。

2.1.5 剥线钳

剥线钳是用以剥削直径 3mm 及以下绝缘导线的塑料或橡胶绝缘层的剥线工具。

1. 结构与规格型号

剥线钳由钳口和手柄两部分组成，钳口又由刀口和压线口组成，其外形如图 2-5 所示。刀口部分有 0.5～3mm 多个直径切口，用于不同规格线芯的剥削。

2. 使用方法与注意事项

1）剥线钳在使用时应先根据导线的粗细型号选择相应的剥线刀口，再将导线置于刀刃中间，选择好需剥线的长度，握住剥线钳手柄，将电缆夹住，缓缓用力使导线外表皮慢慢剥落后松开手柄取出电缆线。

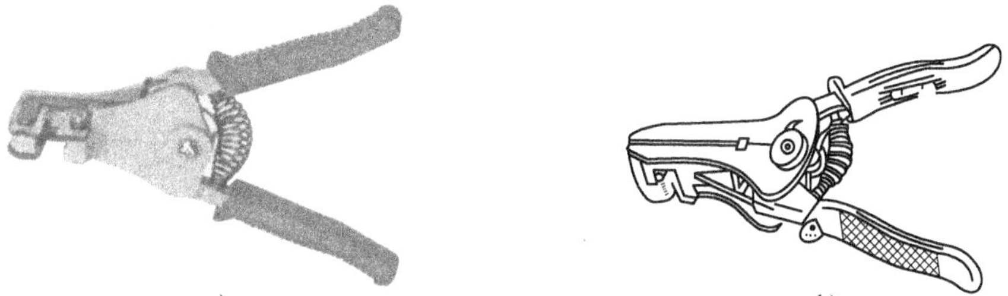

a)　　　　b)

图 2-5　剥线钳

2）使用剥线钳剥削导线时，应使切口直径与线芯直径相匹配，否则切口过大难以剥离绝缘层，切口过小会切断芯线。

3）剥线钳手柄一般带有绝缘套，工作电压为 500V，但一般在生产中不要带电作业，以免发生危险。

2.1.6　电工刀

电工刀是一种电工在装配维修工作中割削导线绝缘层、割削木槽板和割断绳索等的常用切削工具。

1. 结构与规格型号

电工刀有普通型和多用型两种，普通型的电工刀由刀片、刀刃、刀把、刀挂等构成，如图 2-6a 所示。多用型电工刀除了上述外，还有可收式的锯片、锥针和螺钉旋具等，如图 2-6b所示。电工刀规格有大号、小号之分，大号刀片长 112mm，小号刀片长 88mm。

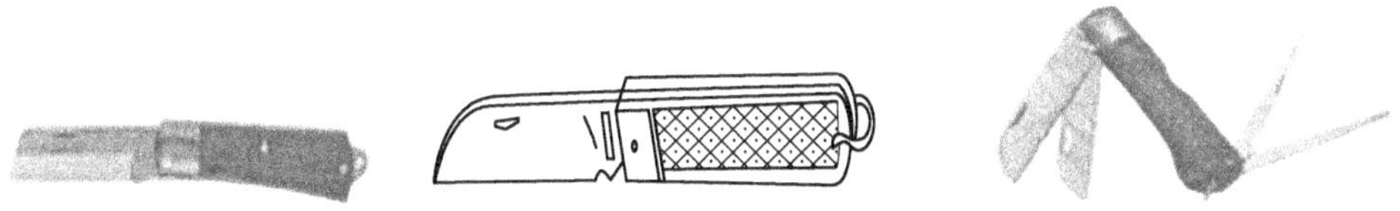

a)　　　　b)

图 2-6　电工刀

2. 使用方法与注意事项

1）使用电工刀剖削导线绝缘层时刀口应朝外倾斜切入，然后将刀口放平一些，使刀面与导线成较小的锐角，再进行推削，以避免割伤线芯。

2）多功能电工刀上所带的锯片和锥子，可用来锯削木条、竹条，制作木榫、竹榫和锥孔。

3）使用电工刀时切勿用力过大，用完后应及时将刀体折入刀柄内，以免不慎划伤手指和其他器具。

4）一般电工刀的刀柄无绝缘保护，因此严禁带电操作。

5）刀口用钝后，可用油石磨；若刀刃部分损坏较重，可用砂轮磨，但须防止退火。

2.1.7　活扳手

活扳手又叫活络扳手，是一种旋紧或拧松有角螺钉或螺母的常用电工工具。

1. 结构与规格型号

活扳手主要由扳口、呆扳唇、活扳唇、蜗轮、轴销和手柄组成，如图 2-7 所示。电工常用的活扳手规格有200mm、250mm、300mm三种，实际应用中应根据螺母的大小选配合适的活扳手。

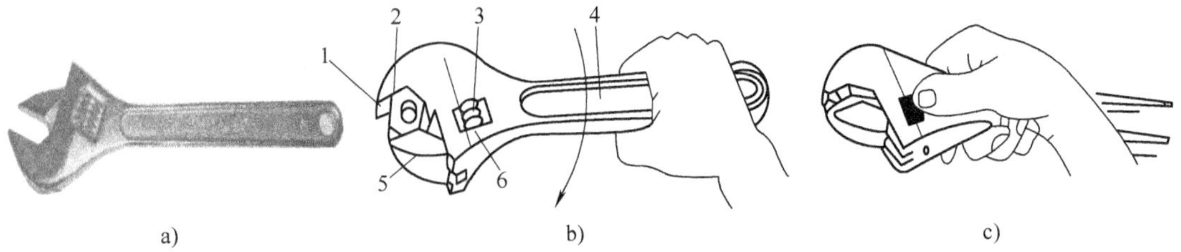

图2-7 活络扳手

a）外形图 b）结构图与扳大螺母时的使用方法 c）扳小螺母时的使用方法

1—扳口 2—呆扳唇 3—蜗轮 4—手柄 5—轴销 6—活扳唇

2. 使用方法与注意事项

1）使用活扳手扳动大螺母时，应右手握住手柄尾部，以产生较大力矩，扳动起来省力，如图2-7b所示。

2）扳动小螺母时，用右手大拇指不断地转动蜗轮，调节扳口大小以适应螺母需要。调节时手应握在靠近呆扳唇的位置，调好后收紧活扳唇以防止打滑，如图2-7c所示。

3）使用活扳手时切不可反方向加力，拧不动时也不可采用钢管套在活络扳手的手柄上来加力，否则极易损伤活扳唇。

4）旋动螺钉螺母时，必须夹牢其两侧平面，防止因打滑而损坏螺钉螺母的棱角。

5）在扳动生锈的螺母时，可在螺母上滴几滴煤油或机油后再拧动。不得把活扳手当撬杠或锤子使用，以免损坏。

2.1.8 冲击钻

冲击钻是一种旋转带冲击的电动工具。

1. 结构与工作原理

冲击钻一般为可调式，具有“钻”和“锤”的功能。当调节开关调至旋转无冲击即“钻”的位置时，装上普通麻花钻头能在金属上钻孔。当调节开关调至旋转带冲击即“锤”的位置时，可利用内轴上的齿轮相互跳动来实现冲击效果，装上镶有硬质合金的钻头，能对混凝土地基、墙壁、砖墙、花岗石等进行钻孔，以便导线穿墙或在孔中安装膨胀螺栓、塑料胀管等紧固件。冲击钻的外形如图2-8所示。硬质合金冲击钻头可分为：直柄冲击钻头、锥

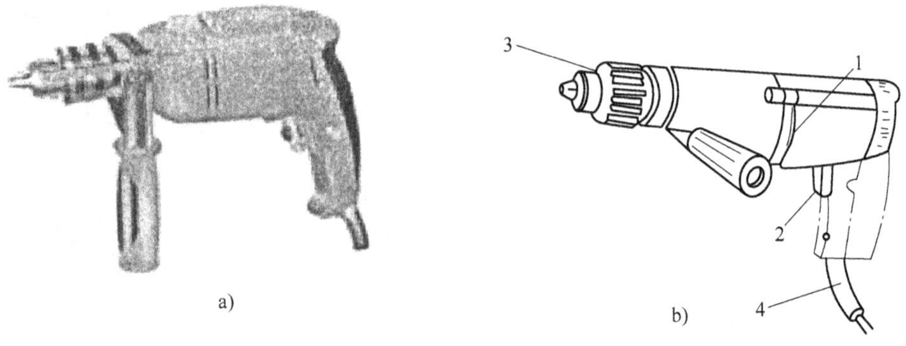

图2-8 冲击钻

1—钻、锤调节开关 2—电源开关 3—钻头夹 4—电源引线

柄冲击钻头和六角柄冲击钻头，供装夹在钻头夹上。

2. 使用注意事项

1）使用金属外壳冲击钻时，要有接地或接零保护，必须戴绝缘手套，穿绝缘鞋或站在绝缘板上，以确保操作人员的人身安全。

2）在钻孔时用力不宜过大过猛，或遇坚实物不能加过大压力，以防钻头退火或冲击钻因过载而损坏。冲击钻因故突然堵转时，应立即切断电源。

3）在钻孔时应经常把钻头从钻孔中拔出以便排除钻屑。

4）装拆钻头要用钻锭，不许用锤子或其他金属制品物件敲击。

5）经常检查橡皮软线的绝缘是否良好，防止因软线绝缘损坏发生触电事故。定期更换轴承润滑油。

6）定期清除油污，检查弹簧压力，更换已磨损的电刷，当发生较大火花时要及时修理。

7）外壳的通风口(孔)必须保持畅通；必须注意防止切屑等杂物进入机壳内。

2.1.9　电烙铁

电烙铁是用来焊接电线接头、电气元件接点的焊接工具。随着焊接技术的需要和不断发展，电烙铁的种类不断增加，除常用的内热式、外热式的电烙铁外，还有恒温电烙铁、吸锡电烙铁、微型烙铁、超声波烙铁、半自动送料焊枪等多种类型。电烙铁的规格一般是用电功率表示，常用规格有 25W、45W、75W、100W 等。功率越大，烙铁头的温度越高。

1. 结构与工作原理

内热式电烙铁由连接杆、手柄、弹簧夹、烙铁芯、烙铁头五个部分组成。外形如图 2-9a 所示。烙铁芯是用极细的镍铬电热丝缠绕在密闭的陶瓷管上组成，然后插在烙铁头里面，直接对烙铁头加热，故称为内热式。由于烙铁芯装在烙铁头的内部，热量完全传到烙铁头上，因此内热式电烙铁具有热效率高、升温快、体积小、质量轻、耗电低等优点，因而在电子装配中得到了广泛的应用。

外热式电烙铁一般由烙铁头、烙铁芯、外壳、手柄、插头等部分所组成。外形如图 2-9b 所示。烙铁芯是电烙铁的核心部件，它是将电热丝平行地绕制在一根空心瓷管上，中间由云母片绝缘，引出两根导线与 220V 交流电连接，由于电烙铁芯安装在烙铁外面，故称外热式。烙铁头的长短可以调整(烙铁头越短,烙铁头的温度就越高)，且有凿式、尖锥形、圆面形、圆、尖锥形和半圆沟形等不同的形状，以适应不同焊接面的需要。外热式电烙铁的特点是结构简单、价格便宜，但热效率低、升温慢、体积较大，而且烙铁的温度不能有效地控制。

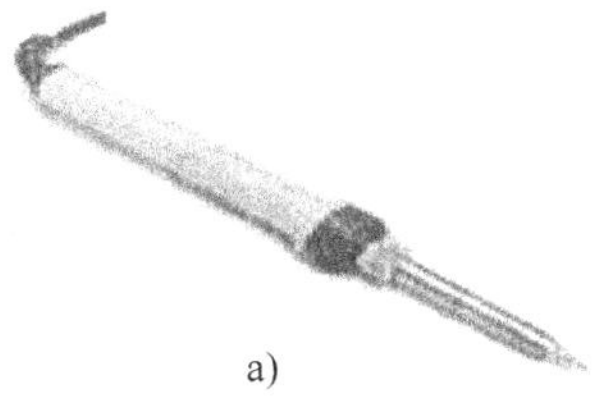

a)

b)

图 2-9　电烙铁

a）内热式　b）外热式

无论是内热式还是外热式电烙铁，其原理都是利用电流通过发热体产生的热量熔化焊锡后进行焊接。

2. 使用方法

（1）电烙铁的握法　常见电烙铁的握法有三种，选用哪种握法应根据具体情况而定，最终目的是使被焊接物牢固、不烫坏周围的元器件及导线，完全可靠。

1）反握法即用五指把电烙铁的柄握在掌内。此法适用于大功率电烙铁，焊接散热量大的被焊件。

2）正握法。即用四指握住电烙铁柄，大拇指顺着电烙铁方向压紧。此法适用于较大的电烙铁，弯形烙铁头一般也用此法。

3）握笔法。用握笔的方法握电烙铁，此法适用于小功率电烙铁，焊接散热量小的被焊件，如分立元件、印制电路板等。

（2）焊接方法

1）选用合适的焊料(焊锡)和助焊剂。焊接电子元器件，一般采用熔点较低有松香芯的焊锡丝，常用的助焊剂是松香或焊锡膏，其作用是帮助清除金属表面的氧化物，利于焊接，又可保护烙铁头。

2）在使用前先通电给烙铁头上锡。将电烙铁烧热，当烙铁头温度升到能熔锡时，涂上助焊剂，再用焊锡均匀地涂在烙铁头上，使烙铁头带上一定量焊锡。用小刀清除焊接部位的氧化层，或用细砂纸打磨干净后在引线上均匀地镀上一层很薄的锡层。

3）用右手持电烙铁，左手用尖嘴钳或镊子夹持元器件或导线，将烙铁头刃面紧贴在焊点处。电烙铁与水平面大约成60°角。以便于熔化的锡从烙铁头上流到焊点上。烙铁头在焊点处停留的时间控制在2～3s。

4）抬开烙铁头。左手仍持元器件不动，待焊点处的锡冷却凝固后，才可松开左手。焊点应呈正弦波峰形状，必须牢固，锡液必须充分渗透，焊点表面光滑有泽，应防止出现虚焊、漏焊、桥连、毛刺、砂眼等不良焊点。

5）用镊子转动引线，确认不松动，然后可用偏口钳剪去多余的引线。焊接完成后，要用酒精把线路板上残余的助焊剂清洗干净，以防炭化后的助焊剂影响电路正常工作。

6）电烙铁应放在烙铁架上。

（3）使用注意事项

1）使用前应根据焊接对象合理选用不同类型的电烙铁，并检查电源线是否良好，有无被烫伤。

2）在使用过程中应经常维护，保证烙铁头挂上一层薄锡。当焊头上锡较多不便焊接时，可用布擦掉，不可甩锡，以防烫伤他人。

3）电烙铁使用中，不能用力敲击，要防止跌落，以免损坏。

4）焊接较小元器件时，焊接时间不宜过长，以免因过热损坏元件或绝缘。

5）焊接完毕，应拔去电源插头，将电烙铁置于金属支架上，防止烫伤或火灾的发生。

3. 电烙铁的选用

1）烙铁头的形状要适应被焊件物面要求和产品装配密度。

2）烙铁头的顶端温度要与焊料的熔点相适应，一般要比焊料熔点高30～80℃。

3）电烙铁热容量要恰当。

烙铁头的温度恢复时间要与被焊件物面的要求相适应。温度恢复时间是指在焊接周期内，烙铁头顶端温度因热量散失而降低后，再恢复到最高温度所需的时间。它与电烙铁功率、热容量以及烙铁头的形状、长短有关。

4）焊接集成电路，晶体管及其他受热易损件的元器件时，考虑选用 20W 内热式或 25W 外热式电烙铁。

5）焊接较粗导线及同轴电缆时，考虑选用 50W 内热式或 45 ~ 75W 外热式电烙铁。

6）焊接较大元器件时，如金属底盘接地焊片，应选用 100W 以上的电烙铁。

2.2 常用电工仪表的使用和维护

2.2.1 电工仪表的基本知识

电工仪表是根据电流的磁效应或热效应对表内活动部件的推动力制作成的。它是利用指针偏转的大小，或光点在标尺上移动的距离来指示电学量的测量仪表，是实现电磁测量过程中所需技术工具的总称。熟悉和了解电工仪表的基本知识是正确使用和维护电工仪表的基础。

1. 电工仪表的分类

电工仪表种类繁多，用途各异，通常有以下不同的分类方法。

1）根据测量机构的工作原理，可以把电工仪表分为电磁式、磁电式、电动式、感应式等。

2）根据电工仪表的测量对象，可以分为电流表、电压表、电度表、功率表、绝缘电阻表等。

3）按电工仪表的使用方式，可以分为安装式仪表（或称为板式仪表）和携带式仪表。板式仪表通常固定在开关板或配电盘上，误差较大。可携带式仪表一般误差较小，准确度高。

4）根据电工仪表工作电流的性质，可以分为直流仪表、交流仪表、交直流两用仪表等。

5）按电工仪表的准确度等级，可分为 0.1、0.2、0.5、1.0、1.5、2.5、5.0 共七级，数字越小表示准确度越高。

6）按电工仪表的防护性能可以分为普通、防尘、防水、防爆等类型。

7）按电工仪表的防御能力分为Ⅰ、Ⅱ、Ⅲ、Ⅳ四等，其中Ⅰ等防御外界磁场或电场干扰的能力最好。

2. 电工仪表的选择

（1）按测量对象的性质选择仪表类型　首先视被测量的是直流还是交流，以便选用直流仪表或交流仪表。如果测量交流量，还要注意是正弦波还是非正弦波；测量时还要区分被测量的究竟是平均值、有效值、瞬时值，还是最大值，对于交流量还要注意频率。

（2）按测量对象的实际需要选择仪表准确度等级　常用的标准和部分精密测量中，可用准确度 0.1 ~ 0.2 级的仪表；在实验测量中可用 0.5 ~ 1.5 级的仪表；在工厂生产中可用 1.0 ~ 5.0 级的仪表。选择仪表时，并非准确度越高越精确，只要使测量结果的误差在工程实际允许范围内即可，不可片面追求仪表的准确度，事实上，准确度高的仪表，要求的工作条件也越高，这样会造成不必要的浪费。

（3）按测量对象和测量线路的电阻大小选择仪表内阻　对测量电压的电压表，内阻越大越好，对测量电流的电流表，内阻越小越好。

（4）按测量对象选择仪表的量限　不要用大量程的仪表去测量小量值，避免读数不准。当然更不可用小量程仪表去测量大电量，以免损坏仪表。测量值越接近表的满偏值误差越小，应尽量使测量的数值在仪表量限的2/3以上的位置上。

（5）按工作条件选择防护性能、防御能力　使用电工仪表时，必须使仪表处于正确的工作条件，使仪表受温度、电场、磁场等外界因素影响所产生的误差小。在实际测量中，若达不到仪表所要求的测量条件，则仪表带来的误差将更大。

3. 电工仪表的基本要求

1）要有足够的准确度和合适的灵敏度。

2）仪表本身消耗的功率要小，否则在测量小的功率时，会引起较大的误差。

3）有良好的读数装置，被测量的数值应能直接读出。

4）有良好的阻尼、足够的绝缘强度和过载能力，以保证使用安全。

5）构造坚固，使用维护方便。

4. 电工仪表常用的测量法

（1）直接测量法　直接测量是指被测量与其单位量作比较，被测量的大小可以直接从测量的结果得出。如用交流电压表测交流电压，读数即为被测电压值。此测量法设备简单，操作方便，但其准确度较低，测量误差主要来源于仪表本身的误差。

（2）比较测量法　比较测量法是指测量时将被测量与标准量进行比较，从而测得被测量数值的一种方法，如用单臂电桥测电阻。此法测量准确度和灵敏度都高，适用于精密测量。但是所用仪器、设备比较复杂，操作也比较麻烦。

（3）间接测量法　间接测量法是指测量时测出与被测量有关的物理量，然后经过计算求得被测量。例如用伏安法测量电阻，首先测得被测电阻上的电压和电流，再利用欧姆定律求得被测电阻值。间接测量法的测量误差较大；它是各个测量仪表和各次测量中误差的综合。

5. 测量误差

测量误差是指测量结果与被测量的实际值之间的差异。测量误差产生的原因，除了仪表的基本误差和附加误差的影响外，还有测量方法的不完善，测试人员操作技能和经验的不足，以及人的感官差异等因素。

（1）测量误差的分类　根据误差的性质，测量误差一般分为系统误差、偶然误差和疏忽误差三类。

1）系统误差。系统误差是指在相同的观测条件下对某变化量进行一系列观测，误差出现的符号和大小均相同，或按一定的规律变化。造成系统误差的原因一般有两个：一是由于测量标准度量器或仪表本身具有误差，如分度不准、仪表的零位偏移等造成的系统误差；二是由于测量方法的不完善，测量仪表安装或装配不当，外界环境变化以及测量人员操作技能和经验不足等造成的系统误差。如引用近似公式或接触电阻的影响所造成的误差。

2）偶然误差。偶然误差是指在相同的观测条件下，对某变化量进行一系列的观测，误差的符号和大小都不一致，表面上没有任何规律性。这种误差主要是由外界环境的偶发性变化引起的。偶然误差有如下特点：在一定观测条件下，偶然误差的绝对值不会超过一定限值；绝对值相等的正负误差出现的机会相同；绝对值小的误差比绝对值大的误差出现的机会多；偶然误差的算术平均值，随观测次数的无限增加而趋于零。

3）疏忽误差。这是一种严重歪曲测量结果的误差。这种误差是由于实验者粗心、不正确操作或测量条件突然变化所引起的。如仪器放置不稳、测量时读错或记错数据、数据处理时单位出错或计算出错等。显然，此误差在实验过程中是不允许的。

（2）测量误差的消除方法

1）系统误差的消除方法包括以下几个方面：

① 对度量器、测量仪器仪表进行校正，在准确度要求较高的测量结果中，引入校正值进行修正。

② 消除产生误差的根源，即正确选择测量方法和测量仪器，改善仪表安装质量和配线方式，尽量使测量仪表在规定的使用条件下工作，消除各种外界因素造成的影响。

③ 采用特殊的测量方法，如正负误差补偿法、替代法等。

2）偶然误差的消除方法：在同一条件下，对同一被测量进行重复多次测量，取其平均值作为测量结果，以减小偶然误差。根据统计学原理可知，在足够多次的重复测量中，正误差和负误差出现的可能性几乎相同，因此偶然误差的平均值几乎为零。所以，在测量仪器仪表选定以后，测量次数是保证测量精度的前提。

3）以科学严谨的态度进行实验，认真细心地记录实验数据，及时准确分析实验结果，以摒弃疏忽误差。

电工常用测量仪表有万用表、绝缘电阻表和钳形电流表，这些仪表在测量时若不注意正确的使用方法或稍有疏忽，不是将表烧坏，就是使被测元件损坏，甚至还危及人身安全，因此，掌握常用电工测量仪表的正确使用方法是非常重要的。

2.2.2　万用表

万用表是万用电表的简称，是一种多功能、多量程的测量仪表，可用来测量电流、电压、电阻，有的还可以测量三极管的放大倍数、频率、电容值、逻辑电位、分贝值等。由于万用表具有结构简单、便于携带、使用方便、用途多样、量程范围广等特点而得以广泛应用。万用表的种类很多，按其读数方式可分为模拟式万用表和数字式万用表。

1. 模拟式万用表

模拟式万用表是通过指针在表盘上摆动的大小来指示被测量的数值，因此，也称其为机械指针式万用表。

（1）万用表的组成　万用表在结构上主要由表头、测量电路、转换装置三部分组成。万用表的面板上带有多条标度尺的刻度盘、转换开关旋钮、调零旋钮和接线插孔等。MF47 型万用表如图 2-10 所示。

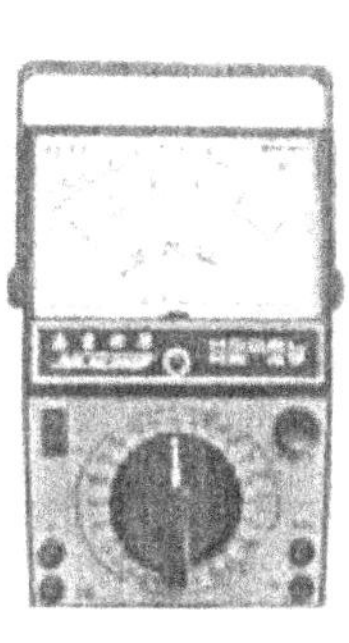

图 2-10　MF47 型万用表

1）表头。万用表的表头一般都采用灵敏度高，准确度好的磁电式直流微安表。表头性能的好坏在很大程度上决定了万用表的性能，表头的基本参数包括表头内阻、灵敏度和直线性，这是表头的三项重要技术指标。表头内阻是指动圈所绕漆包线的直流电阻，严格讲还应包括上下两盘游丝的直流电阻。内阻高的万用表性能好。多数万用表表头内阻在几千欧姆左右。表头灵敏度是指表头指针达到满刻度偏转时的电流值，这个电流数值越小，说明表头灵敏度越高，这样的表头特性就越好。通电测试前表针必须准确地指向零位。通常表头灵敏度只有几微安到几百微安。表头直线性，是指表针偏转幅度与通过表头电流幅度是相互一致的。

2）测量电路。测量电路是万用表的重要部分，主要由电阻、电容、转换开关和表头等部件组成。它能将各种不同的被测量、不同的量程，经过一系列的处理统一变成一定量限的微小直流电流送入表头进行测量。

3）转换装置。它是用来选择测量项目和量限的。主要由转换开关、接线柱、旋钮、插孔等组成。转换开关是由固定触头和活动触头两大部分组成。通常将活动触头称为“刀”，固定触头称为“掷”。万用表的转换开关是多刀多掷的，而且各刀之间是联动的。转换开关的具体结构因万用表的不同型号而有差异。当转换开关转到某一位置时，可动触头就和某个固定触头闭合，从而接通相应的测量电路。

（2）万用表表盘　万用表是可以测量多种电量，具有多个量程的测量仪表，为此万用表表盘上都印有多条刻度线，并附有各种符号加以说明。电流和电压的刻度线为均匀刻度线，欧姆档刻度线为非均匀刻度线。不同电量用符号和文字加以区别。直流量用“ - ”或“DC”表示，交流量用“ ~ ”或“AC”表示，欧姆刻度线用“Ω”表示。

（3）万用表的工作原理　万用表是由电流表、电压表和欧姆表等各种测量电路通过转换装置组成的综合性仪表。其基本原理是利用一只灵敏的磁电式直流电流表(微安表)作为表头。当微小电流通过表头，就会有电流指示。但表头不能通过大电流，所以，必须在表头上并联与串联一些电阻进行分流或降压，从而测出电路中的电流、电压和电阻。测直流电流时，在表头上并联一个适当的电阻(叫分流电阻)进行分流，就可以扩展电流量程。改变分流电阻的阻值，就能改变电流测量范围。测直流电压时，在表头上串联一个适当的电阻(叫倍增电阻)进行降压，就可以扩展电压量程。改变倍增电阻的阻值，就能改变电压的测量范围。测交流电压时，因为表头是直流表，所以测量交流时，需加装一个并、串式半波整流电路，将交流进行整流变成直流后再通过表头，这样就可以根据直流电的大小来测量交流电压。扩展交流电压量程的方法与直流电压量程相似。测电阻原理时，在表头上并联和串联适当的电阻，同时串接一节电池，使电流通过被测电阻，根据电流的大小，就可测量出电阻值。改变分流电阻的阻值，就能改变电阻的量程。

（4）使用方法

1）测量直流电压。首先估计一下被测电压的大小，然后将转换开关拨至适当的电压量程，将正表棒接被测电压“ + ”端，负表棒接被测量电压“ - ”端。然后根据该档量程数字与标直流符号“DC - ”刻度线(第二条线)上的指针所指数字，来读出被测电压的大小。如用 V300 伏档测量，可以直接读 0 ~ 300 的指示数值。如用 V30 伏档测量，只需将刻度线上 300 这个数字去掉一个“0”看成是 30，再依次把 200、100 等数字看成是 20、10 即可直接读出指针指示数值。例如用 V6 伏档测量直流电压，指针指在 15，则所测得电压为 1.5V。

2）测量直流电流。先估计一下被测电流的大小，然后将转换开关拨至合适的电流量程，再把万用表串接在电路中。同时观察标有直流符号“DC”的刻度线，如电流量程选在

3mA档，这时，应把表面刻度线上300的数字，去掉两个“0”，看成3，又依次把200、100看成是2、1，这样就可以读出被测电流数值。例如用直流3mA档测量直流电流，指针在100，则电流为1mA。

3）测量交流电压。测交流电压的方法与测量直流电压相似，所不同的是因交流电压没有正、负之分，所以在测量时，表棒也就不需分正、负。读数方法与上述的测量直流电压的读法一样，只是数字应看标有交流符号“AC”的刻度线上的指针位置。

4）测量电阻。先将表棒搭在一起短路，使指针向右偏转，随即调整“Ω”调零旋钮，使指针恰好指到0。然后将两根表棒分别接触被测电阻（或电路）两端，读出指针在欧姆刻度线（第一条线）上的读数，再乘以该档标的数字，就是所测电阻的阻值。例如用R×100档测量电阻，指针指在80，则所测得的电阻值为80×100=8k。由于“Ω”刻度线左部读数较密，难于看准，所以测量时应选择适当的欧姆档。使指针在刻度线的中部或右部，这样读数比较清楚准确。每次换档，都应重新将两根表棒短接，重新调整指针到零位，才能测准。

（5）使用注意事项　万用表的类型较多，面板上的旋钮、开关的布局也有所不同。所以在使用万用表之前必须仔细了解和熟悉各部件的作用，认真分清表盘上各条标度所对应的量，详细阅读使用说明书。万用表的正确使用应注意以下几点：

1）万用表在使用之前应检查表针是否在零位上，如不在零位上，可用小螺丝刀调节表盖上的调零器，进行“机械调零”，使表针指在零位。

2）万用表面板上的插孔都有极性标记，测直流电流或电压时，注意正负极性。用欧姆档判别二极管极性时，注意“+”插孔是接表内电池的负极，而“-”插孔（也有标为“*”插孔）是接表内电池正极。

3）量程转换开关必须拨在需测档位置，不能拨错。如在测量电压时，误拨在电流或电阻档，将会损坏表头。

4）在测量电流或电压时，如果对被测电流电压大小心中无数，应先拨到最大量程上试测，防止表针打坏。然后再拨到合适量程上测量，以减小测量误差。注意不可带电转换量程开关。

5）在测量直流电压、电流时，正负端应与被测的电压、电流的正负端相接。测电流时，要把电路断开，将表串接在电路中。

6）测量高压或大电流时，要注意人身安全。测试表笔要插在相应的插孔里，量程开关拨到相应的量程位置上。测量前还要将万用表架在绝缘支架上，被测电路切断电源，电路中有大电容的应将电容短路放电，将表笔固定接好在被测电路上，然后再接通电源测量。注意不能带电拨动转换开关。

7）测量交流电压、电流时，注意必须是正弦交流电压、电流。其频率也不能超过说明书上的规定。

8）测量电阻时，首先要选择适当的倍率档，然后将表笔短路，调节“调零”旋钮，使表针指零，以确保测量的准确性。如“调零”电位器不能将表针调到零位，说明电池电压不足，需要更换新电池，或者内部接触不良需修理。不能带电测电阻，以免损坏万用表。在测大阻值电阻时，不要用双手分别接触电阻两端，防止人体电阻并联造成测量误差。每换一次量程，都要重新调零。不能用欧姆档直接测量微安表表头、检流计、标准电池等仪器、仪表的内阻。

9）在表盘上有多条标度尺，要根据不同的被测量去读数。测量直流量时，读“DC”或“-”那条标度尺，测交流量时读“AC”或“~”标度尺，标有“Ω”的标度尺为测量电阻时使用。

10）每次测量完毕，将转换开关拨到交流电压最高档，防止他人误用而损坏万用表。也可防止转换开关误拨在欧姆档时，表笔短接而使表内电池长期耗电。万用表长期不用时，应取出电池，防止电池漏液腐蚀和损坏万用表内零件。

2. 数字式万用表

数字万用表是电气操作与维修人员经常使用的工具，与模拟式仪表相比，数字式仪表准确度高、显示直观、过载能力强、功能齐全、便于携带、使用更简单。现在，数字式测量仪表已成为主流，有取代模拟式仪表的趋势。UT39A、B、C 是 3 1/2 位手持式数字万用表，其功能齐全、性能稳定、结构新潮、安全可靠。整机电路设计以大规模集成电路，双积分 A/D 转换器为核心，并配以全功能过载保护，可用于测量交直流电压和电流、电阻、电容、温度、频率、二极管正向压降及电路通断，具有数据保持和睡眠功能。该仪表配有保护套，使其具有足够的绝缘性能和抗震性能。

（1）外表结构　外表结构如图 2-11 所示。

（2）使用方法

1）直流电压测量。

① 将红表笔插入“V/Ω”插孔 5，黑表笔插入“COM”插孔 4。

② 将功能开关置于V̲(直流电压)量程档，并将测试表笔并联到待测电源或负载上。

③ 从显示器上读取测量结果。

④ 使用注意事项：

a）当被测电压范围未知时，应将功能开关置于最大量程，根据读数需要逐步调低测量量程档。

b）当 LCD 只在最高位显示“1”时，说明已超量程，须调高量程。

c）不要输入高于 1000V 的电压或 750V/ms 的电压变化率，显示更高电压值是可能的，但有损坏仪表内部线路的危险。

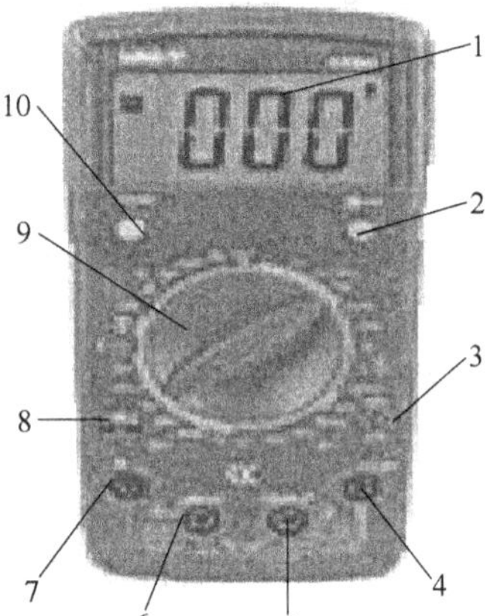

图 2-11　UT39 手持式数字万用表

1—LCD 显示器　2—数据保持选择按键
3—晶体管放大倍数测试输入座
4—公共输入端　5—其余测量输入端
6—mA 测量输入端　7—20A/10A 电流输入端
8—电容测试座　9—量程开关　10—电源开关

d）测量高电压时，要格外注意，以避免触电。

e）在完成所有的测量操作后，要断开表笔与被测电路的连接，并从仪表输入端拿掉表笔。

2）交流电压测量。操作说明及注意事项类同直流电压测量。

3）直流电流测量。

① 将红表笔插入“mA”插孔 6 或“10A 或 20A”插孔 7(当测量 200mA 以下的电流时，插入“mA”插孔；当测量 200mA 以上的电流时，插入“10A 或 20A”插孔)，黑表笔插入

“COM” 插孔 4。

② 将功能开关置A(直流电流)量程档，并将测试表笔串联接入到待测负载回路里。

③ 从显示器上读取测量结果。

④ 使用注意事项：

a）当开路电压与地之间的电压超过安全电压时，即直流电压为 60V 或电压变化率为 30V/ms 时，请勿尝试进行电流的测量，以避免仪表或被测设备的损坏，以及造成人身伤害。因为此类电压会有电击的危险。

b）在测量前一定要切断被测电源，认真检查输入端子及量程开关位置是否正确，确认无误后，才可通电测量。

c）当被测电流值的范围未知时，应将量程开关置于高量程档，根据读数需要逐步调低量程。

d）若输入过载，则内装熔体会熔断，须予更换。

e）大电流测试时，为了安全使用仪表，每次测量时间应小于 10s，测量的间隔时间应大于 15min。

4）交流电流测量。操作说明及注意事项类同直流电流测量。

5）电阻测量。

① 将红表笔插入 “V/Ω” 插孔 5，黑表笔插入 “COM” 插孔 4。

② 将功能开关置于 Ω 量程档，将测试表笔并接到待测电阻上。

③ 从显示器上读取测量结果。

④ 使用注意事项：

a）测在线电阻时，为了避免仪表受损，须确认被测电路已关掉电源，同时电容已放完电，方能进行测量。

b）在 200Ω 档测量电阻时，表笔引线会带来 0.1 ~ 0.3Ω 的测量误差，为获得精确读数，可将读数减去红、黑两表笔短路读数值，为最终读数。

c）当无输入时，如开路情况，仪表显示为 “1”。在被测电阻值大于 1MΩ 时，仪表需要数秒后方能读数稳定，属于正常现象。

6）二极管和蜂鸣通断测量。

① 将红表笔插入 “V/Ω” 插孔 5，黑表笔插入 “COM” 插孔 4。

② 将功能开关置于二极管和蜂鸣通断测量档位。

③ 如将红表笔连接到待测二极管的正极，黑表笔连接到其负极，则 LCD 上的读数为二极管正向压降的近似值。

④ 如将表笔连接到待测线路两端，若被测线路两端间的电阻大于 70Ω，则认为电路断路；电阻≤10Ω，则认为电路良好导通，蜂鸣器连续声响；如被测两端间电阻在 10 ~ 70Ω，则蜂鸣器可能响，也可能不响。同时 LCD 显示被测线路两端的电阻值。

⑤ 使用注意事项：

a）如果被测二极管开路或极性接反时，LCD 将显示 “1”。

b）用二极管档可以测量二极管及其他半导体器件 PN 结的电压降。对一个结构正常的硅半导体来说，正向压降的读数应该是 0.5 ~ 0.8V。

c）为避免仪表损坏，在线测试二极管前，应先确认电路已被切断电源，电容已放完电。

d）不要输入高于直流60V或交流30V的电压，避免损坏仪表及危及人身安全。

（3）安全操作准则　使用前应仔细阅读说明书，并遵循其使用说明，否则可能会削弱或失去仪表提供的保护能力。

1）使用前应检查仪表及表笔，谨防任何损坏或不正常现象。如发现任何异常情况，如表笔裸露、机壳破裂，或者您认为仪表已无法正常工作，请勿再使用仪表。

2）表笔破损必须更换，并换上同样型号或相同电气规格的表笔。在使用表笔时，手指必须放在表笔手指保护环之后。

3）不要在仪表终端及接地之间施加1000V以上的电压，以防电击和损坏仪表。

4）当仪表在60V直流电压或30V交流有效值电压下工作时，应多加小心，此时会有电击的危险。

5）后壳没有盖好前严禁使用仪表，否则有电击的危险。

6）更换熔体或电池时，在打开后壳或电池盖前应将表笔与被测量电路断开，并关闭仪表电源。仪表长期不用时，应取出电池。

7）必须使用同类标称规格的快速反应熔体更换已损坏的熔体。

8）应将仪表置于正确的档位进行测量，严禁在测量进行中转换档位，以防损坏仪表。

9）不允许使用电流测试端子或在电流档去测试电压。

10）被测信号不允许超过规定的极限值，以防电击和损坏仪表。

11）请勿随意改变仪表内部接线，以免损坏仪表和危及安全。

12）当LCD上显示符号时，应及时更换电池，以确保测量精度。

13）不要在高温、高湿环境中使用仪表，尤其不要在潮湿环境中存放仪表，受潮后仪表性能可能变劣。

14）维护保养请使用湿布和温和的清洁剂清洁仪表外壳，不要使用研磨剂。

2.2.3　绝缘电阻表

测量电阻的仪表和方法很多。小电阻（1Ω以下）可用双臂电桥测量；中值电阻（1～0.1MΩ）可采用欧姆表和伏安法测量，若需要精密测量可选用单臂电桥法测量；大电阻的测量一般使用绝缘电阻表。

绝缘电阻表又称兆欧表，俗称摇表，是用来测量被测设备的绝缘电阻和高值电阻的便携式仪表，它由一个手摇发电机、表头和三个接线柱组成。常用的绝缘电阻表有ZC-7系列、ZC-11系列等。ZC-7型绝缘电阻表的外形如图2-12所示。

1. 绝缘电阻表的选用原则

（1）额定电压等级的选择　绝缘电阻表的额定电压与被测电气设备或线路的工作电压相适应。一般额定电压在500V以下的设备，应选用500V或1000V的绝缘电阻表；额定电压在500V以上的设备，选用1000V或2500V的绝缘电阻表；瓷瓶、母线等应选用2500V以上的绝缘电阻表。

（2）电阻量程范围的选择　选择绝缘电阻表时应使被测设备的绝缘电阻值在准确测量区域范围内，以免造成较大的测量误差。一般测量低压或高压电器设备绝缘电阻时可分别选用0～200MΩ或0～2000MΩ量程的表。有的绝缘电阻表的刻度不是从零开始，而是从1MΩ

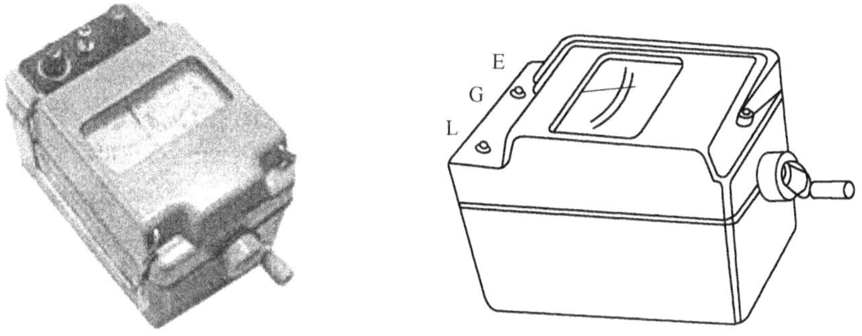

图 2-12　绝缘电阻表

或 2MΩ 开始，这样的绝缘电阻表不宜用于测量在潮湿环境中的低压电气设备的绝缘电阻，因为在这种潮湿环境中的电气设备的绝缘电阻比较小，有可能小于 1MΩ，在绝缘电阻表上得不到读数而误以为绝缘电阻为零，因而得出错误的结论。

2. 绝缘电阻表的使用

一般绝缘电阻表上有 3 个接线柱，如图 2-13 所示，标有“L”正极接线柱用来接被测对象；标有“E”的接线柱用来接地或接设备的外壳；标有“G”的接线柱是屏蔽接地端或叫保护环。在测量时，将正极接线柱 L 与被测物和大地绝缘的导体部分相接；将接地线柱 E 与被测物的外壳或其他导体部分相接；屏蔽接线柱 G 与被测物上的保护遮蔽环或其他不需测量的部分相接。一般测量时只有“L”和“E”两接线柱，“G”接线柱只在被测物表面漏电严重时才使用。测量电力线路或照明线路的绝缘电阻时，“L”接被测线路上，“E”接地线；测量电机绝缘电阻时，将电机绕组接于 L 接线柱上，机壳接于 E 接线柱上；测量电缆的绝缘电阻时，为使测量结果准确，消除线芯绝缘层表面漏电所引起的测量误差，除将缆芯和缆壳分别接于 L 和 E 接线柱外，还应将“G”接到电缆的绝缘纸上。

图 2-13a、b、c 分别说明了导线对地、电机绕组对外壳、电线电缆绝缘电阻的测量方法。

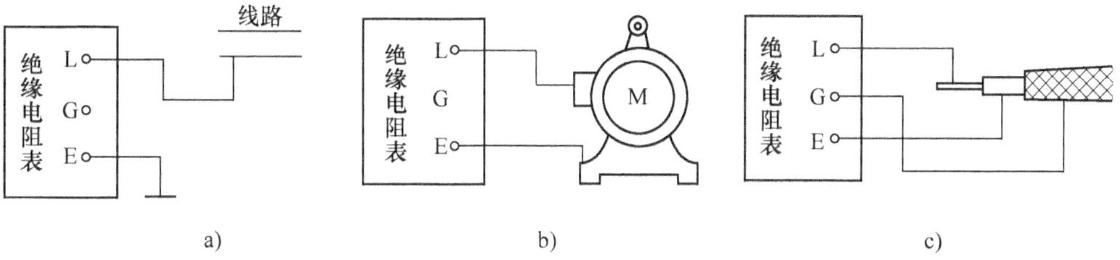

图 2-13　绝缘电阻表的接线方法

a）测量照明或动力线路绝缘电阻　b）测量电机绝缘电阻　c）测量电缆绝缘电阻

绝缘电阻表在工作时，自身产生高电压，而测量对象又是电气设备，所以必须正确使用，否则就会造成人身或设备事故。

3. 使用注意事项

1）测量前应对绝缘电阻表进行开路和短路校检。绝缘电阻表“L”端与“E”端空载时摇动手柄到额定转速，其指针应指向“∞”；再将“L”端与“E”端短接，缓缓转动手柄，其指针应指向“0”。说明绝缘电阻表功能良好，可以使用。

2）凡采用绝缘电阻表进行检查电气设备的绝缘电阻时，必须将被测设备电源切断，并对地短路放电，绝不允许设备带电进行测量，以保证人身和设备的安全。

3）绝缘电阻表应平稳放置，放置地点必须远离大电流的导体和有外磁场的场合，以免影响读数。

4）接线柱至被测物间的测量导线，应使用单股绝缘良好的导线，而不能使用双股并行导线或多股绞合导线去接 L、E、G 接线柱，以免线间的绝缘电阻影响测量结果。

5）测量时，摇动绝缘电阻表手柄的速度要均匀，一般转速以 120r/min 为宜，可以有 ±20% 的变化；绝缘电阻一般规定摇测 1 分钟后的读数为准，遇到电容量特别大的被测物时，可等到指针稳定不变时为准。在摇转过程中，若发现指针指零，则说明被测绝缘物有短路现象，应立即停止摇动手柄，以防表内动圈因发热而损坏。

6）绝缘电阻表未停止转动之前或被测设备未放电之前，严禁用手触及被测物体的测量部分，也不能进行导线拆除工作。测量具有大电容设备的绝缘电阻以后，必须先将被测物对地放电，然后再停止绝缘电阻表发电机手柄的转动，这主要是为了防止电容器因放电而损坏绝缘电阻表。

7）禁止在雷电时或高压设备附近测绝缘电阻，只能在设备不带电，也没有感应电的情况下测量。

8）要定期校验其准确度。

2.2.4 钳形电流表

钳形电流表简称钳形表，是一种不需要断开电路就可以直接测量交流电路的便携式仪表。这种仪表测量精度不高，可对设备或电路的运行情况作粗略的了解，由于使用方便，应用很广泛。

1. 结构和工作原理

钳形电流表由电流互感器、钳形扳手和一只整流式磁电系有反作用力仪表组成，如图 2-14 所示。互感器的铁心制成活动开口，且成钳形，活动部分与手柄相连。当紧握手柄时电流互感器的铁心张开，可将被测载流导线置于钳口中，该载流导线成为电流互感器的一次绕组。关闭钳口，在电流互感器的铁心中就有交变磁通通过，互感器的二次绕组中产生感应电流。电流表接于二次绕组两端，它的指针所指示的电流与钳入的载流导线的工作电流成正比，可直接从刻度盘上读出被测电流值。

图 2-14 钳形电流表

2. 使用方法

1）估计被测电流的大小，将转换开关调至需要的测量档。如无法估计被测电流大小，先用最高量程档测量，然后根据测量情况调到合适的量程。

2）为减小误差，测量时应握紧钳柄，使钳口张开，使被测导线应尽量位于钳口的中央。

3）测量时，应使钳口闭合紧密，若指针抖晃，可重新开闭一次钳口，如果抖晃仍然存在，应仔细检查，注意清除钳口杂物、污垢，然后进行测量。如遇有杂音时可检查钳口清洁，或重新开口一次，再闭合。

4）测量 5A 以下的小电流时，为提高测量精度，在条件允许的情况下，可将被测导线多绕几圈，再放入钳口进行测量。此时实际电流应是仪表读数除以放入钳口中的导线圈数。

5）测量完毕，应将量程开关置于最高档位，以防下次使用时疏忽，未选准量程进行测量而损坏仪表。

3. 注意事项

1）被测电路的电压不可超过钳形电流表的额定电压。低电压等的钳形电流表不能测量高压系统中的电流。

2）测量高压线路的电流时，要戴绝缘手套，穿绝缘鞋，站在绝缘垫上。

3）不能在测量过程中转动转换开关换档。在换档前，应先将载流导线退出钳口。

2.2.5　转速表

转速表也叫转速计或者转速仪，是用来测定电机或其他机械设备的转速、线速度或频率的仪表。常用于电机、汽车、飞机、轮船等制造业，是机械行业必备的仪器之一。

转速表一般可分为接触式转速表、非接触式转速表（又称光电式转速表）、脉冲式转速表、汽油机转速表和柴油机转速表。接触式转速表是利用离心力的原理，速度越高作用于弹簧的离心力越大，指针偏移就越多。由于接触式电子转速表精度不高，且影响被测物的运转状态，因此已不能满足自动化的要求。非接触式转速表因可快速无接触测量转速，使用方便而得以广泛应用。其测量原理是在被测旋转轴上贴一片铝箔作为反光体，如图 2-15 所示，当反光体转到光电传感器的正前方时，光电传感器发出的红外光束被反射回来，同时被光电传感器上的红外接收管接收，产生一个脉冲信号，然后利用这个信号的边沿触发单片机内部的高精度定时器进行计时，精度可达 1μs，当反光体再次转到光电传感器的正前方时，利用光反射信号的边沿停止单片机计时。这样转轴的旋转周期 t 就被精确地测量出来，然后通过单片机把周期换算成转速并通过 LED 数码管显示出来。

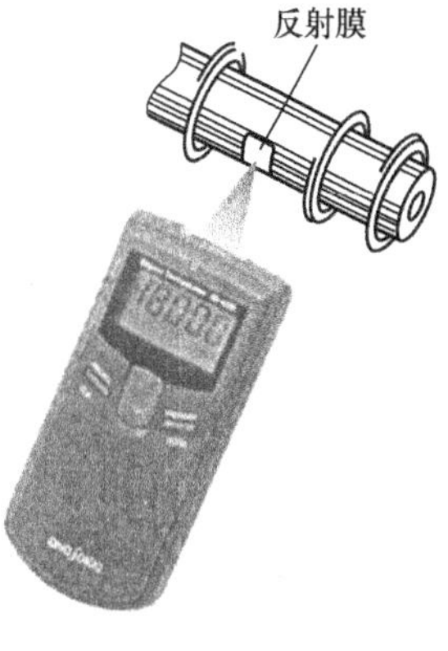

图 2-15　非接触式转速表

2.3　导线连接基本常识

导线连接的质量关系着线路和设备运行的可靠性和安全程度。对导线连接的基本要求是：电接触良好，机械强度足够，外形美观，且绝缘恢复正常。导线连接包括剥离线头、导线线芯连接、恢复绝缘等内容。

2.3.1　导线绝缘层的剖削

在导线连接前，必须先剖削导线端部的绝缘层，剖削长度视连接方式和导线截面积而定，不应过长或过短，且不应损伤芯线。

1. 塑料硬线绝缘层的剖削

（1）用钢丝钳剖削塑料硬线绝缘层　线芯截面积 4mm² 及以下的塑料硬线，一般可用钢丝钳剖削，方法如图 2-16 所示。用左手捏紧导线，按连接所需长度，用钢丝钳刀口轻切绝缘层，右手

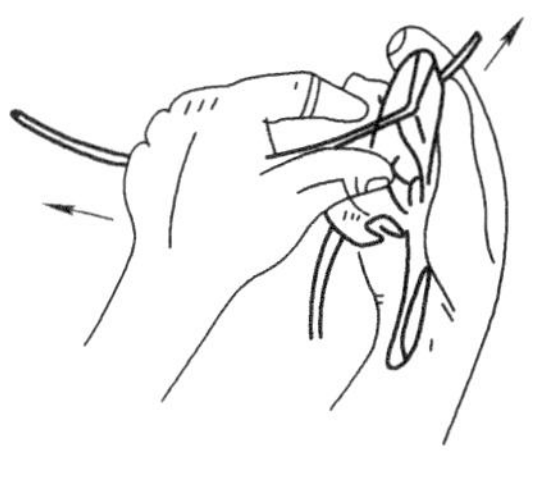

图 2-16　钢丝钳剖削塑料硬线绝缘层

适当用力捏住钢丝钳头部，然后两手反向同时用力即可使端部绝缘层脱离线芯。在操作中注意，不能用力过大，切痕不可过深，以免伤及线芯，否则应重新剖削。

（2）用剥线钳剖削塑料硬线绝缘层　剥削截面积 $6mm^2$ 以下塑料导线的绝缘层可以用剥线钳。剥线钳分有 0.5～3mm 的多个直径切口，用于不同规格线芯的剥削。使用时选择切口的大小必须与导线芯线直径相匹配，过大难以剥离绝缘层，过小会损伤甚至切断芯线。

（3）用电工刀剖削塑料硬线绝缘层　方法如图 2-17 所示。按连接所需长度，用电工刀刀口对导线以约 45°角倾斜切入塑料绝缘层，注意掌握力度，使刀口刚好削透绝缘层而不伤及线芯，然后压下调整刀口与导线间角度以约 25°把刀身向线端推削，接着将余下的绝缘层向后扳翻，扳离线芯后再用电工刀切齐。

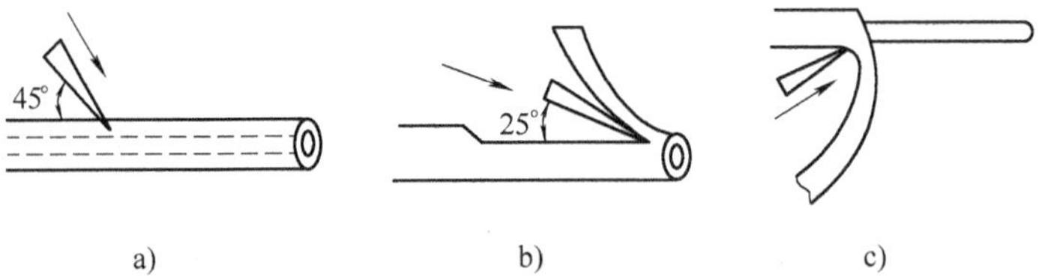

图 2-17　电工刀剖削塑料硬线绝缘层

a）刀以 45°倾斜切入　b）刀以 25°倾斜推削　c）剖削剩余绝缘层

2. 塑料软线绝缘层的剖削

塑料软线绝缘层剖削除用剥线钳外，仍可用钢丝钳直接剖削截面为 $4mm^2$ 及以下的导线。方法与用钢丝钳剖削塑料硬线绝缘层时相同。塑料软线不能用电工刀剖削，因其太软，线芯又由多股铜丝组成，用电工刀极易伤及线芯。软线绝缘层剖削后，要求不存在断股(一根细芯线称为一股)和长股(即部分细芯线较其余细芯线长,出现端头长短不齐)现象。否则应切断后重新剖削。

3. 塑料护套线绝缘层的剖削

塑料护套线的绝缘层分为外层的公共护套层和内部芯线的绝缘层。公共护套层一般用电工刀来剖削。其方法是先按线头所需长度，将刀尖对准两芯线凹缝划破绝缘层，将护套层向后扳翻，然后用电工刀齐根切去。芯线绝缘层的剖削与塑料绝缘硬线端头绝缘层剖削方法完全相同，但切口相距护套层长度应根据实际情况确定，一般应在 10mm 以上。

4. 花线绝缘层的剖削

花线绝缘层分为外层纤维棉织保护层和内层橡胶绝缘层，剖削时先在线头所需长度处用电工刀在纤维棉织层四周切割一圈后将其拉去，然后在距离棉织管末端约 10mm 处用钢丝钳或剥线钳按照剖削塑料软线的方法将内层的橡胶层除去，将紧贴于线芯处的棉纱层散开，用电工刀割去。

5. 橡胶套软线绝缘层的剖削

橡胶套软线外包护套层，内部每根芯线又有各自的绝缘层。外护套层较厚，可用电工刀按切除塑料护套层的方法切除，露出的多股芯线绝缘层可按塑料绝缘软线的方法进行剖削。

2.3.2　导线的连接

在电气安装与线路维修工作中，导线连接是一道非常重要的工序，在实际中常常因接头的质量不好而降低电气设备工作的可靠性，因而必须重视连接的质量。

1. 对导线连接的基本要求

对导线连接的基本要求如下：

1）接触紧密，接头电阻小且稳定性好。

2）接头的机械强度应不小于导线的机械强度。

3）接头的绝缘层强度应与导线的绝缘强度一样。

2. 铜芯导线的连接

铜芯导线的连接有以下几种。

（1）单股铜芯线的直接连接　先按芯线直径约40倍长剥去线端绝缘层，并勒直芯线再按以下步骤进行。

1）把两根线头在离绝缘层的1/3处呈×状交叉，如图2-18a所示。

2）把两线头如麻花状互相紧绞2~3圈，如图2-18b所示。

3）先把一根线头扳起，与交叉处的另一根处于下边的线头保持垂直，如图2-18c所示。

4）把扳起的线头按顺时针方向在另一根线头上紧缠6~8圈，圈间不应有缝隙，且应垂直排绕。缠毕后切去芯线余端，并钳平切口，不准留有切口毛刺，如图2-18d所示。

5）另一端头的加工按步骤3）~4）进行，最终完成的连接图如图2-18e所示。

（2）单股铜芯线与多股铜芯线的分支连接　先按单股铜芯线直径约20倍的长度剥除多股线连接处的中间绝缘层，并按多股线的单股芯线直径的100倍左右剥去单股线的线端绝缘层，并勒直芯线。再按以下步骤进行。

1）在离多股铜芯线的左端绝缘层切口3~5mm处的芯线上，用一字旋具把多股铜芯线分成较均匀的组（如7股线的芯线以3、4分），如图2-19a所示。

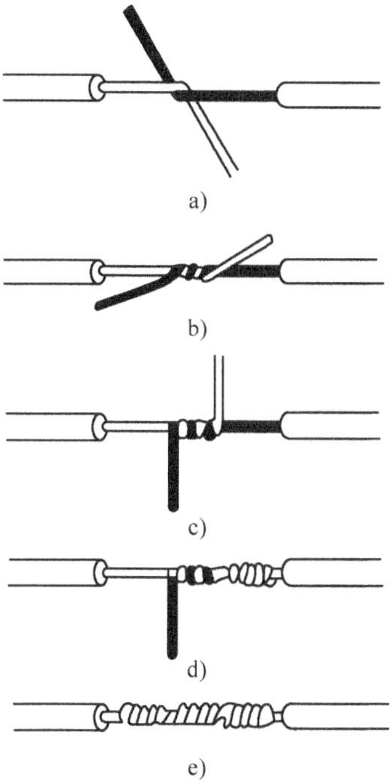

图2-18　单股铜芯线的直接连接

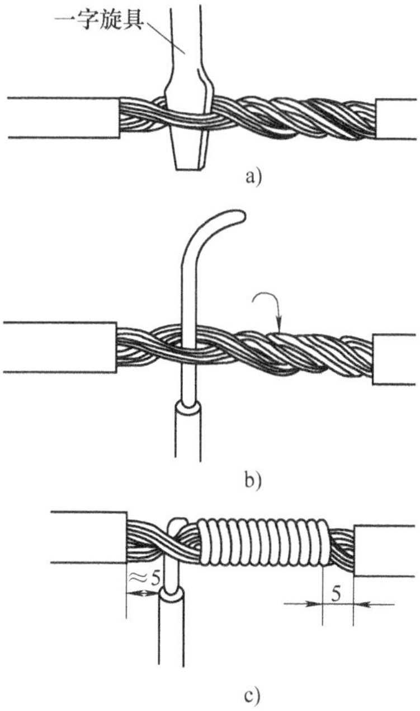

图2-19　单股铜芯线与多股铜芯线的分支连接

2）把单股铜芯线插入多股铜芯线的两组芯线中间，但单股铜芯线不可插到底，应使绝缘层切口离多股铜芯线约 3mm。同时，应尽可能使单股铜芯线向多股铜芯线的左端靠近，以达到距多股铜芯线绝缘层的切口不大于 5mm。接着用钢丝钳把多股线的插缝钳平、钳紧，如图 2-19b 所示。

3）把单股铜芯线按顺时针方向紧缠在多股铜芯线上，务必要使每圈缠绕方向垂直于多股铜芯线轴心，并应使各圈紧挨密排，绕足 10 圈后切断余端，钳平切口毛刺，如图 2-19c 所示。

（3）7 股铜芯线的直接连接　按以下步骤进行。

1）先将剖去绝缘层的芯线头拉直，接着把芯线头全长的 1/3 根部进一步绞紧，然后把余下的 2/3 根部的芯线头，按如图 2-20a 所示方法，分散成伞骨状，并将每股芯线拉直。

2）把两导线的伞骨状线头隔股对叉，然后捏平两端每股芯线，如图 2-20b、c 所示。

3）先把一端的 7 股芯线按 2、2、3 分成三组，接着把第一组股芯线扳起，垂直于芯线，如图 2-20d 所示。然后按顺时针方向紧贴并缠两圈，再扳成与芯线平行的直角，如图 2-20e所示。

4）按照上一步骤相同的方法继续紧缠第二和第三组芯线，但在后一组芯线扳起时，应把扳起的芯线紧贴前一组已弯成直角的芯线根部，如图 2-20f、g 所示。第三组芯线应紧缠三圈，如图 2-20h 所示。每组多余的芯线端应剪去，并钳平切口毛刺。导线的另一端连接方法相同。

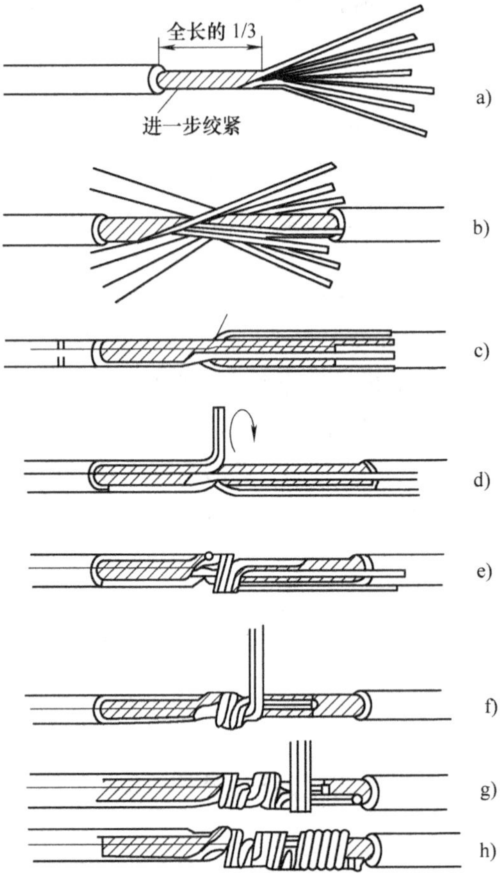

图 2-20　7 股铜芯线的直接连接

（4）多股铜芯线的分支连接　先将干线在连接处按支线的单股铜芯线直径约 60 倍长剥去绝缘层。支线线头绝缘层的剥离长度约为干线单股铜芯线直径的 80 倍左右，再按以下步骤进行：

1）把支线线头离绝缘层切口根部约 1/10 的一段芯线进一步绞紧，并把余下的约 9/10 芯线头松散，并逐根勒直后分成较均匀且排成并列的两组（如 7 股线按 3、4 分），如图 2-21a 所示。

2）在干线芯线中间略偏一端部位，用一字旋具插入芯线股间，分成较均匀的两组。接着把支路略多的一组芯线头插入干线芯线的缝隙中，并插足。同时移动位置，使干线芯线约以 2/5 和 3/5 分留两端，即 2/5 一段供支线 3 股芯线缠绕，3/5 一段供 4 股芯线缠绕，如图 2-21b 所示。

3）先钳紧干线芯线插口处，接着把支线 3 股芯线在干线芯线上按顺时针方向垂直地紧

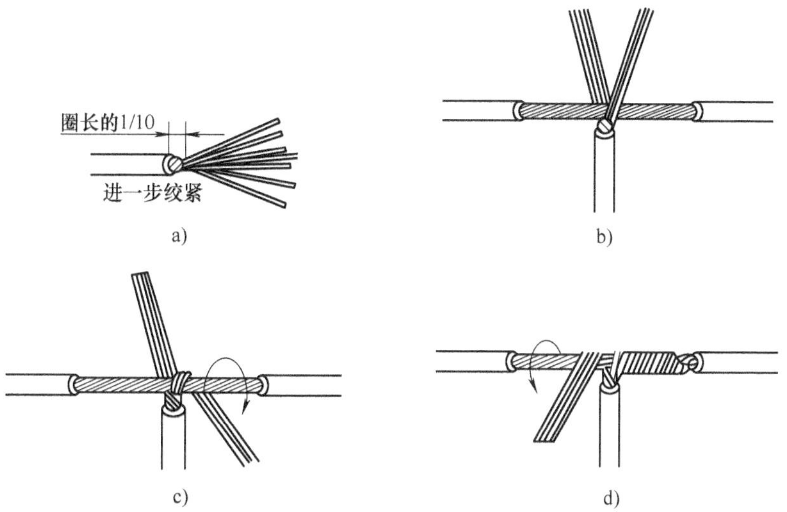

图 2-21　7 股铜芯线的分支连接

紧排缠至三圈，剪去多余的线头，钳平端头，修去毛刺，如图 2-21c 所示。

4）按步骤 3）方法将另 4 股芯线在干线芯线上按逆时针方向缠绕，但要缠足四圈，芯线端口也应不留毛刺，如图 2-21d 所示。

3. 导线与针孔接线柱的连接

接线柱又称接线桩或接线端子，是各种电气装置或设备的导线连接点。导线与接线柱的连接是保证装置或设备安全运行的关键工序，必须接得正规可靠。

（1）导线与针孔式接线柱的连接

1）单股芯线端头应折成双根并列状后，再以水平状插入承接孔，并能使并列面承受压紧螺钉的顶压。芯线端头所需长度应是两倍孔深，如图 2-22a 所示。

2）芯线端头必须插到孔的底部。凡有两个压紧螺钉的，应先拧紧近孔口的一个，再拧紧近孔底的一个，如图 2-22b 所示。

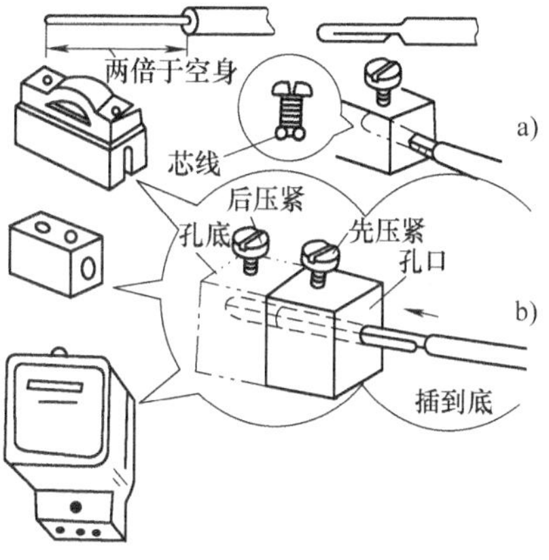

图 2-22　导线与针孔式接线柱的连接

（2）线头与螺钉平压式接线柱的连接　在螺钉平压式接线柱上接线时，如果是较小截面单股芯线，则必须把线头弯成圆环，如图 2-23 所示，圆环弯曲的方向应与螺钉拧紧的方向一致。多股芯线与螺钉平压式接线柱连接时，压接圈的弯法如图 2-24 所示。较大截面单

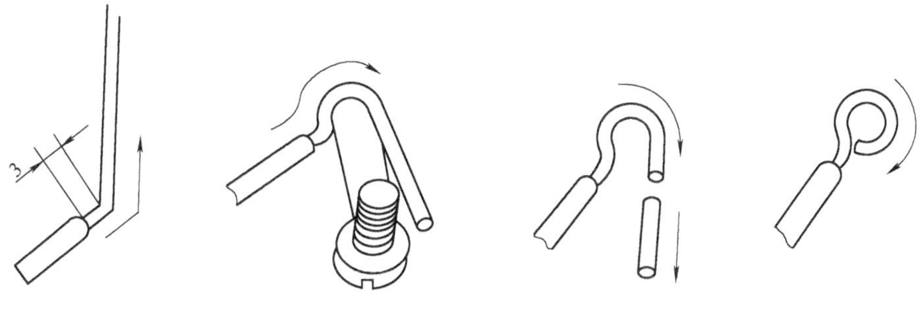

图 2-23　线头与螺钉平压式接线柱的连接

股芯线与螺钉平压式接线柱连接时，线头须装上接线端子，由接线端子与接线柱连接。

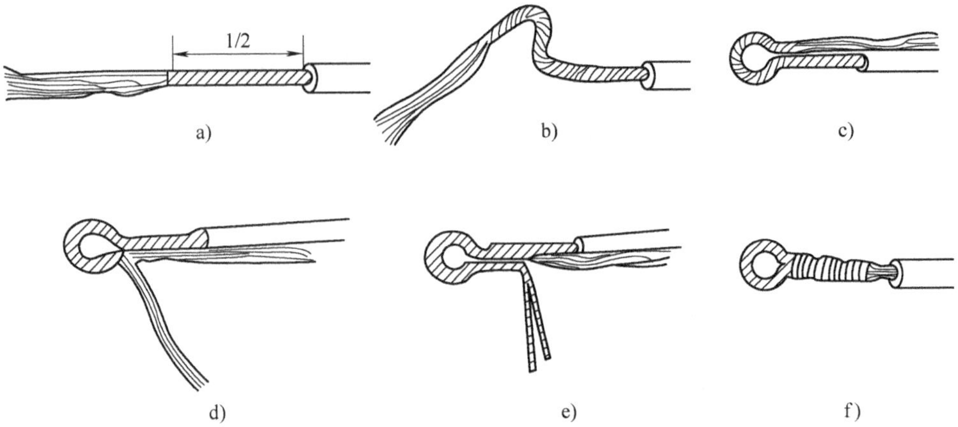

图 2-24 多股芯线与螺钉平压式接线柱连接

4. 铝芯线的连接

铝芯线的连接有以下几种。

(1) 小规格铝芯线的连接

1) 截面积在 $4mm^2$ 以下的铝芯线，允许直接与接线柱连接，但连接前必须经过清除氧化铝薄膜的技术处理。方法是，在芯线端头上涂抹一层中性凡士林，然后用细钢丝刷或铜丝刷擦芯线表面，再用清洁的棉纱或破布抹去含有氧化铝膜屑的凡士林，但不要彻底擦干净表面的所有凡士林。

2) 各种形状接点的弯制和连接方法，均与小规格铜质导线的各种连接方法相同，均可参照应用。

3) 铝芯线质地很软，压紧螺钉虽应紧压住线头，不能松动，但也应避免一味拧紧螺钉而把铝芯线压扁或压断。

(2) 铜芯线与铝芯线的连接 由于铜与铝在一起时，时间长了铝会产生电化腐蚀，因此，对于较大负荷的铜芯线与铝芯线连接应采用铜铝过渡连接管。使用时，连接管的铜端插入铜导线，连接管的铝端插入铝导线，利用局部压接法压接。

2.3.3 导线绝缘层的恢复

绝缘导线的绝缘层，因连接需要被剥离后，或遭到意外损伤后，均需恢复绝缘层，而且经恢复的绝缘性能不能低于原有的标准。在低压电路中，常用的恢复材料有黄蜡带、聚氯乙烯塑料带和黑胶带等多种。一般采用 20mm 的规格，其包缠方法如下。

1) 包缠时，先将绝缘带从左侧的完好绝缘层上开始包缠，应包入绝缘层 30 ~ 40mm，包缠绝缘带时，要用力拉紧，带与导线之间应保持约 45°的倾斜角，如图 2-25a 所示。

2) 进行每圈斜叠缠包，后一圈必须压叠住前一圈 1/2 的宽度上，如图 2-25b 所示。

3) 包至另一端也必须包入与始端同样长度的绝缘带，然后接上黑胶带，并应使黑胶带包出绝缘带层至少半根带宽，即必须使黑胶带完全包住绝缘带，如图 2-25c 所示。黑胶带应包出绝缘带层。

4) 黑胶带也必须进行 1/2 叠包，包到另一端也必须完全包住绝缘带，收尾后应用双手的拇指和食指紧捏黑胶带两端口，进行一正一反方向拧旋，利用黑胶带的黏性，将两端口充分密封起来，尽可能不让空气流通。这是一道关键的操作步骤，决定着加工质量的优劣，如图 2-25d 所示。

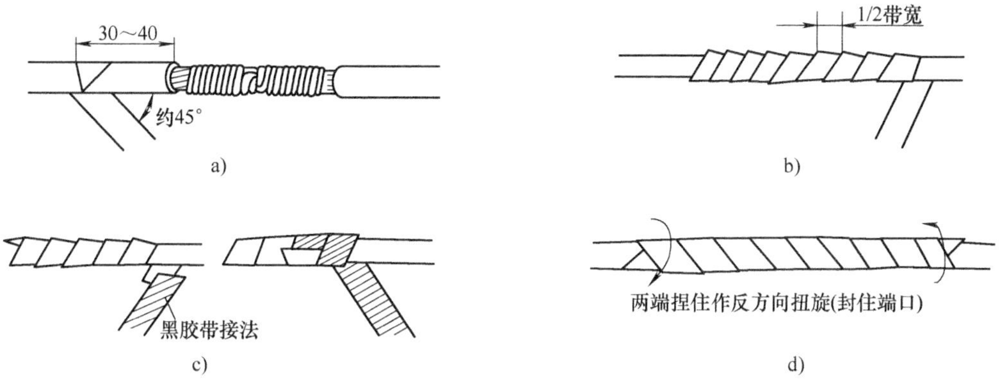

图 2-25　对接接点绝缘层的恢复

在实际应用中，为了保证经恢复的导线绝缘层的绝缘性能达到或超过原有标准，一般均包两层绝缘带后再包一层黑胶带。

习　题　2

1. 填空题

(1) 低压验电笔可以用来区分________和________，氖泡发亮的是________，不亮的是________。

(2) 螺钉旋具 2×100mm 的型号含义为____________________。

(3) 钢丝钳由________和________两部分组成，钳头又包括________、________、________和________四部分。

(4) 常用的电烙铁有________和________两种，常见电烙铁的握法有________、________、________三种。

(5) 电工仪表常用的测量法有________、________、________三种；根据误差的性质，测量误差一般分为________、________、________三类。

(6) 电工仪表准确度等级有________、________、________、________、________、________、________等七个等级。

(7) 使用绝缘电阻表测量________绝缘电阻时，L 接被测线路上，E 接地线；测量电机绝缘电阻时，将电机绕组接于________接线柱上，机壳接于________接线柱上。

(8) 转速表是一种用来测量____________________的仪表。

2. 选择题

(1) 低压验电笔一般适用于交、直流电压为(　　)V 以下。

A. 220　　B. 380　　C. 500　　D. 600

(2) 多次测量取其平均值可以消除(　　)。

A. 系统误差　　B. 偶然误差　　C. 疏失误差　　D. 测量误差

(3) 万用表的表头采用的是(　　)表头。

A. 磁电系　　B. 电磁系　　C. 电动系　　D. 感应系

(4) 每次测电阻前，万用表都必须进行(　　)。

A. 更换电池　B. 机械调零　C. 更换表头　D. 欧姆调零

(5) 万用表在不使用时应将转换开关置于(　　)。

A. 最高直流电流档　B. 最高交流电压档或空档

C. 最高直流电压档　D. 欧姆档

(6) 钳形电流表和一般电流表的最大区别在于(　　)。

A. 准确度更高　B. 灵敏度更高

C. 价格昂贵　D. 不需要断开电路就可以直接测量电流

3. 判断题

(1) 用钢丝钳可以同时剪切相线和零线或同时剪切两根相线。(　　)

(2) 剥线钳仅用以剖削直径3mm及以下绝缘导线的塑料或橡胶绝缘层。(　　)

(3) 剥线钳的手柄一般并非绝缘手柄，故不能在带电场合使用。(　　)

(4) 用万用表欧姆档测量被测电阻时被测电路不允许带电。(　　)

(5) 钳型电流表使用完毕后，应将量程开关置于最高档位，以防下次使用时疏忽，未选准量程进行测量而损坏仪表。(　　)

(6) 小电阻的测量一般使用绝缘电阻表。(　　)

4. 问答题

(1) 使用电工刀对导线的绝缘皮进行剖削时应如何切入?

(2) 使用冲击电钻时应注意哪些问题?

(3) 如何正确使用万用表?

(4) 如何正确使用绝缘电阻表?

(5) 导线连接的基本要求是什么?

(6) 导线连接有哪些方法?

(7) 简述单股铜芯线的连接步骤?

(8) 铜芯线和铝芯线连接时各应采取什么方法?

实训课题二　常用电工工具及仪表基本操作技术训练

1. 实训目的

(1) 认识电工常用工具，了解其操作规程，熟练掌握电工常用工具的使用方法。

(2) 熟练掌握万用表测量电流、电压、电阻的方法及使用注意事项。

(3) 正确选用绝缘电阻表及钳形电流表，熟练掌握其使用方法及注意事项。

2. 实训器材

低压验电笔、钢丝钳、尖嘴钳、剥线钳、螺钉旋具、电工刀、不同规格导线若干、万用表、电阻器(不同阻值3~5只)、直流稳压电源、交流调压器、干电池、线圈、半导体部件、绝缘电阻表、钳形电流表、电动机、实训室三相供电线路。

3. 实训步骤

(1) 使用低压验电器进行带电体实际验电操作；

(2) 进行使用螺钉旋具固定螺钉的训练；

(3) 使用钢丝钳做导线成型及剖削绝缘层的训练；

(4) 结合导线连接和绝缘恢复操作，练习用电工刀、剥线钳剖削多种常用导线绝缘层；

(5) 进行使用尖嘴钳做羊眼圈的训练；

(6) 熟悉万用表的外部结构和刻度盘含义，进行直流电流、直流电压、电阻及交流电压的测量，进行其他器件(如线圈、晶体二极管等)的测量；

(7) 熟悉绝缘电阻表的接线方法及使用注意事项，利用绝缘电阻表测量电缆线及电动机的绝缘电阻；

(8) 熟悉钳形电流表的操作方法及使用注意事项，利用钳形电流表测量实训室三相电源各线的电流，并判别三相回路是否平衡。

4. 注意事项

(1) 进行导线绝缘层去除训练时，要求不能伤及导线的线芯；

(2) 固定螺钉应垂直于安装面；

(3) 注意仪表的量程选择，以免造成设备损坏及人员伤亡。

5. 思考题

(1) 低压验电器的使用方法和使用注意事项是什么？用电工刀和剥线钳剖削导线绝缘层的操作要领是什么？

(2) 使用绝缘电阻表测量电动机的绝缘电阻时的注意事项是什么？

(3) 如何利用钳形电流表判别三相回路是否平衡？

6. 成绩评定

评分标准见表 2-1。

表 2-1　评分标准

<table>
<tr><th colspan="4">项目内容</th><th colspan="2">配分</th><th colspan="3">评分标准</th><th>扣分</th></tr>
<tr><td colspan="4">正确使用低压验电器进行带电体实际验电操作</td><td colspan="2">10</td><td colspan="3">(1) 使用方法不正确，扣 10 分
(2) 判别不正确，扣 10 分</td><td></td></tr>
<tr><td colspan="4">正确使用螺钉旋具安装、拆卸螺钉；
正确使用钢丝钳、尖嘴钳做剪切、弯绞导线练习；
使用电工刀、剥线钳做剖削导线练习；</td><td colspan="2">30</td><td colspan="3">(1) 操作姿势不正确，扣 10 分
(2) 导线有损伤，每处扣 3 分
(3) 导线剖断，每根扣 3 分</td><td></td></tr>
<tr><td colspan="4">正确使用万用表测量各物理量</td><td colspan="2">20</td><td colspan="3">(1) 使用方法不正确，扣 10 分
(2) 测量误差大，每处扣 5 分
(3) 损坏万用表，扣 20 分</td><td></td></tr>
<tr><td colspan="4">正确使用绝缘电阻表测量电缆线及电动机的绝缘电阻</td><td colspan="2">20</td><td colspan="3">(1) 使用方法不正确，扣 10 分
(2) 测量误差大，每处扣 5 分
(3) 损坏绝缘电阻表，扣 20 分</td><td></td></tr>
<tr><td colspan="4">正确使用钳形电流表测量实训室三相电源各线的电流，并判别三相回路是否平衡</td><td colspan="2">20</td><td colspan="3">(1) 使用方法不正确，扣 10 分
(2) 损坏钳形电流表，扣 20 分</td><td></td></tr>
<tr><td colspan="4">安全文明生产</td><td colspan="5">违反安全文明生产规程扣 5～40 分</td><td></td></tr>
<tr><td colspan="4">定额时间 3h</td><td colspan="5">每超时 5min 以扣 5 分计算</td><td></td></tr>
<tr><td>备注</td><td colspan="8">除定额时间外，各项目的最高扣分不应超过此项配分</td><td></td></tr>
<tr><td>开始时间</td><td></td><td>结束时间</td><td colspan="2"></td><td colspan="2">实际用时</td><td></td><td>成绩</td><td></td></tr>
<tr><td>班级</td><td></td><td>姓名</td><td colspan="2"></td><td colspan="3">指导老师</td><td colspan="2"></td></tr>
</table>

第3章

小型变压器

变压器是利用电磁感应原理制成的一种静止的电气设备，它把一次交流电压变换为同频率的二次侧所需要的交流电压，从而满足输电、配电和用电的需要。变压器除了可以改变交流电压，还可以改变交流电流(如:变电流、大电流发生器等)，变换阻抗(如:电子电路中的输入输出变压器)。

变压器种类很多，按用途可分为电力变压器、整流变压器、调压变压器、仪用互感器、隔离变压器等；按相数可分为单相变压器、三相变压器；按工作频率分可为低频变压器、中频变压器、高频变压器。尽管变压器的种类很多，但其基本结构和工作原理是类似的。

本章主要介绍小型变压器的基本结构、工作原理以及常见故障分析。

3.1　变压器的结构与工作原理

3.1.1　变压器的基本结构

变压器主要由铁心、绕组组成，此外还有绕组骨架等附件。其外形图、图形符号及文字符号如图 3-1。

a)

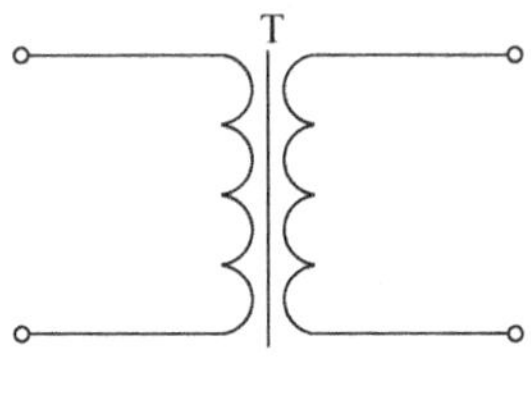

b)

图 3-1　小型变压器

a）外形图　b）图形符号和文字符号

1. 铁心

铁心是变压器的磁路部分。为了提高导磁性能、减少磁滞损耗和涡流损耗，铁心多采用含硅量较高，厚度为 0.35 ~0.5mm 且表面涂有绝缘漆的硅钢片叠压而成。近年来，变压器也常用非晶合金钢片或其他磁性材料做铁心。

铁心包括铁心柱和铁轭两部分，铁心柱上套有变压器的绕组，铁轭使整个磁路闭合。铁心结构的基本型式有心式和壳式两种。

图 3-2 为心式变压器，其结构特点是：绕组包围铁心。这种型式结构简单，绕组的安装和绝缘比较容易，且用铁量较少，适用于容量大的变压器，因而绝大部分国产的电力变压器均采用心式结构。图 3-3 为壳式变压器，其结构特点是：铁心包围绕组。它不需要专门的变压器外壳，但制造工艺复杂，用铁量较多，适用于小容量的变压器，小型变压器多采用壳式结构。

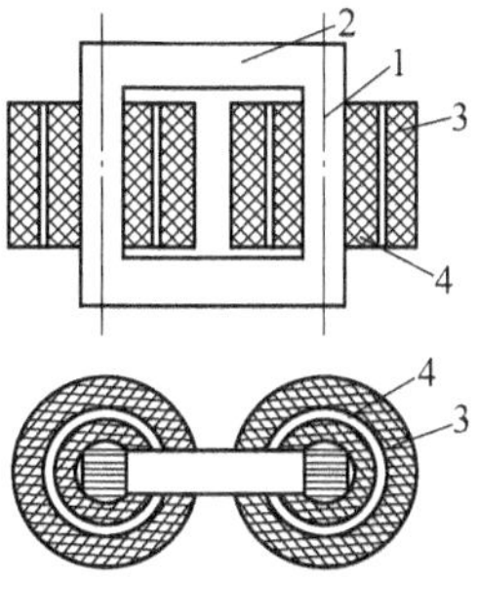

图 3-2　心式变压器

1—铁心柱　2—铁轭　3—高压绕组　4—低压绕组

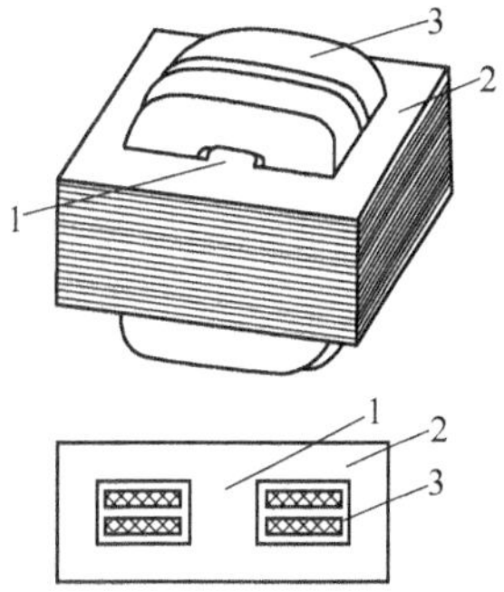

图 3-3　壳式变压器

1—铁心柱　2—铁轭　3—绕组

小型变压器的铁心在装备时常采用叠接式，即叠压时上层和下层的叠片接缝互相错开，以减小接缝处的气隙，从而减小了励磁电流。常用小型变压器的铁心形状有 E 字形、日字形、F 字形、Π 字形和 C 字形等多种冲片，如图 3-4 所示。

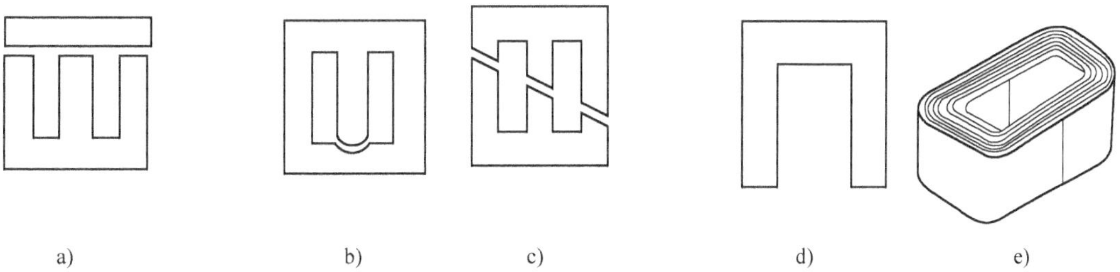

图 3-4　小型变压器铁心冲片形状

a）E 字形　b）日字形　c）F 字形　d）Π字形　e）C 字形

2. 绕组

绕组是变压器的电路部分，常用绝缘的铜导线或铝导线绕制而成，小型变压器绕组绕制通常有两种形式。第一种为同心式，它是将高、低压绕组同心地套在铁心柱上，是心式变压器常用的绕制方式。为了便于绝缘，一般将电压低的绕组安装在内层，电压高的绕组安装在外层。第二种为交叠式，它是将高、低压绕组各分成若干个线饼，沿着铁心柱的高度分格分层交替绕制，是壳式变压器常用的绕制方式。为了便于绝缘，一般最上层和最下层安放低压绕组。

我们把与电源相连的绕组叫做一次绕组，一次侧各量均用下标“1”表示，如匝数为 N_1、电压为 U_1、电流为 I_1等；而与负载相连的绕组叫二次绕组，二次各量均用下标“2”表示，如匝数为 N_2、电压为 U_2、电流为 I_2等。

3. 附件

小型变压器的结构相对简单，附件较少，主要包括：绕组骨架、绝缘材料、屏蔽罩。

（1）绕组骨架　绕制变压器线圈时，必须首先制作线圈骨架，骨架一般都由塑料压制而成，也可以用胶合板及胶木化纤维板制作。

（2）绝缘材料　绝缘是变压器制造的主要问题，主要用于铁心中层与层之间、铁心与绕组之间、绕组与绕组之间。小型变压器常用的绝缘材料有牛皮纸、青壳纸、聚酯薄膜、黄蜡布等。

（3）屏蔽罩　为了防止变压器本身漏磁通对电路的干扰，变压器常采用铁壳或铝壳罩起来，一、二次绕组间往往加一层金属静电屏蔽层。

3.1.2 变压器的铭牌数据

变压器的额定值是制造厂对变压器在正常使用条件下所规定的技术数据，通常将额定值刻在变压器的铝制或铜制标牌上，称为铭牌。变压器铭牌标注的额定值主要包括以下几个：

1. 额定电压

一次额定电压 U_{1N}是指在一次绕组上应加的电源电压值，它是根据变压器的绝缘强度和允许的发热条件规定的。二次额定电压 U_{2N}是指一次绕组上加上额定电压时二次绕组的空载电压。通常变压器的额定电压用分数形式表示，如 220/6V，分子为高压绕组的额定电压，分母为低压绕组的额定电压。使用时一次电压不允许超过额定值(一般规定电压额定值允许变化 ±5%)。考虑有载运行时变压器有内阻抗压降，所以二次侧额定输出电压应比负载所需的额定电压高 5% ~10%。在三相变压器中，额定电压 U_{1N}和 U_{2N}均为线电压。

2. 额定电流

变压器的额定电流 I_{1N}和 I_{2N}是指变压器根据绝缘材料允许的温度而规定的一、二次绕组所允许长时间连续通过的最大工作电流。在三相变压器中，额定电流 I_{1N}和 I_{2N}均为线电流。

3. 额定容量

额定容量 S_N是指在额定条件下变压器所允许的最大输出视在功率，常以千伏安(kV · A)作单位。通常把变压器一、二次绕组的额定容量设计得相同，因此在单相变压器中

$$S_N = I_{1N}U_{1N} = I_{2N}U_{2N}$$

在三相变压器中

$$S_N = \sqrt{3}I_{1N}U_{1N} = \sqrt{3}I_{2N}U_{2N}$$

4. 额定频率

额定频率是指对变压器所设计的运行频率，我国规定标准工业用电的频率是 $f_N = 50\text{Hz}$。

5. 额定温升

额定温升是指变压器在额定运行状态下所允许超过周围环境温度的数值，它取决于变压器所用绝缘材料的等级。

6. 型号

变压器的型号和符号含义见表 3-1。

表 3-1　变压器的型号和符号含义

型号中符号排列顺序	含义：内　容	含义：类　别	代表符号
1	绕组耦合方式	自耦降压	O
2	相数	单相 三相	D S

（续）

型号中符号排列顺序	含　义		代表符号
	内　容	类　别	
3	冷却方式	油浸自冷	J
		干式空气自冷	G
		干式浇注绝缘	C
		油浸风冷	F
		油浸水冷	S
		强迫油循环风冷	FP
		强迫油循环水冷	SP
4	绕组数	双绕组	—
		三绕组	S
5	绕组导线材质	铜	—
		铝	L
6	调压方式	无励磁调压	—
		有载调压	Z
	加强干式		Q
	干式防火		H
	移动式		D
	成套		T

例如：

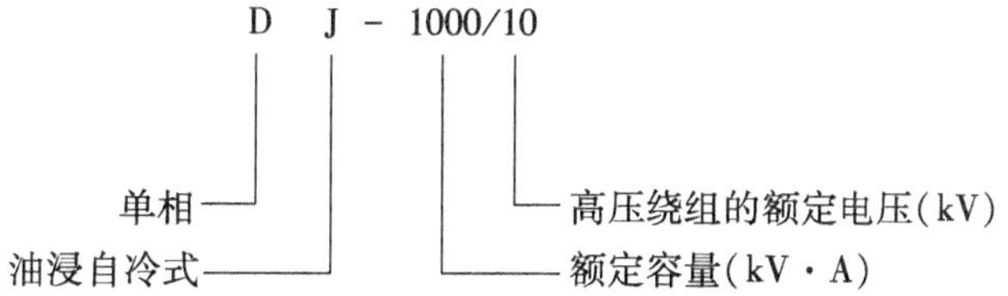

此外，铭牌上还有效率 η_N，温升 T_N，连接组别号，相数 M 等。

3.1.3　变压器的工作原理

变压器是按电磁感应原理工作的，如图 3-5 所示。当在变压器的一次绕组两端加上一个正弦交流电压 u_1时，一次绕组中就有交流电流 i_1并产生交变磁通 Φ，这个交变磁通经过闭合磁路同时穿过一、二次绕组。在一次绕组两端产生自感电动势 e_1的同时，二次绕组两端产生互感电动势 e_2。若二次绕组两端接上负载，这时，负载中便有电流通过。可见，一次绕组从交流电源获得电能并转换成磁场传递给二次绕组，然后还原成不同于交流电源电压等级的电能再供给负载。

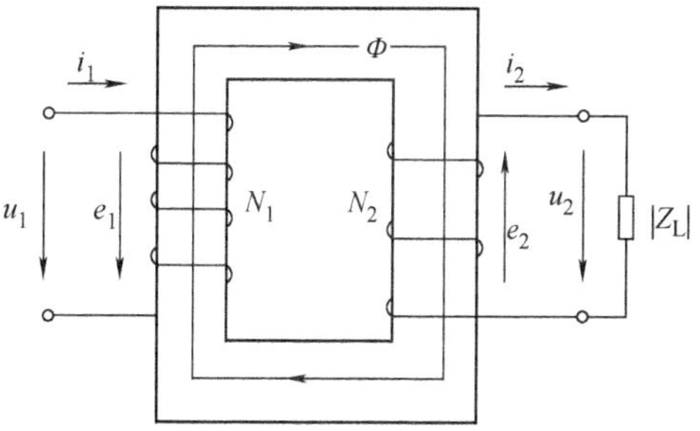

图 3-5　变压器工作原理图

1. 变换交流电压

设一次绕组的匝数是 N_1，二次绕组的匝数是 N_2，穿过它们的磁通是 Φ，那么一次、二

次绕组中产生的感应电动势分别是

$$E_1 = 4.44 f N_1 \Phi_m$$
$$E_2 = 4.44 f N_2 \Phi_m$$

由于一、二次绕组的电阻很小，可忽略不计，因此得到

$$\frac{U_1}{U_2} \approx \frac{E_1}{E_2} = \frac{N_1}{N_2} = k_u$$

式中，k_u 为变压器的电压比。

由上式知：变压器一、二次绕组的端电压之比等于这两个绕组的匝数之比。如果 $N_2 > N_1$，则 $U_2 > U_1$，变压器使电压升高，这种变压器称为升压变压器；如果 $N_2 < N_1$，则 $U_2 < U_1$，变压器使电压降低，这种变压器称为降压变压器。

2. 变换交流电流

变压器二次绕组带负载后，在二次绕组感应电动势 e_2 作用下，二次绕组中有了电流 i_2。此电流在磁路中也会产生磁通，从而影响一次侧电流 i_1。由 $U_1 \approx E_1 = 4.44 N_1 f \Phi_m$ 可知，U_1 和 f 不变时，E_1 和 Φ_m 也都基本不变。因此，有负载时产生主磁通的一、二次绕组的合成磁动势 $(i_1 N_1 + i_2 N_2)$ 和空载时产生主磁通的一次绕组的磁动势 $i_0 N_1$ 基本相等，即

$$i_1 N_1 + i_2 N_2 = i_0 N_1$$

因空载电流 i_0 很小，可忽略不计，则有

$$\frac{I_1}{I_2} \approx \frac{N_2}{N_1} = \frac{1}{k_u} = k_i$$

式中，k_i 称为电流比。

由上式知：变压器一、二次绕组的电流之比等于这两个绕组的匝数之反比。

3. 变换交流阻抗

在电子电路中，常利用变压器的阻抗变换功能来达到阻抗匹配的目的。负载获得最大功率的条件是负载阻抗等于信号源的内阻，称为阻抗匹配。在实际生活中，负载的阻抗与信号源的内阻往往是不相等的，这时把负载直接接到信号源上是不能获得最大功率的。因此，就需要利用变压器来进行阻抗匹配，使负载获得最大功率。

设接在变压器二次绕组的负载阻抗为 $|Z_2|$，则

$$|Z_2| = \frac{U_2}{I_2}$$

根据等效原理，$|Z_2|$ 反映到一次绕组的阻抗 $|Z_1|$ 为

$$|Z_1| = \frac{U_1}{I_1} = \frac{k_u U_2}{\frac{I_2}{k_u}} = k_u^2 \frac{U_2}{I_2} = k_u^2 |Z_2|$$

可见，在二次侧接上负载阻抗 $|Z_2|$ 时，就相当于在电源两端直接接上一个阻抗为 $|Z_1| = k_u^2 |Z_2|$ 的负载。

3.2 常见变压器

3.2.1 自耦变压器

自耦变压器是一种调压变压器，在实验室中常用自耦变压器平滑地改变输出电压的大

小，如图 3-6 所示。

从图中可看出，自耦变压器的结构特点是一、二次绕组共用一个绕组，因此，一、二次绕组之间既有磁的耦合，又有电的联系。如果以 a、b 两点间的绕组作为一次绕组，以 c、b 两点间的绕组作为二次绕组，则它是一个降压变压器；如果以 c、b 两点间的绕组作为一次绕组，以 a、b 两点间的绕组作为二次绕组，则它是一个升压变压器。

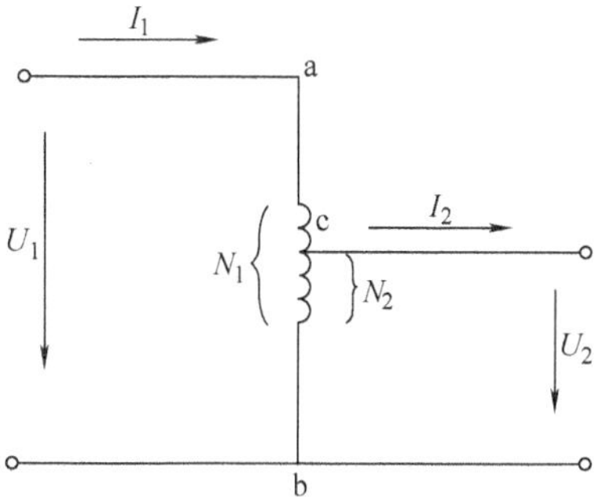

图 3-6　自耦变压器原理图

自耦变压器的工作原理和单相双绕组变压器的工作原理是相同的，一、二次绕组电压间的关系仍为

$$\frac{U_1}{U_2} \approx \frac{E_1}{E_2} = \frac{N_1}{N_2} = k_u$$

若 U_1 和 N_1 固定不变，把滑动触头 c 上、下移动，就可以改变 N_2 的大小，从而得到不同的输出电压。

当自耦变压器二次侧接上负载时，一、二次绕组中电流之间的关系仍为

$$\frac{I_1}{I_2} \approx \frac{N_2}{N_1} = \frac{1}{k_u}$$

因为电流 I_1 与 I_2 的相位几乎相差 180°，所以，自耦变压器一、二次绕组公用部分(即 N_2 绕组)内的电流等于 I_2 与 I_1 之差，即

$$I_{bc} = I_2 - I_1$$

当电压比 k 接近于 1 时，I_2 与 I_1 的差值很小。因此，这部分绕组可用截面积较小的导线绕制，从而减少了用铜量，同时使变压器重量减轻、体积变小。

使用自耦变压器的注意事项是：一、二次绕组不能接反，否则当电刷触头放在“输出”最小时，电源将被短路或烧坏变压器；相线和地线不可颠倒，若自耦变压器绕组接地端误接到相线时，即使二次侧电压很低，但人触及二次侧任一端均有触电危险，造成人身事故；调压时应从零位开始，以免损坏仪表和设备。

3.2.2　仪用互感器

在电力系统中，直接用仪表测量大电流或高电压是比较困难的。因此，常用互感器将大电流、高电压变换为小电流、低电压后再进行测量。这种互感器称为电流互感器或电压互感器。这样做可以将仪表做得精密小巧，扩大仪表的使用范围，同时能保证仪表和测量人员的安全。

1. 电流互感器

电流互感器的主要构造和工作原理与普通变压器相似，也是由铁心和一、二次绕组两个主要部分组成，其原理接线图如图 3-7 所示。电流互感器的一次绕组的匝数很少，通常由一匝或几匝相当粗的导线绕制而成，它与被测电路串联，输入的是电流 I_1 信号，I_1 的大小是由负载大小决定的，其额定电流可以在 10 ~ 25000A 的范围内。二次绕组的匝数很多，由较细的导线绕制而成，与阻抗很小的仪表线圈或继电器线圈串联，通常额定电流一般为 5A。由于

$$\frac{I_1}{I_2} \approx \frac{N_2}{N_1} = \frac{1}{k_u} = k_i$$

所以

$$I_1 \approx k_i I_2$$

由此可见，通过负载的电流 I_1 等于电流表的读数 I_2 和电流比的乘积。如果电流表与一台专用的电流互感器配套使用（电流比 k_i 已知），那么电流表的刻度就可以按电流互感器测定的大小电流值标出。

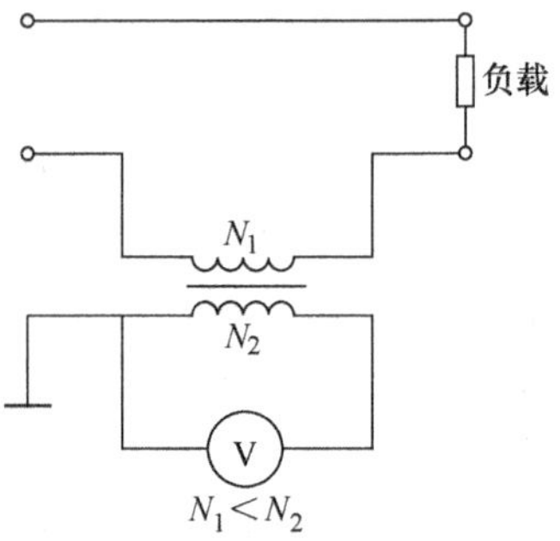

图 3-7　电流互感器接线原理图

电流互感器使用时，特别要注意二次绕组绝对不能开路，这一点是与普通变压器不同的。因为电流互感器的一次绕组与负载串联，一次电流 I_1 的大小决定于负载的大小，不随电流互感器二次绕组的变化而变化。因此，当二次绕组开路时，一次绕组电流 I_1 不变，铁心中磁通密度大为提高，铁损急剧增加，使电流互感器铁心严重过热甚至烧坏绝缘结构。与此同时，在二次绕组出现高电压，绝缘可能被击穿，而且危及操作人员及其他设备的安全。为了安全运行，应将电流互感器二次绕组的一端和铁心同时接地。

通常用电流表测量电流时，需要将电路切断后才能将电流表接入进行测量，这是很麻烦的，在实际工作中，经常使用钳形电流表，如图 3-8 所示，可在不切断电路的情况下来测量电流。它是由一只与电流表接成闭合回路的二次绕组和铁心构成，其铁心可开可合。测量时，铁心在捏紧扳手时可以张开，把待测电流的一根导线放入钳口中，放开扳手后铁心闭合，穿过铁心的被测导线就成为电流互感器的一次绕组，这时由电流表就可直接读出被测电流的大小。

2. 电压互感器

电压互感器的主要结构和工作原理类似于普通降压变压器，其原理接线图如图 3-9 所示。它的一次绕组匝数多，与被测高压电路并联，二次绕组匝数少，并联接电压表或其他仪表、电器的电压线圈。由于电压线圈的阻抗很大，所以电压互感器相当于二次侧空载的降压变压器，电压互感器二次绕组的额定电压一般为 100V。若一次绕组匝数为 N_1，二次绕组匝数为 N_2，则它的一、二次电压之比为

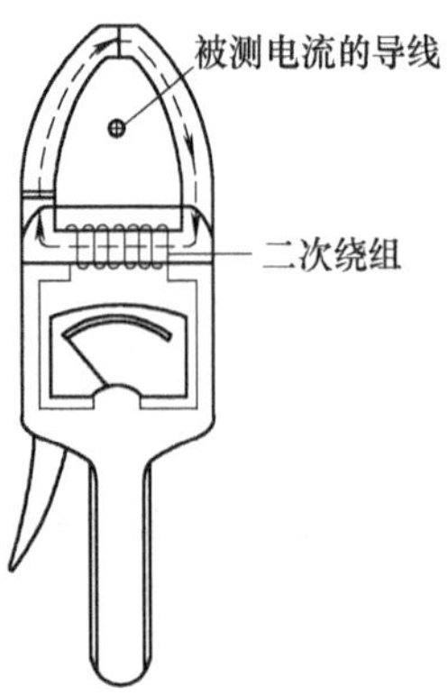

图 3-8　钳形电流表

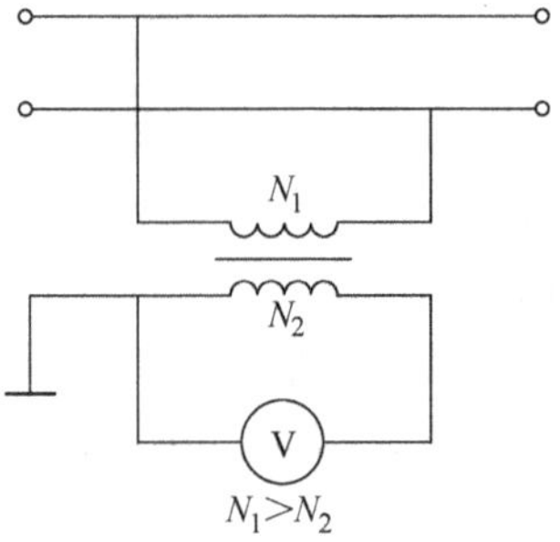

图 3-9　电压互感器接线原理图

$$\frac{U_1}{U_2} \approx \frac{E_1}{E_2} = \frac{N_1}{N_2} = k_u$$

或者

$$U_1 \approx k_u U_2$$

可见，高压电路的电压 U_1 等于所测电压 U_2 与电压比的乘积。当电压表同一台专用的电压互感器配套使用时，电压表的刻度就可以按电压互感器测定的高压值标出，这样，就可以直接从电压表上读出高压电路的电压值。

使用电压互感器时，二次绕组绝对不能短路。因为二次绕组阻抗很小，如果发生短路，二次绕组电流就很大，易造成二次绕组过热而烧坏。为了安全起见，铁心和二次绕组一端必须可靠接地，以防止高压绕组绝缘损坏，以及铁心和二次绕组带高电压，而损坏设备和造成人身伤亡。

3.2.3 多绕组变压器

变压器的二次侧有两个以上的绕组或一、二次绕组都有两个以上绕组的变压器叫多绕组变压器，如图 3-10 所示。这种变压器多使用于电子设备中，输出多种电压。

多绕组可串联或并联使用，串联时应将绕组的异名端相接，并联时应将绕组的同名端相接，只有匝数相同的绕组才能并联。例如，电源变压器为了配合 220V 和 110V 不同的电网电压使用，需要两个一次绕组。在接 220V 电网电压时，将两个一次绕组串联，在接 110V 电网电压时，将两个一次绕组并联。

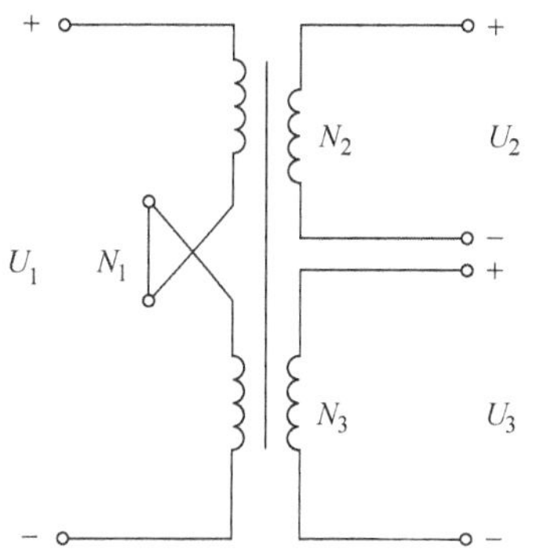

图 3-10　多绕组变压器

多绕组变压器一、二次绕组的电压关系仍符合电压比的关系

$$\frac{U_1}{U_2} \approx \frac{N_1}{N_2}$$

$$\frac{U_1}{U_3} \approx \frac{N_1}{N_3}$$

多绕组变压器的一次电流可以根据功率关系计算，设通过绕组 N_2 的电流为 I_2，功率为 P_2，通过绕组 N_3 的电流为 I_3，功率为 P_3，则一次功率和电流分别为

$$P_1 = \frac{P_2 + P_3}{\eta}$$

$$I_1 = \frac{P_1}{U_1 \cos\varphi_1}$$

3.3 小型变压器的检测与修理

无论是新制的，还是修理好的变压器，为了保证它的性能指标基本符合使用条件，在使用之前，需要对其机械和电气性能进行测试，以便及时发现和排除故障。

3.3.1 通电前的检查

1. 外观检查

检查绕组引线有无断线、脱焊、烧焦的痕迹；检查变压器铁心、绝缘材料等有无机械损伤；检查绝缘材料是否老化、剥落等。

2. 绕组直流电阻的测量

测量各绕组的直流电阻值时，需看它是否符合设计要求。一般低压绕组线粗、匝数少、电阻小；高压绕组线细、匝数多、电阻大。绕组直流电阻大时可直接用万用表进行测量，绕组直流电阻小时，要采用双臂电桥进行测量。

3. 绝缘检查

用绝缘电阻表测量各绕组之间、各绕组与铁心间，与屏蔽层之间的绝缘电阻值。一般小型电源变压器的绝缘电阻值应在几十到一百多兆欧以上。

3.3.2 空载测试

1. 测试空载损耗功率

小型变压器的通电测试电路如图3-11所示。在待测变压器T_2接入测试电路之前(a、b两端开路)，闭合S1，调节调压变压器T_1，使输入电压为额定电压220V(由电压表V1示出)，此时功率表W读数为电压表V1线圈和功率表W电压线圈所损耗的功率P_1，此时电路中电流很小，功率损耗也很小。

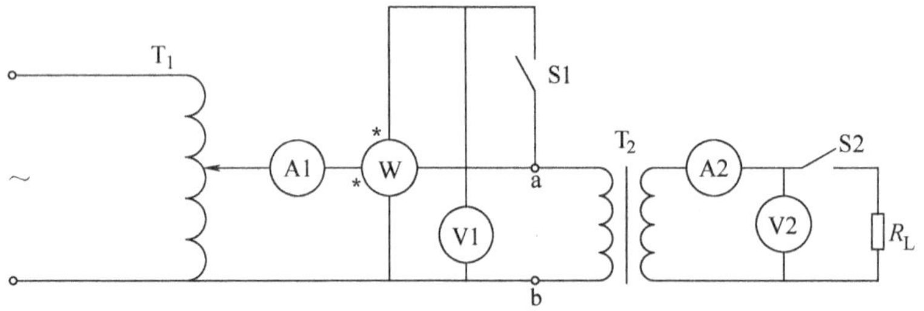

图3-11 变压器通电测试电路

将被测变压器的一次绕组接在a、b两端，开关S2断开，重新调节调压变压器T_1，使得电压表V1仍为220V，此时功率表W的读数为变压器空载损耗功率与电压表V1、功率表W两只表损耗功率之和P_2。所以，变压器的空载损耗功率为

$$P_0 = P_2 - P_1$$

2. 测试空载电流和空载输出电压

在图3-11中，将待测变压器T_2接入a、b两端，闭合S1，调节调压变压器使电压表V1读数为220V，断开S2，使变压器T_2处于空载状态。此时电流表A1的读数即为空载电流。一般小型变压器的空载电流为额定电流的3%~8%。若空载电流偏大，变压器的损耗也将增大，温升也将增大，从而影响变压器的使用寿命。

此时与待测变压器T_2二次侧并联的电压表V2读数为该变压器空载输出电压U_{2N}。

3. 耐压试验

变压器在使用前应进行耐压试验。即对每个绕组对其他绕组、对铁心或屏蔽层之间，均应进行耐压试验。试验时加3000V、50Hz的工频电压，持续1min，若不发生击穿、打火等现象即为耐压试验合格。

3.3.3　负载测试

1. 测试额定输出电压和额定输出电流

在图 3-11 中，将待测变压器 T_2 接入 a、b 两端，合上 S_2，使其带额定负载 R_L。当电压表 V1 读数为 220V 时，电压表 V2 的读数即为该变压器的额定输出电压。若电压表 V2 无读数或与标准值相差太远，则说明导线有断头或绕组匝数有错、匝间有短路，应拆开绕组检查。

在该测试电路中，电流表 A1 和 A2 的读数分别为该变压器的输入额定电流和输出额定电流。在输入电压为额定电压时，若所测电流偏大，说明负载过重或一、二次绕组匝数不足。

2. 测试电压变化率

电压变化率是指变压器空载输出电压 U_{2N} 与额定输出电压 U_2 之差与 U_{2N} 的百分比，即

$$\Delta U = \frac{U_{2N} - U_2}{U_{2N}} \times 100\%$$

电压变化率是变压器的主要性能指标之一，这个值越小，则变压器性能越好，带负载能力越强，其正常值在 5% 左右。

3. 温升试验

按图 3-11 所示电路加额定负载，通电至数小时，待温升稳定后测试，温升不得超过 40～50℃。变压器温升可采用电阻法测试：先测出一次绕组冷态直流电阻 R_1，因多数电源变压器一次绕组绕在变压器内层，不易散热，温度比较稳定，因此以它为测试对象比较准确。然后再加上额定负载，通电至数小时后切断电源，再测一次绕组热态直流电阻 R_2，这样连续测几次，在几次热态直流电阻近似相等时，就可以认为所测温度是稳定时的终端温度。用下列经验公式可求出温升 ΔT(单位:℃)：

$$\Delta T = \frac{R_2 - R_2}{R_1} \div 0.0039$$

3.3.4　故障诊断与修理

小型变压器在使用过程中，由于自身的原因或电源、负载的不正常变化，有可能发生各种各样的故障。本节主要分析小型变压器常见的故障现象、分析故障原因并找出检修方法。

1. 接通电源无电压输出

（1）故障原因

1）电源插头或馈线开路。

2）一次绕组开路或引出线脱焊。

3）二次绕组开路或引出线脱焊。

（2）检修方法　确定电网电压正常后插上电源插头，用万用表 250V 交流电压档测一次绕组两引出线之间的电压，若不正常，则用万用表电阻档检查电源插头和电源引入线是否有开路、脱焊和接触不良等现象；若正常，则拔下电源插头，用万用表或电桥测量一次绕组的直流电阻，判断其是否有开路现象；若无开路现象，则故障在二次绕组，可同样使用万用表或电桥来判断其是否开路。

对于多绕组变压器，可以利用输出电压来进行判断：将一次绕组接上电源，如果几个二

次绕组都没有电压输出，说明一次绕组开路；若有二次绕组输出电压，说明一次绕组完好，无输出电压的二次绕组开路。

绕组的开路点多发生在引出线的根部，主要是由于线头弯折次数过多或线头遭到猛拉或焊接处霉断造成的。这时可以不用拆开铁心和线包，先把变压器烤热，使绝缘漆软化，用小针在断线处挑出线头，焊上新的引出线，同时注意处理好焊点处的绝缘结构。如果开路点在线包的内层，则必须拆修甚至重新绕线，一般来说这种修复比较困难。

2. 温升过高甚至冒烟

（1）故障原因

1）层间、匝间绝缘老化造成匝间短路或一、二次绕组间短路。

2）硅钢片间绝缘性能太差，使涡流增大。

3）铁心叠厚不足或绕组匝数不足。

4）负载过重或输出电压局部短路。

（2）检修方法

1）检修故障原因1）的方法。在断电的情况下，可直接用万用表或绝缘电阻表检测一、二次绕组间是否短路。将一支表笔接一次绕组的一个引出线，另一支表笔接二次绕组的任一引出线，若绝缘电阻远低于正常值甚至趋向于0，说明一、二次绕组间短路；一次绕组接电源，可通过万用表测二次绕组空载电压来判断绕组匝间或层间是否短路。若某二次绕组输出电压明显降低，说明该绕组有短路。若变压器发热但各绕组输出电压基本正常，则可能是静电屏蔽层自身短路。不论是匝间、层间、一、二次绕组间，还是静电屏蔽层自身的短路，均应卸下铁心，拆开线包修理。若短路不严重，则可以局部处理好短路部位的绝缘，如插入绝缘纸。若短路严重，则应重新更换绕组。

2）检修故障原因2）的方法。拆下铁心，检查硅钢片表面绝缘漆是否剥落，若剥落严重甚至有锈斑，则将硅钢片浸泡于汽油中，除去锈斑和旧绝缘层，再重新上绝缘漆。

3）检修故障原因3）的方法。可适当增加硅钢片的数量，或重新制作骨架，重绕线包。

4）检修故障原因4）的方法。这不是变压器本身的问题，只要减轻负载或排除输出电路的短路故障等现象即可。

3. 空载电流偏大

（1）故障原因

1）一次绕组匝数不足。

2）铁心叠厚不足。

3）一、二次绕组局部短路。

4）铁心质量太差。

（2）检修方法 一次绕组匝数不足，铁心叠厚不足，一、二次绕组局部短路的检修方法可参照前面的检修方法。

铁心太差，可重换质量好的铁心，或加厚铁心以减小磁阻。

4. 运行中有响声

（1）故障原因

1）铁心未压紧。

2）电源电压过高。

3）负载过重或短路引起振动。

（2）检修方法　产生机械噪声，说明铁心未压紧，应将铁心压紧。产生电磁噪声，可能是电源电压过高，这时只需要用万用表来检测电源电压即可判断；也可能是负载过重或短路，此时只要检查外电路即可。

5. 铁心或底板带电

（1）故障原因

1）绕组对铁心短路。

2）长期使用绕组绝缘老化。

3）引出线裸露磨损碰触铁心或底板。

（2）检修方法

1）检修故障原因 1）、2）的方法。可用绝缘电阻表分别检查一、二次绕组对地（即铁心或静电屏蔽层）的绝缘电阻，若绝缘电阻明显降低，可将变压器烘干后再进行测量。如果烘干后，绝缘值恢复，说明是绕组受潮引起的故障；若绝缘电阻没有明显提高，说明是一次或二次绕组碰触到铁心或静电屏蔽层，这时就要拆除线包找出故障点进行修理，严重的要重新绕线。

2）检修故障原因 3）的方法。只要在引出线的裸露部位包扎好绝缘材料或套上套管即可。若是最里层的引出线碰触铁心，可在铁心与引出线之间塞入绝缘材料，并用绝缘漆或绝缘黏合剂粘牢。

习　题　3

1. 填空题

（1）变压器是根据________原理工作的电磁装置。变压器主要由________和________两部分组成，变压器铁心采用相互绝缘的硅钢片叠成，其目的是为了减少变压器的铁损，即：________损耗和________损耗。它们与电源的________和________有关。

（2）变压器的一次绕组匝数为 N_1、二次绕组匝数为 N_2，则 $N_1 > N_2$ 的变压器是________变压器，$N_1 < N_2$ 的变压器是________变压器。

（3）有一变压器，一次绕组 $N_1 = 2800$ 匝，二次绕组 $N_2 = 140$ 匝，接在 300V 的交流电源上，则变压器的电压比 $k_u =$________，二次侧开路电压 $U_{20} =$________。

（4）某输出变压器原边匝数为 200 匝，二次侧匝数为 40 匝，阻抗匹配时负载电阻是 4Ω，现改接 1Ω 的负载电阻，则匹配时二次侧的匝数应为________。

（5）电流互感器是将较________的电流变换为较________的电流。这样，电流互感器一次绕组匝数较________，二次绕组匝数较________。电流互感器在工作时，不允许二次绕组________。

（6）电压互感器是________变压器。一次绕组匝数较________，二次绕组匝数较________。在工作时，电压互感器不允许一次绕组________。为了安全运行应将电压互感器的________和________同时接地，以防触电。

2. 选择题

(1) 适用于变压器铁心的材料是(　　)。

A. 软磁材料　　B. 硬磁材料　　C. 矩磁材料　　D. 顺磁材料

(2) 以下说法正确的是(　　)。

A. 心式铁心的变压器是绕组包着铁心

B. 心式铁心的变压器是铁心包着绕组

C. 壳式和心式结构一样

D. 心式铁心的变压器可能是绕组包着铁心，也可能是铁心包着绕组

(3) 制造变压器的原理是(　　)。

A. 电磁感应　　B. 右手螺旋法则　　C. 楞次定律　　D. 自感现象

(4) 单相变压器的电压比为10，若一次绕组接入36V直流电压，则二次绕组上的电压为(　　)。

A. 3.6V　　B. 360V　　C. 0V　　D. 以上都不对

(5) 一台单相变压器的额定容量 $S_N=50kV \cdot A$，额定电压为10kV/230V，满载时，二次侧端电压为220V，则其额定电流 I_{1N} 和 I_{2N} 分别为(　　)。

A. 5A和227A　　B. 227A和5A　　C. 5A和217A　　D. 217A和5A

(6) 若20:1降压理想变压器的二次绕组中0.6Ω电阻的电压为6V，则该变压器二次电流和一次电流分别为(　　)。

A. 10A，5A　　B. 5A，10A　　C. 10A，0.5A　　D. 0.5A，10A

(7) 实现阻抗匹配是为了(　　)。

A. 提高能量传输的效率　　B. 提高负载上消耗的功率

C. 减小线路输电损耗　　D. 提高功率因数

(8) 一负载经过理想变压器接到信号源上，已知信号源的内阻 $R_0=800\Omega$，变压器的电压比 $k_u=10$。若该负载折算到一次侧的阻值 R_L 正好与 R_0 达到阻抗匹配，则负载 R_L 为(　　)。

A. 80Ω　　B. 8Ω　　C. 0.8Ω　　D. 800Ω

(9) 关于自耦变压器的使用错误的说法是(　　)。

A. 自耦变压器既可做降压变压器，也可做升压变压器

B. 自耦变压器的输出端不可调到0V，否则会短路

C. 调节输出电压时，转动手柄要慢

D. 自耦变压器的输入、输出端不可以对调

(10) 关于电流、电压互感器的错误说法是(　　)。

A. 电压互感器可以把高压变低压，以便测量，电流互感器可以把大电流变成小电流，以便测量

B. 电流、电压互感器的二次侧以及铁心都应可靠接地，以防高压击穿出现用电事故

C. 测量完毕后，电流互感器、电压互感器二次侧上的仪表都应开路

D. 钳形电流表是一种便携式电流互感器

3. 判断题

(1) 电路中所需的各种直流电压，可以通过变压器变换获得。　　(　　)

(2) 变压器的铁心都是由硅钢片制成的。　(　　)

(3) 变压器是一种静止的电气设备，它只能传递电能，而不能产生电能。　(　　)

(4) 变压器都是有铁心的。　(　　)

(5) 变压器用铁壳或铝壳罩起来，是为了进行静电屏蔽。　(　　)

(6) 变压器可以变换电流、电压、阻抗、相位和频率。　(　　)

(7) 把与一次绕组额定电压大小相等的直流电压加到变压器上，会迅速将一次绕组烧毁。　(　　)

(8) 变压器的额定容量就是一次绕组的额定电压与额定电流的乘积。　(　　)

(9) 变压器二次绕组额定电压是变压器额定运行时二次绕组的电压。　(　　)

(10) 温升是指变压器在额定运行状态下允许升高的最高温度。　(　　)

(11) 一台220V/110V的变压器，电压比 $k_u=2$，有人提出一次绕组 N_1 绕2匝，二次绕组 N_2 绕1匝是可行的。　(　　)

(12) 一降压变压器，只要将一、二次侧对调，即可用作升压变压器。　(　　)

(13) 变压器的一次电流由二次电流决定。　(　　)

(14) 变压器二次侧所接负载阻抗，折算到一次侧的阻抗等于变压器的电压比乘以负载电阻。　(　　)

(15) 自耦变压器既可以任意调节电压又是一种安全变压器。　(　　)

(16) 电流互感器使用时，严禁二次侧开路运行。　(　　)

(17) 用钳形电流表测量单相交流电时，如把两根线同时钳入，钳形电流表上的电流表无任何读数。　(　　)

(18) 电压互感器使用时，严禁二次侧开路运行。　(　　)

(19) 电流互感器铁心与二次绕组接地的目的是防止绝缘击穿时造成危险。　(　　)

(20) 电压变化率是变压器的主要性能指标之一，其正常值在10%左右。　(　　)

4. 问答及计算题

(1) 变压器的铁心为什么要用薄硅钢片叠压成而不是用整块钢制成？

(2) 变压器能改变交流电压和交流电流，能不能改变直流电压和直流电流？为什么？

(3) 单相变压器的额定容量为10kV·A，额定电压为3300/220V，试求：(1)变压器的电压比；(2)一、二次绕组的额定电流。

(4) 将 $R_L=8\Omega$ 的扬声器接在输出变压器的二次侧，已知变压器一次绕组 $N_1=300$ 匝，二次绕组 $N_2=100$ 匝，试求：1) 扬声器的等效变换电阻 R_L；2) 若把变压器一次绕组接上电动势 $E=6V$、内阻 $R_0=100\Omega$ 的信号源，问此时信号源输出的功率是多少？3) 若将扬声器直接接到同一信号源上，此时信号源输出的功率是多少？

(5) 电流互感器和电压互感器在使用中应注意哪些事项？

(6) 变压器在使用前应做哪些检查？

(7) 试分析变压器接通电源后无电压输出有哪些原因？

(8) 试分析变压器温度过高甚至冒烟有哪些原因？

(9) 试分析变压器空载电流过大有哪些原因？

(10) 试分析变压器在运行中响声大有哪些原因？

(11) 试分析变压器铁心或底板带电有哪些原因？

实训课题三　小型变压器的测试训练

1. 实训目的

掌握小型变压器常用参数的实验测量方法。

2. 实训器材

小型变压器、0~250V 自耦变压器、绝缘电阻表、万用表、交流电压表、交流电流表、功率表、开关、负载电阻。

3. 实训步骤

（1）变压器一、二次绕组直流电阻的测量

用万用表多次测量变压器一、二次直流电阻并填入表3-2中。一般导线粗、匝数少、电阻小的是低压绕组；导线细、匝数多、电阻大的是高压绕组。

表3-2　变压器一、二次绕组直流电阻的测量

测量内容	测量结果/Ω					均值/Ω
一次绕组直流电阻						
二次绕组直流电阻						

（2）变压器绝缘性能检查

用绝缘电阻表测量各绕组之间、各绕组与铁心间的绝缘电阻值，一般小型变压器的绝缘电阻值应在几十到一百多兆欧以上，将测量结果填入表3-3中。

表3-3　变压器绝缘电阻的测量

测量内容		测量电阻/MΩ					电阻均值/MΩ
绕组间绝缘电阻							
绕组对铁心间绝缘电阻	一次绕组对铁心						
	二次绕组对铁心						

（3）变压器的空载测试

将自耦变压器 T_1、小型变压器 T_2、电流表、电压表、功率表、开关及负载电阻按图3-11所示连接成测试电路。

闭合 S_1，调节自耦变压器 T_1，使输入电压为额定电压220V。打开 S_2，使变压器处于空载状态，将电流表A1所测空载电流和电压表V2所测空载电压填入表3-4中，并算出它们与额定值的比值。

表3-4　变压器空载电流和空载电压的测量

测量内容	测量结果					均值	与额定值的比值(%)
空载电流/A							
空载输出电压/V							

（4）变压器空载损耗功率的测试

在上述测试电路中，断开小型变压器 T_2 的a、b两点，闭合 S_1，调节自耦变压器 T_1，使输入电压为额定电压 220V，此时功率表 W 读数为电压表 V1 线圈和功率表 W 电压线圈所损耗的功率 P_1。将被测变压器的一次绕组接在 a、b 两端，开关 S_2 断开，重新调节自耦变压器 T_1，使得电压表 V1 仍为 220V，此时功率表 W 的读数为变压器空载损耗功率与电压表 V1、功率表 W 两只表损耗功率之和 P_2，将所测数据填入表 3-5 中，就可算出该变压器的空载损耗功率 P_0。

表 3-5 变压器空载损耗功率的测量

测量内容	测量结果					均值
V1 和 W 两表损耗功率 P_1						
T_2、V1 和 W 三者损耗功率 P_2						
T_2 空载损耗功率 $P_0 = P_2 - P_1$						

(5) 变压器的负载测试

在上述测试电路中，闭合开关 S_2 使变压器带额定负载 R_L，调节自耦变压器使其输出电压 V1 为 220V，此时电压表 V2 的读数为该小型变压器的额定输出电压，电流表 A1 和 A2 的读数分别为该变压器的额定输入电流和额定输出电流。将相关数据填入表 3-6 中。

表 3-6 变压器带额定负载时输出电压、输入电流及输出电流的测量

测量内容	测量结果					均值	与额定值的差值
输出电压/V							
输入电流/A							
输出电流/A							

根据变压器空载输出电压与带额定负载时的输出电压，可求出变压器的电压变化率 ΔU。

4. 注意事项

(1) 通电实验前，一定要将自耦变压器手柄置于零位。

(2) 若遇异常情况，应及时切断电源，待排除故障后，再重新通电实验。

5. 思考题

(1) 变压器的绝缘电阻是否满足通电使用要求？如不满足，是什么原因造成的？

(2) 变压器带额定负载运行时，输出电压与输出电流与额定值有多大的差异？能否正常使用？

6. 评分标准

评分标准见表 3-7。

表 3-7 评分标准

项目内容	配分	评分标准	扣分
测量变压器一、二次绕组的直流电阻	20	(1) 仪表使用不当，扣 20 分 (2) 测量误差较大，扣 20 分	
用绝缘电阻表测量各绕组之间、各绕组与铁心间的绝缘电阻值	20	(1) 绝缘电阻表使用不当，扣 20 分 (2) 测量误差较大，扣 20 分	

（续）

<table>
<tr><td colspan="4">项 目 内 容</td><td colspan="2">配分</td><td colspan="3">评 分 标 准</td><td>扣分</td></tr>
<tr><td colspan="4">变压器空载电流、空载电压和空载损耗功率的测量</td><td colspan="2">30</td><td colspan="3">（1）仪表使用不当，扣20分
（2）测量误差较大，扣30分</td><td></td></tr>
<tr><td colspan="4">变压器带额定负载时输出电压、输入电流及输出电流的测量</td><td colspan="2">30</td><td colspan="3">（1）仪表使用不当，扣20分
（2）测量误差较大，扣30分</td><td></td></tr>
<tr><td colspan="4">安全文明生产</td><td colspan="5">违反安全文明生产规程扣5～40分</td><td></td></tr>
<tr><td colspan="4">定额时间2h</td><td colspan="5">每超时5min以扣5分计算</td><td></td></tr>
<tr><td>备注</td><td colspan="8">除定额时间外，各项目的最高扣分不应超过此项配分</td><td></td></tr>
<tr><td>开始时间</td><td></td><td>结束时间</td><td colspan="2"></td><td colspan="2">实际用时</td><td></td><td>成绩</td><td></td></tr>
<tr><td>班级</td><td></td><td>姓名</td><td colspan="2"></td><td colspan="3">指导老师</td><td colspan="2"></td></tr>
</table>

第 4 章

三相异步电动机

电动机是根据电磁感应原理，将电能转换为机械能，输出机械转矩的原动机。根据电动机使用的电源可分为直流电动机和交流电动机。交流电动机按其结构分为同步电动机和异步电动机两种。异步电动机与其他电动机相比较，具有结构简单、制造方便、运行可靠、价格低廉、使用和维护方便等一系列优点，能满足各行各业大多数生产机械的转动要求。

本章主要介绍三相异步电动机的基本结构、工作原理、各种控制方式、维护方法以及一般故障分析。同时介绍单相电动机的工作原理及故障分析。

4.1　三相异步电动机的结构与工作原理

4.1.1　三相异步电动机的基本结构

三相异步电动机主要由定子和转子两部分组成，如图 4-1 所示。

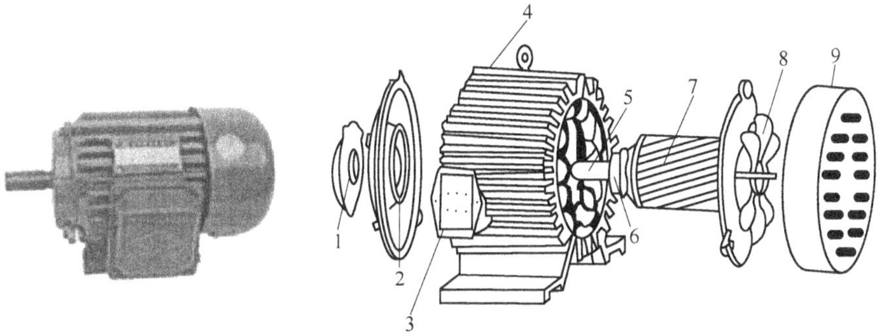

图 4-1　三相异步电动机基本结构

1—轴承盖　2—端盖　3—接线盒　4—定子　5—转轴

6—轴承　7—转子　8—风扇　9—风扇罩

1. 定子

定子是电动机的固定部分，三相异步电动机的定子是用来产生旋转磁场的，主要由机座、铁心和定子绕组组成。

机座主要用来固定铁心和定子绕组，一般中小型异步电动机的机座由铸铁或铸钢浇铸成型，大型电动机的机座常采用钢板焊成。一般封闭式电动机的机座表面铸有散热筋片，以增大散热面积；而防护式电动机的机座表面没有散热筋片，它是在机座两侧开有通风孔，以利散热。

定子铁心是电动机磁路的一部分，为了减小铁损耗，铁心由 0.35 ~ 0.5mm 厚表面涂有绝缘漆的薄硅钢片叠压而成。定子铁心的内圆上冲有均匀分布的槽，用来嵌放对称的三相定子绕组。

定子绕组是电动机的电路部分，由三个彼此独立的绕组组成。绕组采用绝缘铜导线或绝缘铝导线绕制，按照一定的空间角度依次嵌入定子铁心槽内，绕组与铁心之间垫放绝缘材料，使其具有良好的绝缘性能。三相定子绕组的六个出线端都引至接线盒上，首端分别标为U1、V1、W1，末端分别标为U2、V2、W2，这六个引出线端在接线盒里的排列如图4-2所示，根据电源线电压的不同和电动机铭牌的要求可以接成星形（Y）或三角形（△）两种联结形式。

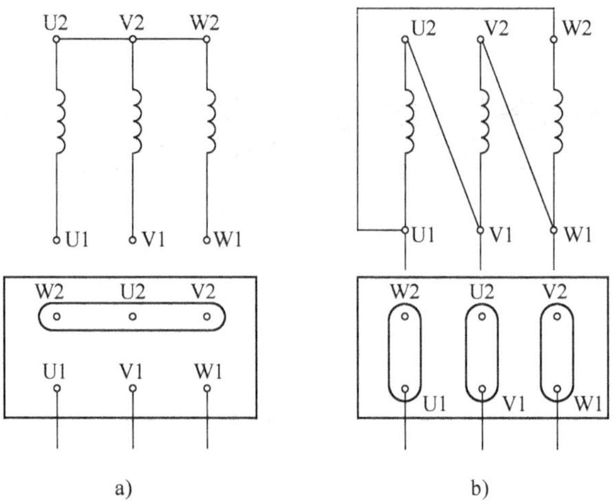

图4-2 三相定子绕组的引出线接法
a）星形联结 b）三角形联结

2. 转子

转子是电动机的转动部分，三相异步电动机的转子是输出机械转矩，主要由转轴、转子铁心和转子绕组组成。

转子铁心是把相互绝缘的薄硅钢片叠压成圆柱体，固定于转轴或转子支架上，在硅钢片的外圆上冲有均匀分布的线槽，用来放置转子绕组。它和定子铁心、气隙一起构成电动机完整的磁路。

转子绕组根据构造的不同，可分为绕线式和笼型两种。

绕线式转子绕组类似于定子的对称三相绕组，一般接成星形，三相绕组的始端分别接到转轴上的三个与转轴绝缘的集电环上，通过电刷装置使转子绕组与外电路变阻器相接，从而改善电动机的起动性能和达到调速的目的。图4-3为绕线式转子绕组电路。

笼型绕组是在转子铁心槽中插入铜条，在铜条两端各用一个铜环（称为端环）把导条连接起来，形成一个短接回路，形状类似于鼠笼。目前中小型笼型异步电动机常用铸铝转子，把熔化了的铝浇铸在转子铁心槽内成为一个完整体，将两个端环与风扇叶片浇铸在一起，如图4-4所示。

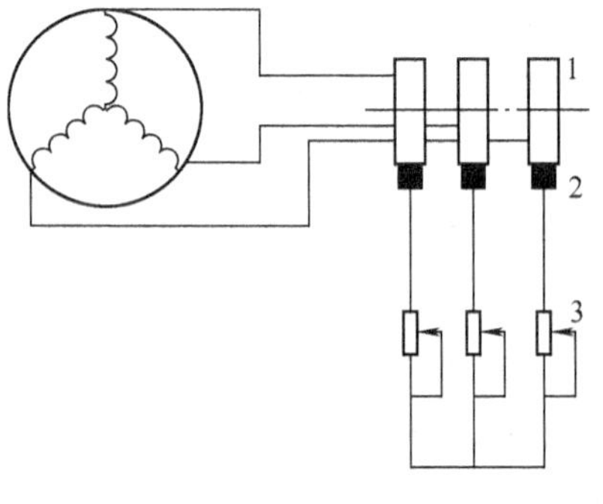

图4-3 绕线式转子绕组电路
1—集电环 2—电刷 3—变阻器

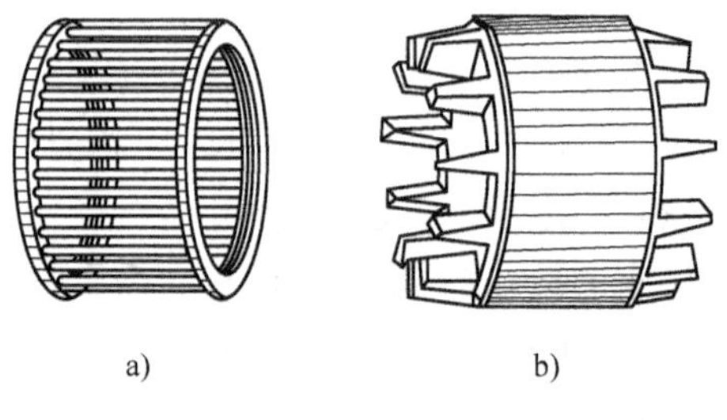

图4-4 笼型转子绕组
a）笼型转子绕组 b）铸铝转子

4.1.2　三相异步电动机的铭牌数据

每台异步电动机的机座上都装有一块铭牌，上面标明电动机的型号、额定值和使用条件。电动机按铭牌上所规定的额定值和工作条件运行时，称为额定运行方式。现以某异步电动机的铭牌为例，见表 4-1。

表 4-1　某异步电动机铭牌

三相异步电动机					
型号	Y132M-4	功率	7.5kW	频率	50Hz
电压	380V	电流	15.4A	功率因数	0.85
转速	1440r/min	接法	三角形	温升	60℃
绝缘等级	B	定额	连续	重量	46kg
				出厂时间	年　月　日
				××电机厂	制造

1. 型号

我国生产的三相交流异步电动机的类型、规格及特征代号主要由汉语拼音字母和数字结合表示。例如："Y" 表示 "异步电动机"；"R" 表示 "绕线型"。常用的有：Y—笼型异步电机、YR—绕线式异步电机、YD—多速电机、YZ—起重冶金用异步电机、YQ—高起动转矩异步电机等。Y 系列电机型号含义如下：

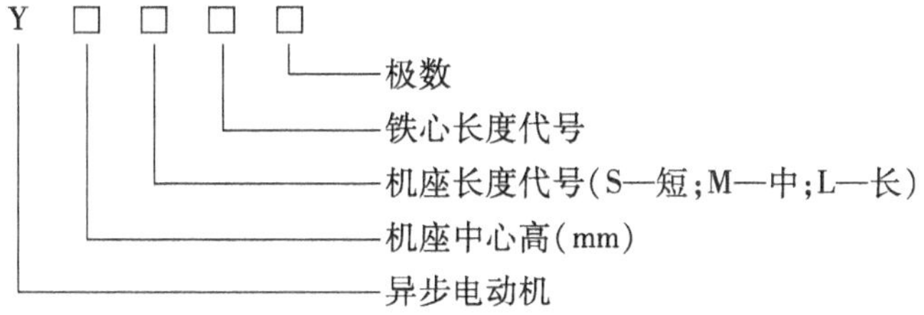

例如：

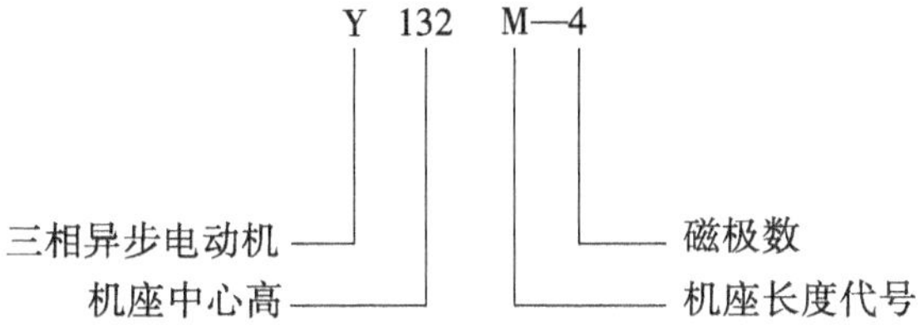

2. 电压

指电动机在额定运行时加在三相定子绕组上的额定线电压，用 U_N 表示，以伏(V)或千伏(kV)做单位。

3. 电流

指电动机在额定运行时定子绕组的线电流，用 I_N 表示，以安(A)做单位。

4. 功率

指电动机在额定运行时轴上输出的机械功率值。用 P_N 表示，以瓦(W)或千瓦(kW)做单位。电动机从电源获得的功率称为输入功率，输出功率与输入功率之间的差值为电动机的损耗功率，包括铜损、铁损、机械损耗等。输出功率与输入功率的比值为电动机的效率。

例如：Y132M-4 型三相异步电动机

输入功率 $P_1=\sqrt{3}U_N I_N\cos\varphi_N=\sqrt{3}\times380\times15.4\times0.85\text{W}\approx8.6\text{kW}$

输出功率 $P_2=7.5\text{kW}$

效率
$$\eta=\frac{P_2}{P_1}\times100\%=\frac{7.5}{8.6}\times100\%\approx87\%$$

5. 频率

指电动机所接交流电源的频率，用 f_N 表示。我国规定标准电源频率为 50Hz。

6. 功率因数

指电动机每相定子绕组的额定功率因数。电动机是感性负载，定子绕组相电压比相电流超前一个 φ 角，故电动机的功率因数为 $\cos\varphi$。三相异步电动机的功率因数较低，在额定负载时为 0.7～0.9，而在轻载和空载时则更低。因此，必须正确选择电动机的容量，防止出现“大马拉小车”或“小马拉大车”的现象。

7. 转速

指三相异步电动机在额定工作情况下运行时每分钟的转速，用 n_N 表示，以转/分(r/min)做单位，一般是略小于旋转磁场的同步转速，可用转速表测定。

8. 接法

指电动机在额定电压下，定子三相绕组应采用的连接方法。目前电动机铭牌上输出的接法有两种，一种是额定电压为 380V，接法为三角形(△)。这表明定子每相绕组的额定电压是 380V，适用于电源线电压为 380V 的场合，采用△联结。另一种是额定电压为 380V/220V，接法为星形/三角形(Y/△)。这表明定子每相绕组的额定电压是 220V，如果电源线电压是 220V，定子绕组则应接成三角形(△)；如果电源线电压是 380V，则应接成星形(Y)，切不可误将星形接错为三角形，否则每相绕组电压大大超过其额定值，电动机将被烧毁。

9. 绝缘等级

指电动机绕组所采用绝缘材料按它允许的耐热程度而规定的等级，它表明三相电动机所允许的最高工作温度。这些等级分别为 A 级：105℃；E 级：120℃；B 级：130℃；F 级：155℃。

10. 温升

指电动机在额定负载下运行时所允许的最高温度与环境温度之差。例如环境温度为 20℃，若电动机铭牌温升为 60℃，则电动机所允许的最高温度为 20℃ +60℃ =80℃。电动机允许的最高温度取决于绝缘材料的等级：A 级为 60℃，E 级为 75℃；B 级为 80℃；F 级为 100℃。

11. 定额

指电动机的运行方式，可分为连续运行、短时运行和断续运行三种。连续运行是指电动机带额定负载运行时，运行时间很长，电动机的温升可以达到稳态温升的工作方式。短时运行是指电动机带额定负载运行时，运行时间很短，使电动机的温升达不到稳态温升；停机时间很长，使电动机的温升可以降到零的工作方式。断续运行是指电动机带额定负载运行时，运行时间很短，使电动机的温升达不到稳态温升；停止时间也很短，使电动机的温升降不到零，工作周期一般小于 10min 的工作方式。

4.1.3　三相异步电动机的工作原理

当在三相对称定子绕组中通入对称的三相交流电流时，就会产生旋转磁场，从而使转子转动。三相异步电动机就是根据这一原理工作的。

1. 旋转磁场的产生

将三相对称定子绕组接成星形或三角形后接在三相电源上，则有三相对称电流通过三相定子绕组。设三相对称电流为

$$i_1 = I_m \sin\omega t$$
$$i_2 = I_m \sin(\omega t - 120°)$$
$$i_3 = I_m \sin(\omega t + 120°)$$

三相对称电流的电流波形如图 4-5 所示。

我们规定电流为正值时，电流从绕组的首端(即 U1、V1 和 W1)流入，从末端(即 U2、V2 和 W2)流出。反之，电流为负时，电流从绕组的末端流入，首端流出。电流流入的一端用⊗表示，流出的一端用⊙表示。

在 $\omega t = 0$ 时，从图 4-6 中可知 $i_1 = 0$，i_2为负，i_3为正。因而 U 相绕组中无电流，V 相绕组中电流 i_2从 V2 流入，V1 流出，W 相绕组中电流 i_3从 W1 流入，W2 流出。根据右手螺旋法则可确定它们的合成磁场方向，如图 4-6a 所示，可见此时的合成磁场是一对磁极(即二极)，上边是 N 极，下边是 S 极。

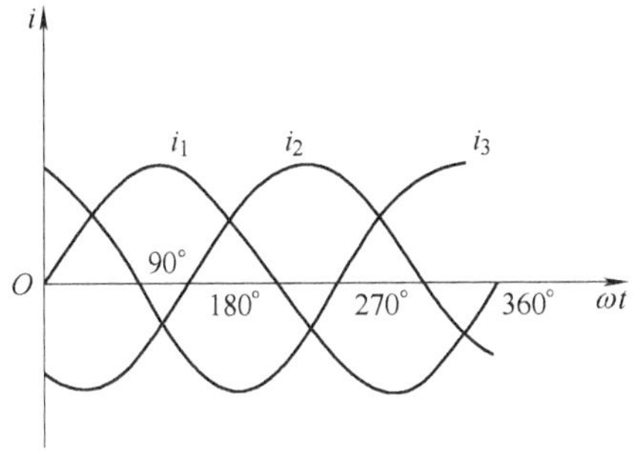

图 4-5　三相对称电流波形

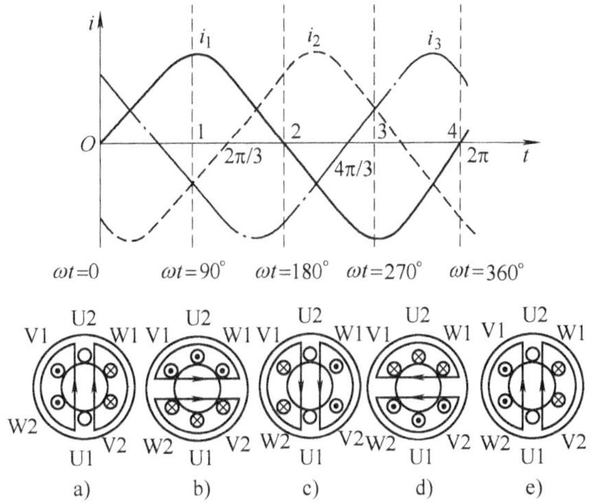

图 4-6　一对磁极的旋转磁场

当 $\omega t = 90°$时，即经过 1/4 周期后，i_1由零变成正的最大值，i_2仍为负值，i_3已变成负值，这时合成磁场仍为一对磁极，如图 4-6b 所示，合成磁场相对于 $\omega t = 0$ 已在空间按顺时针方向转过了 90°。

应用同样的方法，可以得出如下结论：当 $\omega t = 180°$时，合成磁场就转过了 180°，如图 4-6c所示；当 $\omega t = 270°$时合成磁场方向旋转了 270°，如图 4-6d 所示；当 $\omega t = 360°$时合成磁场旋转了 360°，即转 1 周，如图 4-6e 所示。

由此可见，当对称三相电流通入三相对称绕组时，它们共同产生的合成磁场，是一个随时间变化的旋转磁场。

旋转磁场的方向与三相电流的相序一致。因此，若要改变旋转磁场的转向，只要改变通入三相定子绕组中电流的相序即可，即把接到三相定子绕组始端上的任意两根相线对调就可反向。

以上分析的是电动机产生一对磁极时的情况，实际上定子绕组可产生两对或更多对磁极，这与定子绕组的安排有关。在图4-6的情况下，每相定子绕组只有一个线圈，各相绕组的始端之间在空间相差120°，产生一对磁极的旋转磁场。若每相定子绕组由两个相同的线圈串联而成，各相绕组始端之间在空间相差60°，此时产生两对磁极的旋转磁场，运用相同的方法可以分析出此时电流变化一个周期，磁场只转动了半圈，即转速减慢了一半。

由此类推，当旋转磁场具有 p 对磁极时(即磁极数为 $2p$)，交流电每变化一个周期，其旋转磁场就在空间转动 $1/p$ 转。因此，旋转磁场的转速 n_0 与定子电流频率 f 及磁极对数 p 有关。

$$n_0 = \frac{60f}{p}$$

式中，n_0又称为同步转速。

2. 三相异步电动机的转动原理

三相交流电通入定子绕组后，便形成了一个旋转磁场，旋转磁场以 n_0顺时针旋转，相当于磁场不动，转子逆时针切割磁力线，根据电磁感应原理，转子导体产生感应电动势。由于转子绕组是闭合的，所以转子导体中有电流流过。设旋转磁场按顺时针方向旋转，且某时刻为上为北极 N、下为南极 S，如图4-7所示。根据右手定则，在上半部转子导体的电动势和电流方向由里向外，用⊙表示；在下半部则由外向里，用⊗表示。有电流的转子导体在磁场中要受到电磁力作用，力 $\boldsymbol{F}$ 的方向可用左手定则确定，如图4-7所示。电磁力作用于转子导体上，对转轴形成电磁转矩，使转子沿旋转磁场的方向以转速 n 旋转。

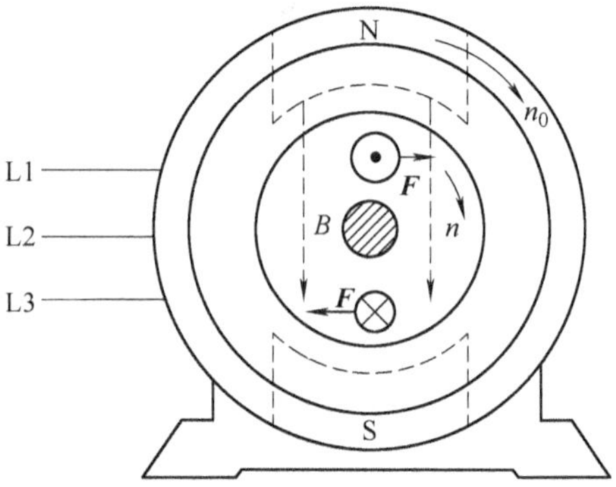

图4-7 三相异步电动机的转动原理

三相异步电动机的转子转速 n 总是小于旋转磁场的转速 n_0。因为只有这样，转子绕组与旋转磁场之间才会有相对运动而切割磁力线，转子绕组导体中才能产生感应电动势和感应电流，从而产生电磁转矩，使得转子按照旋转磁场的方向继续旋转。由此可见，三相异步电动机转子转速 n 小于旋转磁场的同步转速 n_0是异步电动机工作的必要条件，“异步”的名称也由此而来。

3. 转差率

我们知道，三相异步电动机总是以低于旋转磁场的转速转动。因此，我们常用转差率 s 来表示电动机转速 n 与旋转磁场转速 n_0相差的程度，即

$$s = \frac{n_0 - n}{n_0} \times 100\%$$

或

$$n = (1 - s) n_0$$

转差率是分析异步电动机的一个基本参数，对分析和计算异步电动机的运行状态及其

机械特性有着重要的意义。当电动机处于起动瞬间，转子由于尚未转动 $n=0$，则转差率 $s=1$；当转子转速等于同步转速时，即 $n=n_0$（这种状态实际不存在，称为理想状态），则转差率 $s=0$。由此可知，异步电动机的转差率变化范围是 $0<s\leqslant 1$。由于三相异步电动机的额定转速与旋转磁场的同步转速很接近，所以转差率较小，一般情况下额定转差率 S_N 为 1%~5%。

4.1.4　三相异步电动机的运行特性

1. 三相交流异步电动机的转矩特性和机械特性

电磁转矩是三相异步电动机重要的物理量之一，对电动机的特性有重要影响。根据理论推导可知，电磁转矩 T 与转差率 s、外加定子绕组相电压 U_1 及转子电路参数有关。

当外加电压 U_1 和频率 f 不变、转子电路参数一定时，电磁转矩 T 随转差率 s 变化的曲线 $T=f(s)$ 称为转矩特性曲线，如图 4-8 所示。但转矩特性曲线只是间接地表示了电动机的电磁转矩 T 与转速 n 的关系，应用不太方便，如将 $T=f(s)$ 曲线沿顺时针方向转过 90°，以转速 n 为纵坐标，T 为横坐标，可得 $n=f(T)$，称为三相异步电动机的机械特性，如图 4-9 所示。

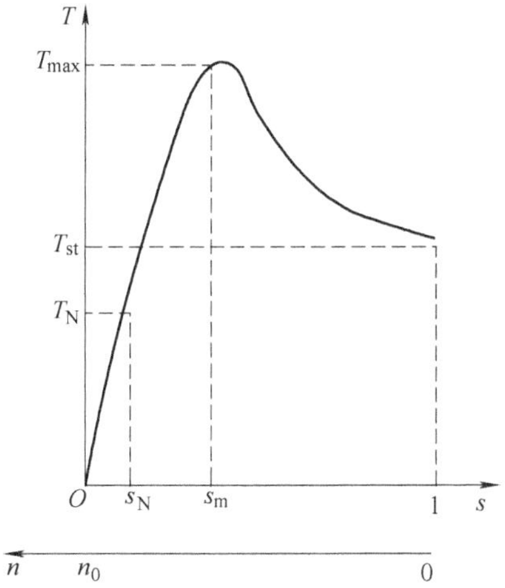

图 4-8　三相异步电动机的转矩特性曲线

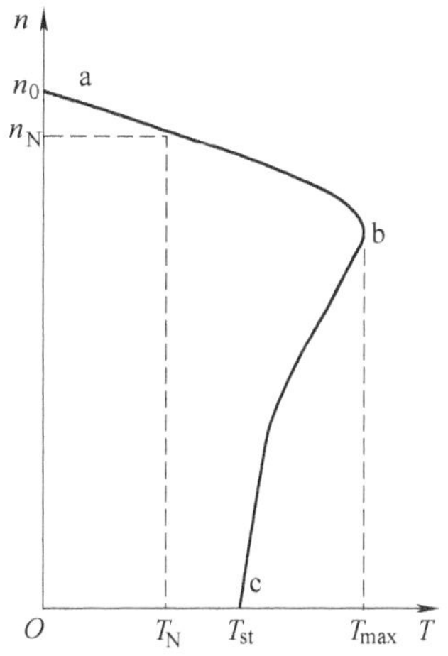

图 4-9　三相异步电动机的机械特性

电动机的机械特性对于电力拖动具有很重要的意义，研究机械特性的目的是为了分析电动机的运行性能。在机械特性曲线上有三个很重要的转矩值得我们讨论。

（1）额定转矩 T_N　电动机在旋转时，作用在电动机轴上有两个转矩，一是电动机产生的电磁转矩 T；另一个是产生机械作用在轴上的负载转矩 T_2 和空载损耗转矩（主要是机械损耗转矩）T_0，统称为阻转矩。由于 T_0 很小，常可忽略不计，所以在电动机稳定运行时

$$T=T_2+T_0\approx T_2$$

因此

$$T\approx T_2=\frac{P_2}{\omega}=\frac{P_2}{\dfrac{2\pi n}{60}}$$

式中，P_2是电动机轴上输出的机械功率；n 为转子转速，单位是转/分(r/min)，电磁转矩 T 的单位是牛·米(N·m)。若功率以千瓦(kW)作单位，则

$$T = 9550\frac{P_2}{n}$$

通常三相异步电动机工作在图 4-9 所示机械特性曲线的 ab 段，在这个区间里，电动机的电磁转矩能随着负载的变化而进行自动调节，从而达到新的平衡稳定运行的状态。例如当负载转矩增大(如车床的切削量加大、起重机的起重量增大)时，在最初瞬间电动机的电磁转矩 $T < T_2$，电动机转速立即下降，转差率 s 增大，由图 4-8 转矩特性曲线可知电动机的电磁转矩 T 增加。当电磁转矩 T 增加到 $T = T_2$时，电动机就会在新的稳定状态下比原先以略低的转速运行。从图 4-9 机械特性曲线 ab 段可看出，由于 ab 段比较平坦，随着电磁转矩 T 的变化，电动机的转速 n 的变化不大，这样的机械特性称为硬的机械特性。三相异步电动机这种硬特性非常适用于一般金属切削机床。

(2) 最大转矩 T_{max}　图 4-9 机械特性曲线上的 b 点是电动机稳定运行与非稳定运行的临界点。临界点的转矩称为最大转矩或临界转矩 T_{max}，对应的转差率称为临界转差率 s_{max}。

通过数学分析可知最大转矩 T_{max}与 U_1'成正比，与转子电阻 R_2无关；临界转差率 s_{max}与转子电阻 R_2成正比，不随电压的变化而变化。它们的关系可通过图 4-10 和图 4-11 来表示。

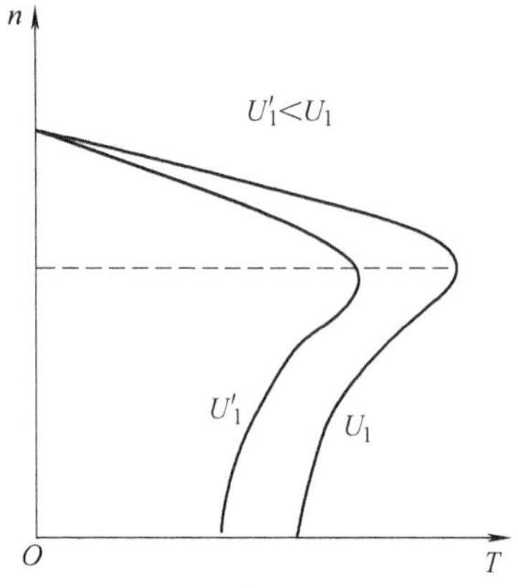

图 4-10　电压变化时的 $n = f(T)$ 曲线(R_2 为常数)

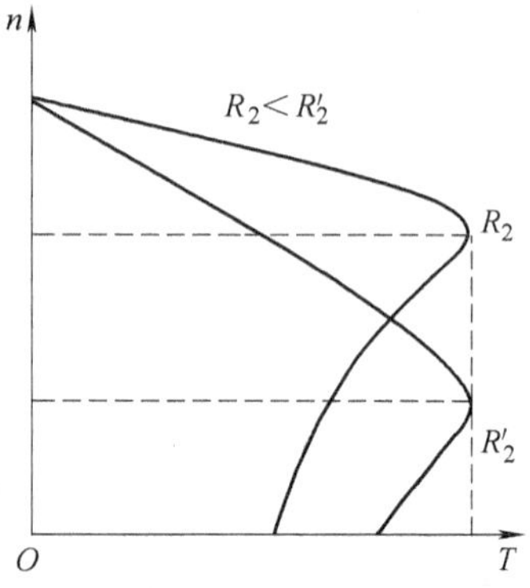

图 4-11　转子电阻变化时的 $n = f(T)$ 曲线(U_1 为常数)

电动机的额定转矩 T_N必须应小于最大转矩 T_{max}，而且不能太接近，否则当负载转矩过大或发生电源电压的波动时，电动机就很容易进入非稳定区，很快就会停转，发生所谓的"闷车"现象。一旦"闷车"电动机就会严重过热甚至烧坏。为了保证电动机运行安全可靠，不会轻易停车，常用过载系数 λ 表示电动机短时的过载能力，即

$$\lambda = \frac{T_{max}}{T_N}$$

一般电动机的过载系数为 1.8 ~2.2。

(3) 起动转矩 T_Q　电动机刚起动($n = 0, s = 1$)时的转矩称为起动转矩。只有当电动机的

起动转矩大于负载的反抗转矩时才能起动。因此常用K_Q表示电动机的起动能力，即

$$K_Q = \frac{T_Q}{T_N}$$

一般电动机的起动能力为 1.1 ~2.0。

理论推导，T_Q与定子绕组的相电动 U_1'及转子电路电阻 R_2有关。当电源电压 U_1降低时，起动转矩会降低，如图 4-10 所示；当转子电阻 R_2适当增大时，起动转矩会增大，如图 4-11 所示。

2. 三相交流异步电动机的工作特性

电动机的工作特性是指在额定电压和额定频率下，电机的转速 n、定子电流 I_1、电磁转矩 T、功率因数 $\cos\varphi_1$、效率 η 与电机输出的机械功率 P_2之间的关系曲线，如图 4-12 所示。从这些曲线中可以了解电动机在不同负载下的运行情况。

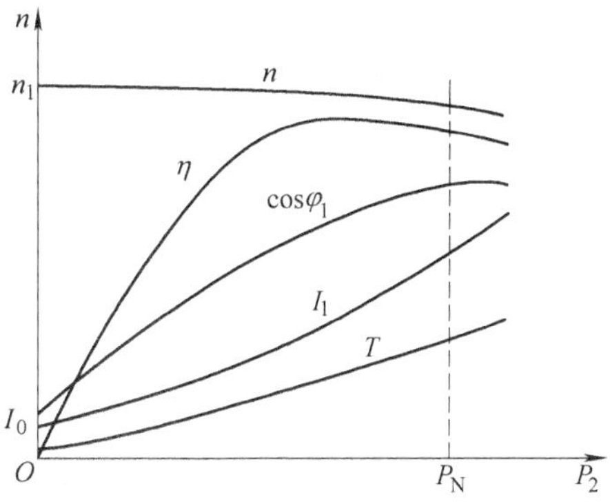

图 4-12　三相交流异步电动机的工作特性

（1）转速特性 $n = f(P_2)$　电动机空载时，转子的转速 n 接近于同步转速 n_0。随着负载的增加，转速 n 要略微降低，从而使转子电流增大，以产生较大的电磁转矩与负载重新平衡。因此，异步电动机的转速特性是一条略下斜的曲线，具有“硬”特性，如图 4-12 所示。

（2）定子电流特性 $I_1 = f(P_2)$　电动机空载时，转子电流近似为零，定子电流等于励磁电流 I_0。随着负载的增加，转速 n 下降，转子电流增大，定子电流也跟着增大，定子电流特性是一条过 I_0点的上升曲线。过载后，受电动机磁路状态影响，电流上升速度加快，曲线上翘，如图 4-12 所示。

（3）电磁转矩特性 $T = f(P_2)$　电动机空载时，电磁转矩 T 等于空载制动转矩 T_0，主要用于克服风阻、摩擦阻力。随着负载增加，电磁转矩也相应增大，T 与 P_2的关系近似为过空载转矩 T_0点的直线，如图 4-12 所示。

（4）功率因数特性 $\cos\varphi_1 = f(P_2)$　电动机空载时，定子电流基本上只有励磁电流，功率因数很低，一般不超过 0.2。当负载增加时，定子电流中的有功电流增加，使功率因数提高。接近额定负载时，功率因数也达到最高。超过额定负载时，由于转速降低较多，转差率增大，使转子电流与电动势之间的相位角 φ_2增大，转子的功率因数下降较多，引起定子电流中的无功电流分量也增大，因而电动机的功率因数趋于下降，如图 4-12 所示。

（5）效率特性 $\eta = f(P_2)$　电动机的输出功率与输入功率的比值称为效率，它反映了电功率的利用率。

$$\eta = \frac{P_2}{P_1} = 1 - \frac{\Delta P}{P_1}$$

损耗功率 ΔP 主要包括不变损耗（铁损耗、机械损耗）和可变损耗（铜损耗），随着输出功率 P_2的增加，效率 η 也增加。当不变损耗等于可变损耗时，电动机的效率达到最大。如果负载继续增大，效率反而降低，如图 4-12 所示。普通异步电动机的额定效率为 0.8 ~0.9，中小

型异步电动机通常在约75%额定负载时的效率最高，超过这个比例时效率稍下降。

由此可见，效率曲线和功率因数曲线都是在额定负载附近达到最高，因此选用电动机容量时，应注意使其与负载相匹配。如果选得过小，则电动机长期过载运行会影响寿命；如果选得过大，则功率因数和效率都很低，浪费能源。

4.2　三相异步电动机的控制

4.2.1　三相异步电动机的起动

电动机的起动就是将它开动起来。根据加在定子绕组上的电压不同，笼型异步电动机可分为直接起动和减压起动。

1. 直接起动

所谓直接起动是指在起动时加在电动机定子绕组上的电压为额定电压，又称为全压起动。它是小容量电动机常用的起动方法。

在起动瞬间，转子由于惯性转速仍为零，旋转磁场与转子间的相对转速较大，因此转子绕组中产生的感应电动势和感应电流就很大，与变压器原理一样，此时电动机的定子电流也很大，其一般为额定电流的4~7倍。这样大的起动电流由于持续时间很短，而且一旦起动后，转子转速很快升高，电流就会迅速下降到正常运行值，因此，起动电流并不会使电动机过热而损坏。只有在起动频繁时，由于热量的积累才会使电动机过热，造成绕组绝缘老化，从而影响其使用寿命。因此，在实际操作中应尽可能地不使电动机频繁起动。

但电动机的起动电流对电路是有一定影响的。过大的起动电流会使电源内部和线路上的电压降明显增大，造成电网电压下降，从而影响接在同一电网上其他负载的正常工作。例如相邻的三相异步电动机，由于电压的下降，使其转速下降，转矩变小，甚至可能使最大转矩小于负载转矩，以致电动机被迫停车。

其次，在刚起动时，虽然转子电流较大，但转子的功率因数很小，因此电动机的起动转矩 T_Q 不会很大，一般 T_Q 为额定转矩 T_N 的1.1~2.0倍。我们常希望电动机有足够大的起动转矩，这样不仅可以缩短起动时间，提高生产效率，也可以在重负载的情况下起动。

由上可知，三相异步电动机在起动时的要求是：降低起动电流，提高起动转矩。在实际操作中，生产机械常采用空载或轻载的起动方法来解决电动机起动转矩小的问题。

2. 减压起动

减压起动是指在电动机起动时降低加在定子绕组上的电压，以减小起动电流，等待起动结束时恢复到额定值运行。笼型电动机的减压起动常用下面几种方法。

（1）串联电阻（或电抗器）减压起动　这种方法是在电动机起动时将电阻（或电抗器）串联在电源与定子绕组之间，如图4-13所示。起动时，先合上电源开关S1，此时三相额定电压经电阻 R 减压后再加到电动机的定子绕组上，从而限制了起动电流，当电动机的转速接近额定转速时，立即合上开关S2，这时电阻 R 被短

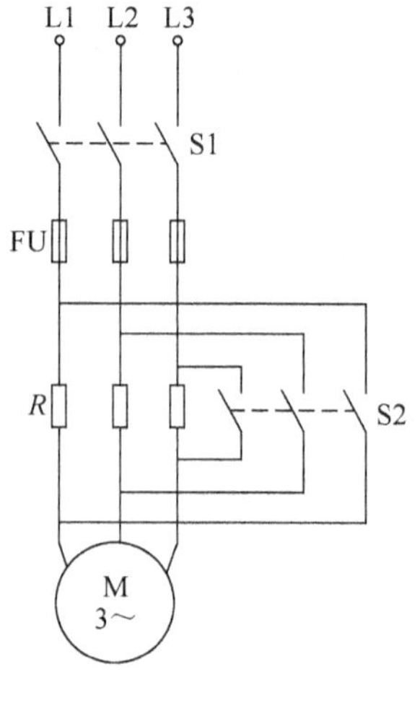

图4-13　定子绕组串联电阻减压起动

路，定子绕组上的电压上升为额定电压，从而正常运转。

在这种起动方式下，起动电流变小了，一般为额定电流的 2 ~ 3 倍，但起动转矩也减小了，所以只适用于空载或轻载起动。

（2）星形—三角形(Y—△)减压起动　在正常运转时定子绕组作三角形联结的电动机可采用Y—△减压起动。此法是在电动机起动时将定子绕组接成星形，待电动机转速接近额定转速时，再将定子绕组接成三角形。

图 4-14 是定子绕组的两种接法，U_L为电源线电压，I_{LY}为星形联结时的线电流，$I_{L\triangle}$为三角形联结时的线电流，$|Z|$为每相定子绕组的阻抗。

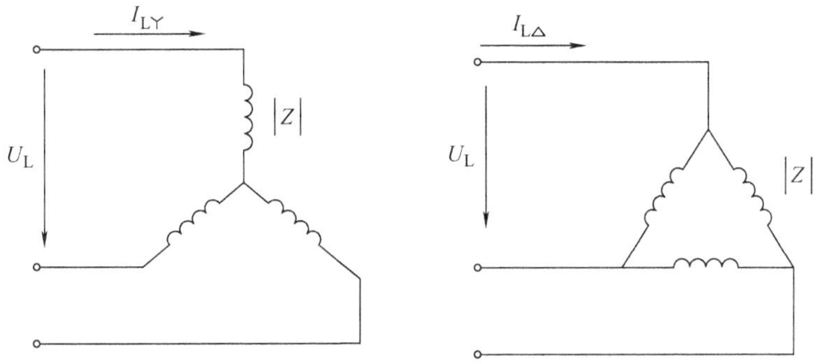

图 4-14　定子绕组的星形和三角形联结

当定子绕组为星形联结时，即减压起动。此时，定子绕组相电压为线电压的 $1/\sqrt{3}$。

$$I_{LY}=\frac{U_{LY}/\sqrt{3}}{|Z|}$$

当定子绕组为三角形联结时，即正常工作。

$$I_{L\triangle}=\sqrt{3}\frac{U_L}{|Z|}$$

比较上列两式，可得

$$\frac{I_{LY}}{I_{L\triangle}}=\frac{1}{3}$$

即减压起动时的电流为直接起动时的 1/3。

由于电磁转矩和电压的平方成正比，因此，起动转矩也减小到直接起动时的 1/3。所以，这种方法只适用于空载或轻载时起动。

这种起动方式可采用Y—△起动器来实现，图 4-15 是一种Y—△起动器的接线简图。在起动时将手柄向右扳，使右边一排动触头与静触头相连，电动机就连成星形。等电动机接近额定转速时，将手柄往左扳，则使左边一排动触头与静触头相连，电动机换接成三角形。

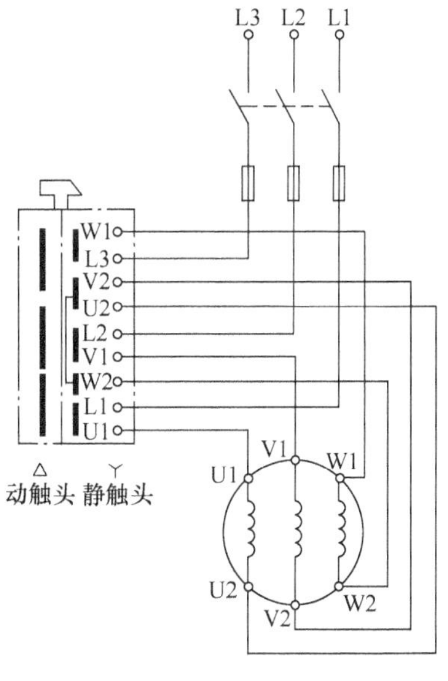

图 4-15　Y—△起动器接线简图

Y—△起动器的体积小、重量轻、设备简单、检修方便、操作可靠，应用很广。我国目前生产的 4 ~ 100kW 的笼型异步电动机，额定电压为 380V，为三角形联结，因此可采用Y—△减压起动。

（3）自耦减压起动　容量较大的或正常运行时定子绕组连成星形的笼型异步电动机，常采用自耦减压起动。这种方法是利用三相自耦变压器将电动机在起动过程中的端电压降低，从而限制起动电流，其接线图如图 4-16 所示。起动时，先把开关 S2 扳到“起动”位置，使电动机的定子绕组与自耦变压器的低压侧相接，当电动机转速接近额定转速时，将 S2 扳向“工作”位置，切除自耦变压器，电动机直接与电源相接。

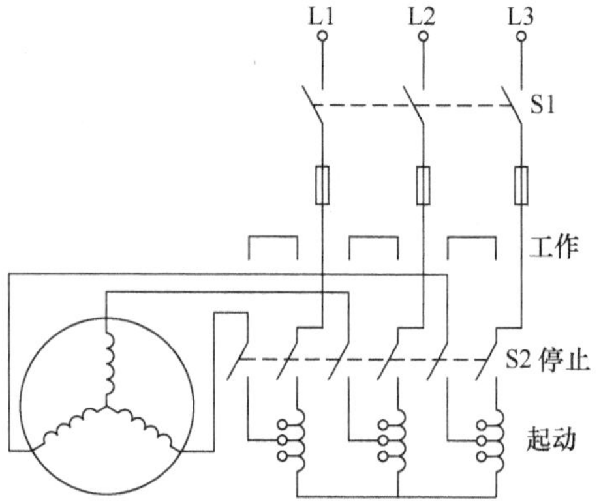

图 4-16　自耦减压起动接线图

设自耦变压器的电压比为 $k(k>1)$，一次电压为 U_1，则根据变压器原理，二次电压 $U_2=\frac{U_1}{k}$，二次电流（即通过电动机定子绕组上的电流）也相应地减小，变压器一次电流（电源供给电动机的电流）$I_1=\frac{I_2}{k}$。可见，利用自耦变压器减压起动时，起动电流只有直接起动电流的 $1/k^2$ 倍。由于电动机定子绕组上的电压为直接起动时的 $1/k$，因此，电动机的起动转矩也为直接起动时的 $1/k^2$。

自耦变压器的低压侧存在几组抽头，如为电源电压的 73%、64%、55% 等，以供不同的电动机起动使用，也可根据不同的起动转矩要求而选用。

（4）延边三角形起动　延边三角形起动，是指电动机在起动时，将三相定子绕组的部分绕组作三角形联结，其余绕组向外延伸，待电动机转速接近额定转速时，将定子绕组改接成三角形正常运行，如图 4-17所示。

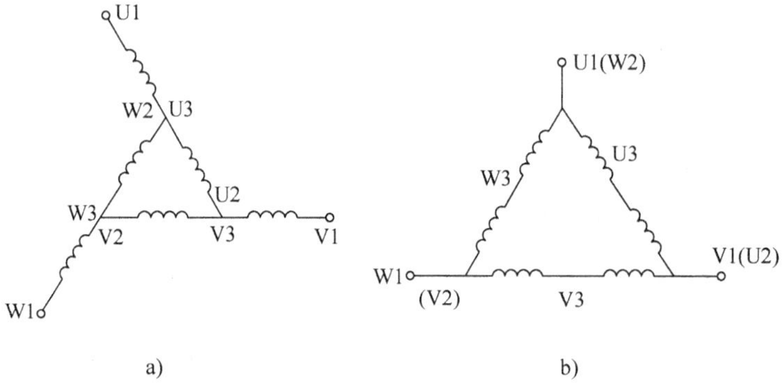

图 4-17　延边三角形起动
a）延边三角形起动　b）三角形运行

起动时，三相定子绕组一部分接成星形，另一部分接成三角形。将三相电源接到三相定子绕组的首端 U1、V1、W1，此时每相定子绕组上所承受的相电压比三角形联结时低，比星形联结时高，通过改变定子绕组的抽头比例，能调节起动时定子绕组上电压的大小，从而改变起动电流和起动转矩。

由于采用延边三角形起动的三相定子绕组比普通绕组多了三个中间抽头，因此使得绕组结构较复杂，其绕组接法必须专门设计，延边三角形起动的电动机制成后，抽头不能随意变动，从而限制了延边三角形起动方法的应用。

4.2.2　三相异步电动机的反转

异步电动机的旋转方向与旋转磁场的方向一致，而旋转磁场的方向取决于三相电源的相序。所以，只要把接到电动机定子绕组上的三根相线中任意两根对调，改变电源的相序就可使电动机反转。

图 4-18 是利用倒顺开关 S2 来实现电动机正、反转的原理图。当开关 S2 向上合时，通入的电动机的电源相序是 L1、L2、L3，电动机正转。当开关 S2 向下合时，通入电动机的电源相序是 L1、L3、L2，电动机反转。

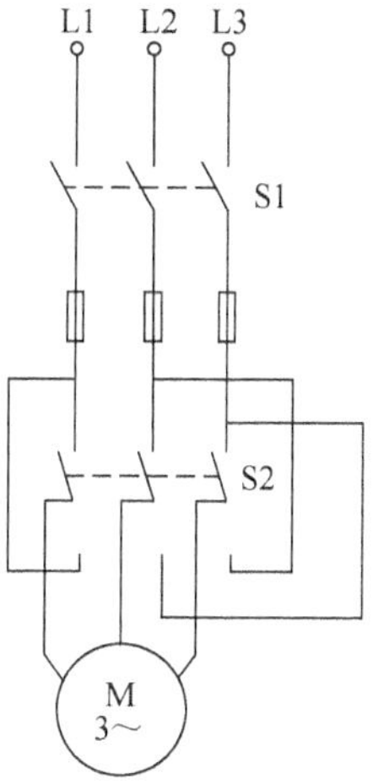

图 4-18　三相异步电动机正、反转原理图

4.2.3　三相异步电动机的调速

为了适应实际应用的需要，三相异步电动机常需要进行调速，调速是指电动机在同一负载下得到不同的转速，以满足工作的需要。从电动机的转速

$$n = (1-s)n_0 = (1-s)\frac{60f}{p}$$

可知，要改变电动机的转速，有三种方法。

1. 变频调速

变频调速是利用电动机的同步转速随电源频率变化的特性，通过改变电动机的供电频率进行调速的方法。近年来由于半导体变流技术的发展，用可控硅变频装置的交流调速已在一定程度上得到了应用。如图 4-19 所示的变频装置，它由可控硅整流器和可控硅逆变器组成。整流器将 50Hz 的交流电转换为直流电，再由逆变器变换为频率、电压有效值可调的三相交流电，为三相笼型异步电动机供电，从而实现电动机无级调速。

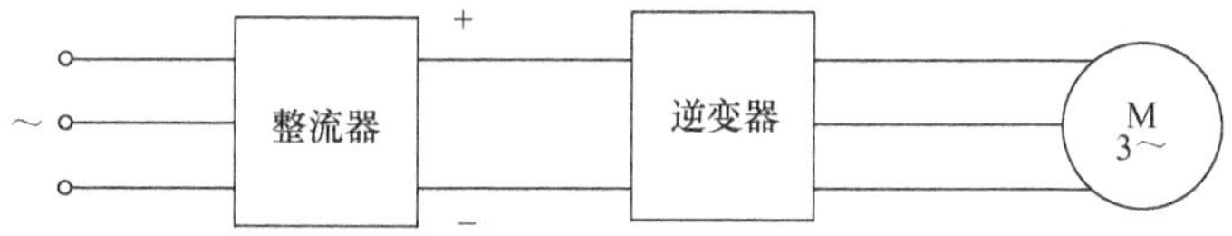

图 4-19　变频调速装置

2. 变极调速

变极调速是通过改变旋转磁场的极数 p 来调速的方法。由公式 $n_0 = \frac{60f}{p}$ 可知，若磁极对数 p 减小一半，则旋转磁场的转速 n_0 便提高一倍，转子转速 n 差不多也提高一倍。因此，改变磁极对数 p 就可以得到不同的转速。由于这种调速磁极对数只能成对地改变，故是有级调速，而不能连续平滑的无级调速。目前，我国常用的是双速电动机。

图 4-20 为双速电动机变极调速原理图，图中 U 相定子绕组有两个相同的线圈 W1W4、W3W2。这两个线圈可串联也可并联，当两个线圈串联时磁极对数为 $p=2$，如图 4-20a 所示；当两个线圈并联时磁极对数为 $p=1$，如图 4-20b 所示。可见，两线圈在串联时旋转磁场

的转速是并联时的一半。

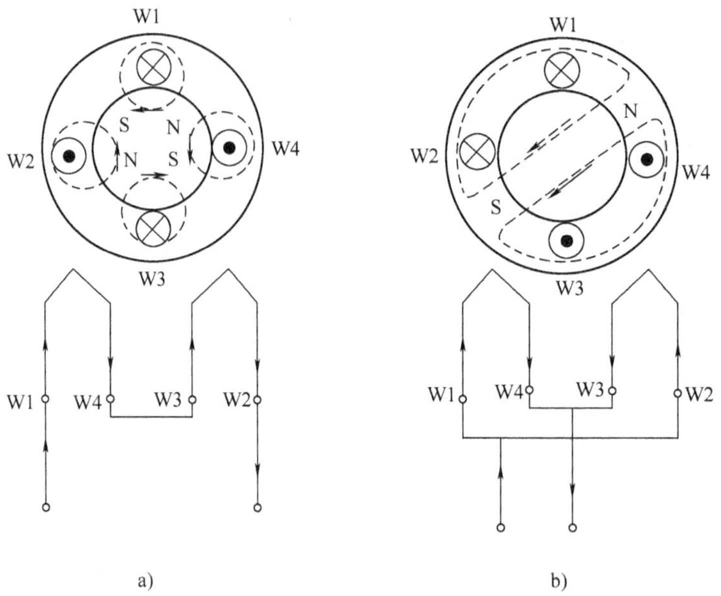

图 4-20 双速电动机变极调速原理图

a）两线圈串联 $p=2$ b）两线圈并联 $p=1$

双速电动机在机床上的应用较多，如某些铣床、镗床、磨床等，三速以上电动机由于体积大、成本高等原因，应用不广。

3. 变转差率调速

从电动机的机械特性中我们知道，只要在绕线式异步电动机的转子绕组中串联一个调速电阻，电动机的转差率 s 将增加，而转速 n 会下降。只要改变调速电阻的大小，就可以进行平滑的调速。这种调速方法广泛应用于运输、起重设备中，调速方法简单，但增大调速电阻时，电动机的机械特性变软，且调速电阻上有一定的能量耗损，因此调速范围不大。

4.2.4 三相异步电动机的制动

电动机电源切断后，由于电动机的转子有惯性，不可能立即停车。为了缩短辅助工时，提高生产效率，并为了工作安全，往往要求电动机能迅速地停车，这就需要对电动机进行制动。

三相异步电动机的制动方法主要有两大类：机械制动和电气制动。机械制动是利用机械装置(如电磁抱闸机构)来使电动机迅速停车，常用于起重设备中。电气制动是借助电动机本身产生一个与电动机转子旋转方向相反的转矩进行制动。电气制动通常可分为反接制动、能耗制动等。

1. 反接制动

依靠改变电动机定子绕组的电源相序来产生制动力矩，迫使电动机迅速停转的方法叫反接制动。其制动原理如图 4-21 所示。在图 4-21a 中，当 QS 向上投合时，电动机定子绕组电源相序为 L1-L2-L3，电动机将沿旋转磁场方向，如图 4-21b 所示中顺时针方向，以 $n<n_1$ 的转速正常运转。当电动机需要停转时，可拉开开关 QS。使电动机先脱离电源，此时转子由于惯性作用仍沿原方向旋转，随后，将开关 QS 迅速向下投合，由于 L1、L2 两相电源线对

调，电动机定子绕组电源相序变为 L2-L1-L3，旋转磁场反转，图 4-21b 中逆时针方向，此时转子将以 $n+n_1$ 的相对转速沿原转动方向切割旋转磁场，在转子绕组中产生感应电流，其方向可用右手定则判断出来，如图 4-21b 所示。而转子绕组一旦产生电流，又受到旋转磁场的作用，产生电磁转矩，其方向可由左手定则判断出来。可见此转矩方向与电动机的转动方向相反，使电动机受制动迅速停转。

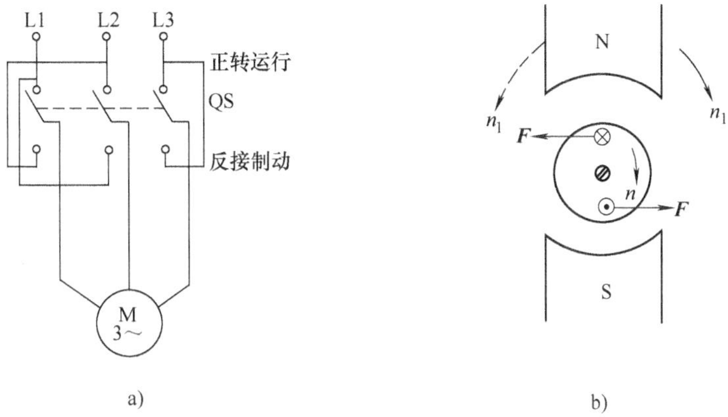

图 4-21　反接制动原理图

在反接制动瞬间，定子旋转磁场与转子的相对转速很大，因而在转子和定子电路中会产生很大的制动电流。为了限制制动电流的冲击，可在定子电路(笼型)或转子电路(绕线式)中串联限流电阻。

反接制动比较简单，制动能力强，效果较好，但制动电流很大，能量消耗大，对电动机的冲击力大，易损坏传动零件。一般中型车床、镗床和铣床等主轴的制动采用这种方式。

2. 能耗制动

当电动机切断交流电源后，给电动机其中两相绕组通入直流电源，迫使电动机迅速停转的方法叫能耗制动，如图 4-22 所示。直流电源产生一个固定不变的磁场，而转子由于惯性仍继续沿原方向转动，根据右手定则可确定转子绕组中的电流方向。通有电流的转子绕组与恒定不变的磁场之间有相互作用，根据左手定则，可判断出电磁转矩方向恰好与电动机转动方向相反，从而起到制动的作用。这种制动是通过消耗转子的动能来实现的。

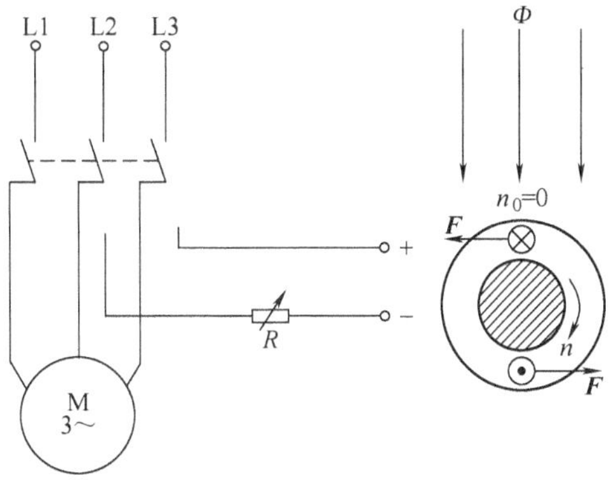

图 4-22　三相异步电动机的能耗制动

制动转矩的大小与所通入的直流电流大小有关，一般可通过调节可变电阻 R 的大小来改变制动的强弱。直流电流的大小为电动机额定电流的 0.5 ~1 倍。

能耗制动时能量消耗小，制动平稳，但需要一套专门的直流电源。一些大型车床、刨床等采用这种制动方式。

4.3 三相异步电动机的运行与维护

为了保证电动机能安全可靠地运行，并尽量延长使用寿命，提高使用效率，就必须加强对电动机的维护和正常巡视。

4.3.1 运行前的检查

对新安装或长期停用(三个月以上)的电动机，在通电之前必须按使用条件进行必要的检查，检查合格才能通电运行。检查的项目主要有：

1）检查电动机及起动设备接地装置是否可靠和完整，接线是否正确，接触是否良好，熔丝的额定电流是否符合要求。

2）检查电动机定子绕组的联接、电源电压和频率是否与铭牌规定相符。

3）检查绕组各相之间及其对地绝缘电阻。对额定电压为380V的电动机，采用500V以上的绝缘电阻表测量。绝缘电阻应大于0.5MΩ，如果过低则需将绕组烘干处理后再测量。

4）检查电动机内部有无杂物，转子能否自由转动，轴承的润滑油是否正常。

4.3.2 起动注意事项

1）电动机在通电试运行时必须提醒在场工作人员，不应站在电动机及被拖动设备的两侧，以免旋转物飞出造成意外伤害事故。

2）接通电源起动电动机之前应做好切断电源的准备，以防万一接通电源后电动机出现不正常的情况(如电动机不起动或转速很低或有“嗡嗡”声等)，如有异常，应立即停车，检查并排除故障后才能重新起动。

3）电动机起动后，应留心观察电动机、传动机构、生产机械等的动作状态，电流表、电压表读数是否正常。若不正常，应及时停车排除故障。

4）电动机起动时起动电流大，不宜频繁起动，防止因能量的积累而烧坏绕组。

5）同一电网中的电动机应尽可能避免同时起动，最好按容量的不同从大到小分别起动。这样可防止因起动电流过大导致电网电压下降，从而影响其他设备的正常工作。

4.3.3 运行中的巡视

电动机在运行中是否正常，要通过各种途经来监视它的运行情况，从而防止在出现不正常现象时，可及时切断电源。

1）保证电动机通风畅通，不允许有水滴、油污或铁屑等杂物落入电动机的内部。

2）在正常运行时，电源电压的变化量应在额定电压的10% ~ -5%，且要尽量保持对称。同时还要观察电动机的工作电流，不能超过额定电流。

3）正常运行的电动机发出的声音应该是平稳、均匀、有节奏的。如果出现“嗡嗡”、振动、摩擦、撞击等异声时，应立即停车检查。

4）要注意电动机在运行中是否有焦臭味，是否冒烟，若有，说明电动机温度过高，应立即停车检查。

4.4 三相异步电动机的一般故障分析

三相异步电动机在运行过程中的故障种类很多，原因也很复杂，但故障的产生总是和一定的因素相联系的。如电动机绕组绝缘损坏与绕组过热有关，而绕组的过热总是和电动机绕组中电流过大有关。只要根据电动机的基本原理、结构和性能以及有关的各方面情况，就可对故障做出正确的判断。

1. 电动机起动故障

包括不能起动或带负载运行时不能加速至额定转速。常见原因有以下几种。

1）电源断路或熔丝烧断，电动机无任何反应。

2）电动机缺相运行，不能起动，但有“嗡嗡”声。

3）电源电压过低。

4）定子绕组接线错误。如将“△”错接成“Y”，起动转矩小，不能带负载起动。

5）定子绕组有短路或断路故障，使电动机起动转矩小，不能带负载起动。

6）转子绕组断路。如笼型电动机转子导体断条数占转子总条数的 1/7 左右时，电动机不能起动，即使能空载起动，也会发出时高时低的“嗡嗡”声，且无力带动负载。

7）负载过重或传动机构被卡住。如皮带拉得太紧，加剧了摩擦；负载本身转动不灵活或被卡住，这时电动机不能起动，有“嗡嗡”声。

2. 电动机过热

1）电源电压过高或过低。

2）电动机运行时缺相。

3）电动机长期过载运行或转轴转动不灵活、卡住等。

4）电动机通风散热不好或周围环境温度过高。

3. 电动机运行时有异声

1）定子与转子相擦或空气间隙不均匀。

2）轴承损坏或轴承严重缺油。

3）电动机在运行时缺相。

4.5 单相异步电动机

单相异步电动机是利用单相交流电源供电的一种小容量交流电动机，它具有结构简单、成本低廉、维修方便等特点，被广泛应用于如冰箱、电扇、洗衣机、电冰箱等家用电器及医疗器械中。但与同容量的三相异步电动机相比，单相异步电动机的体积较大、运行性能较差、效率较低。因此一般只制成小型和微型系列，功率约在 8 ~ 750W。

单相异步电动机的构造和三相笼型异步电动机相似，也是由定子和笼型转子两部分组成。

4.5.1 单相异步电动机的工作原理

三相异步电动机定子绕组中通入三相交流电流后，会在定子绕组中产生旋转磁场，在旋转磁场的作用下，转子获得起动转矩能自行起动。当单相交流电流通过单相定子绕组时，产生一个脉动磁场，其大小和方向随时间按正弦规律变化，在电流正半周期时，磁场方向垂直向上，而在电流负半周期时，磁场方向垂直向下，磁场的轴线在空间保持固定的位置不变，如图 4-23 所示。

脉动磁场可以分解成两个转速相同但转向相反的旋转磁场。如果电动机的转子是静止的，那么，两个旋转磁场分别在转子上产生的转矩大小相等、方向相反、相互抵消。也就是说，起动转矩为零。但是，如果将电动机的转子沿顺时针推一下，电动机就会沿顺时针方向转动。反之也是如此。

可见，单相异步电动机因无起动转矩，故转子不能自行起动。要使单相异步电动机能够自行起动，则必须加起动装置。

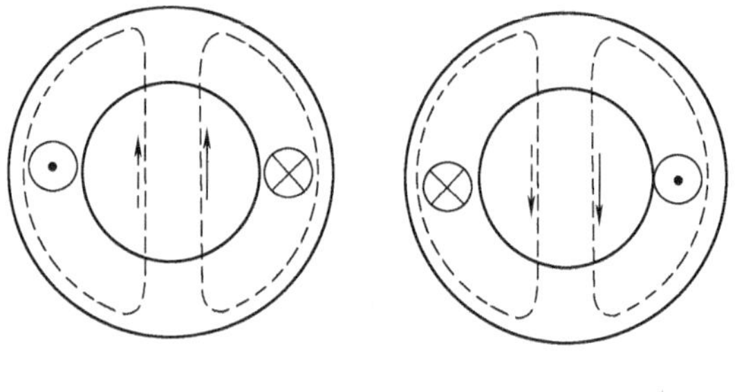

图 4-23 单相异步电动机的脉动磁场

4.5.2 单相异步电动机的起动类型

根据单相异步电动机的起动方式不同，可分为电容分相式异步电动机和罩极式异步电动机。

1. 单相电容分相式异步电动机

电容分相式异步电动机在定子上有工作绕组和起动绕组两个绕组，两个绕组在定子铁心上相差90°的空间角度。图 4-24 所示是单相电容分相式异步电动机的原理图。由图可见，同一电源向两个绕组供电，则工作绕组的电流 i_1 和起动绕组的电流 i_2 就会产生一个相位差，适当选择电容，可使 i_1 和 i_2 的相位差为 90°，这就是分相。

设两相电流分别为：

$$i_1 = I_{1m}\sin(\omega t - 90°)$$

$$i_2 = I_{2m}\sin\omega t$$

其正弦波形曲线如图 4-25 所示。与三相电流产生旋转磁场相似，两相电流也可产生旋转磁场。在旋转磁场的作用下，单相异步电动机转子就得到了起动转矩而转动。在接近额定转速时，借助离心力的作用把开关 S 断开（电动机起动时靠弹簧使其闭合），从而切断起动绕组。

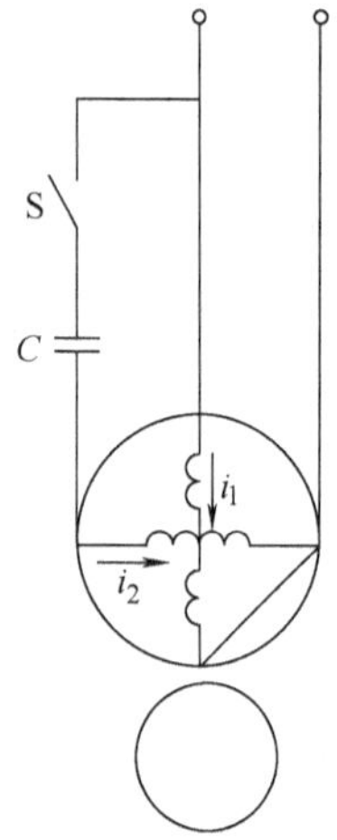

图 4-24 单相电容分相式异步电动机

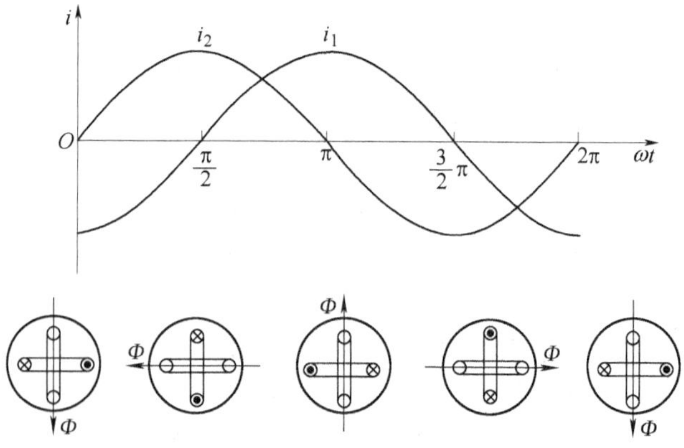

图 4-25 两相电流及两相旋转磁场

单相电容分相式异步电动机的转向与旋转磁场的方向相同，是由起动绕组和工作绕组的接法决定的。因此，要改变其转动方向，只要将两个绕组中的任一绕组的两端换接一下就行了。

除用电容器分相外，也可以与起动绕组串联适当的电阻，达到分相的目的。

2. 罩极式异步电动机

单相罩极式电动机是在定子铁心的极面中间开有一个小槽，用短路铜环罩住部分极面，起到起动绕组的作用，如图 4-26 所示。

当定子绕组中通入单相交流电时，磁极内即产生一脉动磁场。根据楞次定律可知，脉动磁场的交变，使短路铜环产生感应电动势和感应电流，环内将出现一个阻碍原来磁场变化的新磁场。因此，短路铜环内的磁通与脉动磁场之间存在着一定的相位差，其合成磁场为椭圆形旋转磁场。

单相罩极式异步电动机结构简单，维修方便，不需要起动装置和电容器，但它的起动转矩很小，功率也小，转向不能改变，故常用于电风扇、吹风机中。

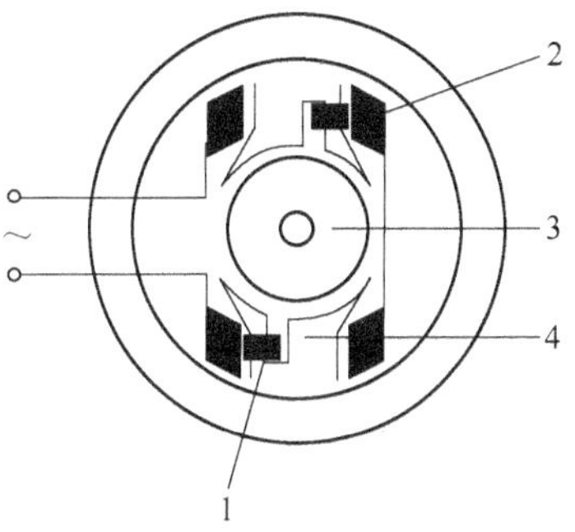

图 4-26　单相罩极式异步电动机
1—短路铜环　2—定子绕组
3—转子　4—定子

4.5.3　单相异步电动机故障分析与排除

单相异步电动机的常见故障与三相异步电动机基本相似，要经常注意电动机能否正常起动，转速是否正常，温升是否过高，有无杂音和振动，有无焦臭味等。

1. 电动机起动故障

起动故障包括不能起动、起动转矩小或起动迟缓等。

1）电源电压不正常。检查电源、熔断器、插头、导线，开关是否开路并予以修理或换新。

2）电容器损坏。用万用表判断电容质量的好坏，若出现击穿、接地、开路或严重泄露故障，应及时更换同规格的电容器。

3）电动机过载。检查所带负载是否正常，应注意不得超过电动机的额定值。

4）主、副绕组断路。用万用表检查主、副绕组是否完好，接线是否良好。若出现故障，应及时修理或更换。

5）转子卡住。检查轴承质量、润滑油是否正常、定子与转子是否相碰。

6）离心开关闭合不上。检查其触头是否接触不良，弹簧是否因氧化而失去拉力，继电器线圈是否断路。

2. 电动机转速慢

1）电源电压过低。查明电压过低的原因并排除故障，有条件时调整电源电压。

2）绕组匝间短路。应及时修理或更换绕组。

3）电动机负载过载。

4）电容器损坏。更换同规格的电容器。

3. 电动机过热

1）定子绕组匝间短路。找出故障点，及时修理或更换绕组。

2）绕组接线错误。主要指起动绕组与工作绕组相互接错，应及时调整接法。

3）轴承与轴配合过紧。用铰刀铰松轴承孔，使其配合适当。

4）轴承内润滑油干涸。清洗轴套，加足润滑油。

4. 电动机转动中有异声

包括有很大的噪声、有“嗡嗡”声等。

1）轴承损坏或缺少润滑油。更换轴承或加润滑油。

2）定子、转子之间有硬杂物碰撞。清除杂物。

3）转子轴向移位过大，运转中发生轴向窜动。增加轴上垫圈。

4）轴承内径磨损，引起径向跳动，严重时造成转子扫膛。及时更换轴承。

5）电动机装配不良，气隙不均匀。要重新装配，调整气隙。

习　题　4

1. 填空题

（1）交流电动机是实现________和________之间相互转换的一种机械。从工作原理上可分为________电动机和________电动机两大类。

（2）三相异步电动机主要由________和________两大部分组成。________是固定部分，用来产生________；转子是转动部分，又分为________和________两种，用来________。

（3）三相对称电流在异步电动机的三相定子绕组中建立的合成磁场是一个________，它的旋转方向是与________相一致的。

（4）三相异步电动机的工作原理是：在旋转磁场作用下，________将切割旋转磁场的磁通产生________，在这个________的作用下，闭合的________中又产生________，其方向由______定则决定，________与旋转磁场相互作用产生________使________跟随旋转磁场转动。

（5）旋转磁场的转速 n_0________转子转速 n，是电动机工作的必要条件，故这种电动机又称为________。而________的相互作用，是电动机工作的充分条件。由于转子电流是电磁感应产生的所以这种电动机又称为________。异步电动机的转差率 $s=$________。

（6）异步电动机的 $M=f(s)$ 曲线称为________。其中 $s=1$ 时，异步电动机处于________状态；$s=0$ 时，异步电动机处于________状态；$s=$____时，异步电动机处于________状态。

（7）异步电动机的起动能力以________表示，异步电动机的过载能力以____表示。

（8）笼型异步电动机直接起动时，其起动电流为额定电流的________，如果采用Y—△换接减压起动，其起动电流为原来起动电流的________倍。起动转矩为原来起动转矩的________倍。

（9）笼型异步电动机采用Y—△换接减压起动时，其三相定子绕组在起动时应接成________，起动后再换接成________。而绕线式异步电动机则在转子电路中串联起动电阻起动，既减小了________，又增大了________。

（10）三相异步电动机的调速方法有________、________和________等三种，其中________适用于笼型异步电动机，而________适用于绕线转子异步电动机。

（11）三相异步电动机起动时，其电磁转矩与旋转方向________，而制动时，电磁转矩与旋转方向________。

（12）三相异步电动机的制动分为________制动和________制动两大类，而常用的电气制动有________和________。

（13）有一台Y225M—4 型笼型异步电动机，额定功率 $P_N=45\text{kW}$，额定转速 $n_N=$

1470r/min，则它的旋转磁场磁极对数 $p=$________，同步转速 $n_1=$________，额定转差率 $s_N=$________，额定转矩 $M_N=$________。

(14) 三相异步电动机的额定转速 $n_N=1440\text{r/min}$，磁极对数 $p=$________，同步转速 $n_1=$________，额定转差率 $s_N=$________。

(15) 三相异步电动机在运行中若熔丝烧断一相，则转速 n_2 将________，转矩 T 将________，输入电流 I_1 将________。

(16) 如果在单相异步电动机的定子铁心上仅嵌一组绕组，那么通入单相正弦交流电时，电动机气隙中仅产生________磁场，故单相异步电动机________。为解决它的起动问题，在定子铁心上嵌有两个绕组：一个是________，另一个是________。

2. 选择题

(1) 三相异步电动机的转差率 s 变化范围是(　　)。

A. $0\leqslant s\leqslant 1$　　B. $0<s\leqslant 1$　　C. $0<s<1$　　D. $0\leqslant s<1$

(2) 改变三相异步电动机定子绕组的联结方式，可改变其(　　)。

A. 电源频率　　B. 电源电压　　C. 磁极对数　　D. 转差率

(3) 三相异步电动机正转时通入电源相序为 U-V-W，若通入电源相序 U-W-V，则电动机为(　　)。

A. 正转　　B. 反转　　C. 不转　　D. 烧坏

(4) 电源频率为 50Hz 的 4 极三相交流异步电动机的同步转速应是(　　)。

A. 3000　　B. 1500　　C. 1000　　D. 750

(5) Y—△减压起动适合于(　　)。

A. 正常运行时定子绕组为三角形联结的电动机重载起动

B. 正常运行时定子绕组为星形联结的电动机重载起动

C. 正常运行时定子绕组为三角形联结的电动机空载或轻载起动

D. 正常运行时定子绕组为星形联结的电动机空载或轻载起动

(6) 下列制动方法中不属于电气制动的是(　　)。

A. 电磁抱闸制动　　B. 反接制动　　C. 能耗制动　　D. 电容制动

(7) 三相异步电动机在进行反接制动时，运行在(　　)。

A. 电动机运行状态　　B. 反转制动状态　　C. 发电状态　　D. 无法确定状态

(8) 绕线转子异步电动机转子串电阻调速属于(　　)。

A. 改变转差率调速　　B. 变极调速　　C. 变频调速　　D. 变压调速

(9) 某台进口的三相异步电动机额定频率为 60Hz，现工作于 50Hz 的交流电源上，则电动机的额定转速将(　　)。

A. 有所提高　　B. 相应降低　　C. 保持不变　　D. 不定

(10) 三相异步电动机一相绕组的额定电压降为原来的 0.9 倍，则电磁转矩为原来的(　　)。

A. 0.81 倍　　B. 0.9 倍　　C. 1.21 倍　　D. 1 倍

(11) 单相异步电动机，下列说法错误的是(　　)。

A. 单相异步电动机的转向与旋转磁场方向相同

B. 单相异步电动机转子的转速小于旋转磁场的转速

C. 单相电容分相式异步电动机两个定子绕组在铁心上相差120°的空间角度

D. 单相电容分相式异步电动机是利用了两相电流能产生旋转磁场工作的

3. 判断题

（1）电动机是一种将电能转换成机械能的动力设备。（　）

（2）三相交流异步电动机的主要部件是定子和转子两部分。（　）

（3）电动机的额定功率是指电动机输出的功率。（　）

（4）按三相交流异步电动机转子的结构形式，可把异步电动机分为笼型和绕线型两类。（　）

（5）三相交流异步电动机的额定电压是指加在定子绕组上的相电压。（　）

（6）三相交流异步电动机的转子转速不可能大于其同步转速。（　）

（7）三相交流异步电动机不论运行情况怎样，其转差率都在0～1。（　）

（8）三相异步电动机，在任何工作状态下其电磁转矩方向始终与旋转方向一致。（　）

（9）三相异步电动机旋转磁场的转速 n_0 与磁极对数 p 成反比，与电源频率 f 成正比。（　）

（10）若需改变三相异步电动机的旋转方向，可改变输入电动机三相定子绕组中的三相对称负载电流的相序。（　）

（11）转差率 s 是分析异步电动机运行性能的一个重要参数，当电动机转速越快时，对应的转差率就越大。（　）

（12）三相异步电动机的特性 $n=M(f)$ 称为机械特性曲线。（　）

（13）硬的机械特性，说明电动机的转速受负载转矩变化的影响很小。（　）

（14）星形—三角形换接减压起动，适用于正常工作时三相定子绕组为三角形联结的异步电动机。（　）

（15）三相异步电动机在运行中断了一根相线后仍能转动。（　）

（16）能耗制动是在切断三相电源的同时，接通直流电流到定子绕组。（　）

（17）变转差率调速只适用于绕线式电动机。（　）

（18）实现变极调速，只要改变定子绕组的连接方法。（　）

（19）单相异步电动机定子工作绕组只能产生脉动磁场，故不能自行起动。（　）

（20）单相电容分相式异步电动机起动绕组中串接一个适当的电容器。（　）

4. 问答及计算题

（1）三相异步电动机的结构主要是哪些部分？它们分别起什么作用？

（2）三相异步电动机产生旋转磁场的条件是什么？

（3）已知一台三相异步电动机的部分技术数据如下：$P_N=2.2\text{kW}$，$n_N=1440\text{r/min}$，$\eta_N=0.84$，$\cos\varphi_N=0.84$，$U_N=220/380\text{V}$。试求：(1)额定转差率 s_N；(2)额定电流 I_N；(3)额定转矩 M_N。

（4）什么是三相异步电动机的转矩特性曲线？什么是机械特性曲线？两者有什么共同点和不同点？

（5）什么是三相异步电动机的减压起动？对于笼型异步电动机有几种减压起动方法？并说明其优缺点。

（6）什么是三相异步电动机的调速？对笼型异步电动机而言，有哪几种调速方法？

（7）三相异步电动机的电气制动有哪几种方法？试分别说明各自的制动原理和使用场合。

（8）一台长期不用的三相异步电动机，在通电使用前应进行哪些检查后才能通电使用？

（9）试说明单相电容分相式异步电动机的工作原理。

（10）单相罩极式异步电动机的工作原理是什么？它的优缺点是什么？

实训课题四　三相异步电动机常见故障的分析与排除

1. 实训目的

（1）学会使用各种仪表进行正确的操作。

（2）人为预设故障，观察电动机运行中的故障现象，并检测有关数据，通过与额定值对比，从而分析故障并给予排除。

2. 实训器材

三相笼型异步电动机、万用表、绝缘电阻表、转速表、钳形电流表、常用拆卸及装配工具等。

3. 实训步骤

（1）将正常三相异步电动机及在运行中所测的有关数据填入表 4-2 中。

表 4-2　正常三相异步电动机及在运行中有关数据的测量

<table>
<tr><td>铭牌额定值</td><td colspan="5">电压____V、电流____A、转速____r/min，功率____kW，连接____</td></tr>
<tr><td rowspan="7">实际测量</td><td colspan="2">三相电源电压</td><td colspan="3">U_{12} = ____V、U_{23} = ____V、U_{31} = ____V</td></tr>
<tr><td rowspan="2">三相电流</td><td>空载</td><td colspan="3">I_1 = ____A、I_2 = ____A、I_3 = ____A</td></tr>
<tr><td>满载</td><td colspan="3">I_1 = ____A、I_2 = ____A、I_3 = ____A</td></tr>
<tr><td rowspan="2">绝缘电阻</td><td>相间绝缘</td><td colspan="3">UV 相间____MΩ、VW 相间____MΩ、WU 相间____MΩ</td></tr>
<tr><td>对地绝缘</td><td colspan="3">U 相对地____MΩ、U 相对地____MΩ、U 相对地____MΩ</td></tr>
<tr><td>转速</td><td>空载</td><td>____r/min</td><td>满载</td><td>____r/min</td></tr>
</table>

（2）人为预设典型故障，观察电动机运行中的故障现象并进行仪表测量，将直观故障现象、仪表测量结果及与正常值之间的比较填入表 4-3 中。

表 4-3　直观故障现象、仪表测量结果及与正常值之间的比较

<table>
<tr><td rowspan="2">预设故障部位</td><td rowspan="2">直观故障现象</td><td colspan="3">测量情况</td><td rowspan="2">与正常值的比较
（用大或小表示）</td></tr>
<tr><td>项目</td><td>仪表</td><td>测量结果</td></tr>
<tr><td rowspan="7">在运行前断一相熔体</td><td rowspan="7"></td><td rowspan="3">空载电流</td><td rowspan="3">钳形表</td><td>I_1 = ____A</td><td></td></tr>
<tr><td>I_2 = ____A</td><td></td></tr>
<tr><td>I_3 = ____A</td><td></td></tr>
<tr><td rowspan="3">线电压</td><td rowspan="3">万用表</td><td>U_{12} = ____V</td><td></td></tr>
<tr><td>U_{23} = ____V</td><td></td></tr>
<tr><td>U_{31} = ____V</td><td></td></tr>
<tr><td>转速</td><td>转速表</td><td>____r/min</td><td></td></tr>
</table>

（续）

预设故障部位	直观故障现象	测量情况			与正常值的比较（用大或小表示）
		项目	仪表	测量结果	
在运行中断一相熔体		空载电流	钳形表	I_1 = ________A	
				I_2 = ________A	
				I_3 = ________A	
		线电压	万用表	U_{12} = ________V	
				U_{23} = ________V	
				U_{31} = ________V	
		转速	转速表	________r/min	
一相绕组接反		空载电流	钳形表	I_1 = ________A	
				I_2 = ________A	
				I_3 = ________A	
		线电压	万用表	U_{12} = ________V	
				U_{23} = ________V	
				U_{31} = ________V	
		转速	转速表	________r/min	
一相绕组碰壳		空载电流	钳形表	I_1 = ________A	
				I_2 = ________A	
				I_3 = ________A	
		线电压	万用表	U_{12} = ________V	
				U_{23} = ________V	
				U_{31} = ________V	
		对地绝缘电阻	绝缘电阻表	U 相________MΩ	
				V 相________MΩ	
				W 相________MΩ	
		转速	转速表	________r/min	
将三角形联结改接成星形联结		空载电流	钳形表	I_1 = ________A	
				I_2 = ________A	
				I_3 = ________A	
		空载转速	转速表	________r/min	
		负载电流	钳形表	I_1 = ________A	
				I_2 = ________A	
				I_3 = ________A	
		负载转速	转速表	________r/min	
将星形联结改接成三角形联结		空载电流	钳形表	I_1 = ________A	
				I_2 = ________A	
				I_3 = ________A	

（续）

预设故障部位	直观故障现象	测量情况			与正常值的比较（用大或小表示）
		项目	仪表	测量结果	
将星形联结改接成三角形联结		空载转速	转速表	________r/min	
		负载电流	钳形表	I_1 = ________A	
				I_2 = ________A	
				I_3 = ________A	
		负载转速	转速表	________r/min	

4. 注意事项

（1）预设故障时，对可能造成触电和设备损坏的现象要十分慎重。

（2）电动机故障运行时要短时操作。

5. 思考题

（1）电动机缺相运行时有何危害？

（2）电动机星形联结改成三角形联结时为何一定要短时操作？对只能星形联结的电动机，这种改接方式正确吗？

6. 评分标准

评分标准见表 4-4。

表 4-4　评分标准

项目内容	配分	评分标准				扣　分
工具及仪表使用	10	（1）工具及仪表使用不当，每次扣 10 分 （2）测量误差较大，每处扣 10 分				
故障分析	30	（1）分析故障的思路不正确，扣 10～20 分 （2）故障部位与故障现象不对应，每处扣 15 分				
故障排除	60	（1）查出故障点，但不能排除，每处扣 25 分 （2）产生新的故障： 不能排除，每处扣 35 分 自行排除，每处扣 15 分 （3）损坏三相异步电动机扣 60 分				
安全文明生产	违反安全文明生产规程扣 10～70 分					
定额时间 2h	若在修复故障过程中超时，以每超 1min 扣 5 分计算					
备注	除定额时间外，每项最高扣分不超过该项的配分				成绩	
开始时间		结束时间		实际时间		
学生姓名			班级		指导老师	

第 5 章

直 流 电 机

输出或输入为直流电能的旋转电机，称为直流电机，它是能实现直流电能和机械能互相转换的电机。直流电机包括直流电动机和直流发电机，当它作电动机运行时是直流电动机，将电能转换为机械能；作发电机运行时是直流发电机，将机械能转换为电能。与交流电机相比，其具有结构复杂、维护麻烦、价格较贵、运行可靠性差等特点，但由于其具有调速性能好、起动转矩大等优点，所以在起重、运输、冶金等行业以及精密机械设备、自动控制系统等领域有着广泛的应用。

5.1 直流电机的基本结构、工作原理和励磁方式

5.1.1 直流电机的基本结构

直流电机里的直流电动机和直流发电机的基本结构相似。直流电机的结构可分为定子、转子两大部分。定子的主要作用是产生磁场和支撑电机，转子的主要作用是通过电枢绕组产生感应电动势和电磁转矩。其结构如图 5-1 所示。

1. 定子部分

定子部分包括主磁极、换向极、机座和电刷装置等。

（1）主磁极 其作用是产生主磁通，它由铁心和套装在其上的励磁绕组组成，如图 5-2 所示。主磁极铁心靠近转子一端的扩大的部分称为极靴，它的作用是使气隙磁阻减小，改善主磁极磁场分布，并使励磁绕组容易固定。为了减小涡流和转子转动时由于齿槽移动引起的铁耗，铁心一般采用 1 ~ 1.5mm 的硅钢片叠压而成。整个主磁极用螺杆固定在机座上，其总是成对出现，励磁绕组的连接必须使得相邻主磁极的极性按 N、S 极交替排列。

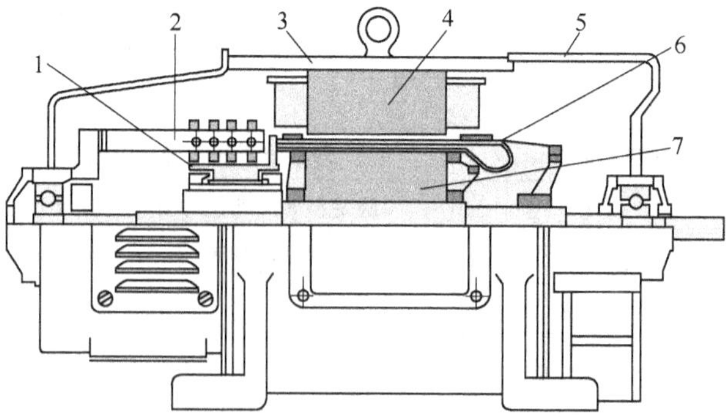

图 5-1 直流电机结构

1—换向器 2—电刷装置 3—机座 4—主磁极 5—端盖 6—电枢绕组 7—电枢铁心

（2）换向极 两相邻主磁极间的小磁极叫换向极，如图 5-3 所示。换向磁极与转子气隙较大，涡流较小，故铁心可用整块钢制成，其上绕组应与电枢绕组串联，要流过较大的电流，因此和主磁极的串励绕组一样，导线有较大的截面。其主要作用是产

生附加磁场，改善换向条件，减小换向火花。换向极的个数一般与主磁极的极数相等，在功率很小的直流电机中，也有不装换向极的。

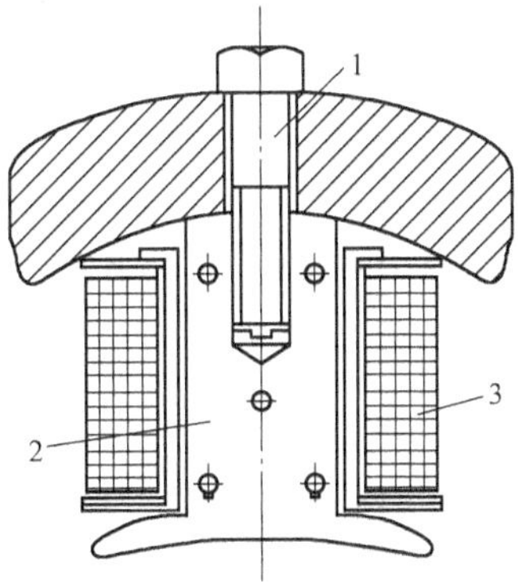

图5-2 直流电机的主磁极
1—固定螺钉 2—励磁绕组
3—主磁极铁心

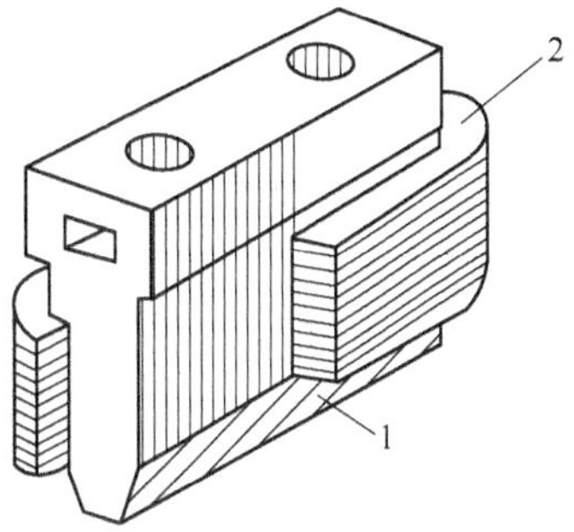

图5-3 直流电机的换向极
1—换向极绕组 2—换向极铁心

（3）机座 机座系直流电机的外壳，一般用铸钢或钢板焊接制成。它主要有两方面的作用：一是作为电机磁路的一部分；二是用来固定主磁极、换向极和端盖等部件。

（4）电刷装置 电刷装置是把转动的电枢绕组与静止的外电路相连，引入（或引出）直流电。它由电刷、刷握、刷杆和连线等部分组成，如图5-4所示。电刷是由石墨或金属石墨组成的导电块，放在刷握内用弹簧将其压紧在换向器的表面，以保持两者良好的电接触。刷握用螺钉夹紧在刷杆上，用铜绞线将电刷与刷杆连接，刷杆安装在刷座上，彼此绝缘，刷杆座安装在端盖上。

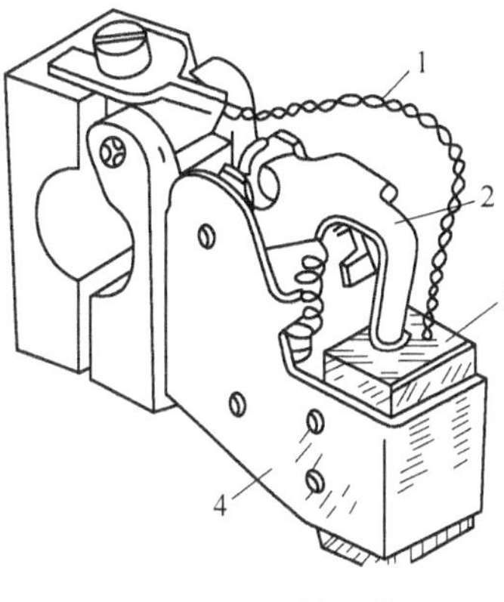

图5-4 电刷与刷握
1—铜绞线 2—压紧弹簧
3—电刷 4—刷握

2. 转子部分

转子部分包括电枢铁心、电枢绕组、换向器、转轴和风扇等。

（1）电枢铁心 其作用是用来嵌放电枢绕组，是直流电机磁路的一部分。为减小涡流和磁滞损耗，其一般用0.5mm厚硅钢片叠压而成。电枢铁心具有轴向通风孔，在其外圆周上均布着嵌放电枢绕组的铁心槽。

（2）电枢绕组 其作用是产生感应电动势和电磁转矩，实现机电能量转换。绕组通常用漆包线绕制而成，嵌入电枢铁心槽内，并按一定规则连接起来。为了防止电枢旋转时绕组飞出，绕组嵌入槽内后应用槽楔压紧，线圈伸出槽外的端接部分用无纬玻璃丝带扎紧。

（3）换向器 换向器又称整流子，其作用是将直流电动机输入的直流电流转换成电枢绕组内的交变电流，进而产生恒定方向的电磁转矩，或是将直流发电机电枢绕组中的交变电动势转换成

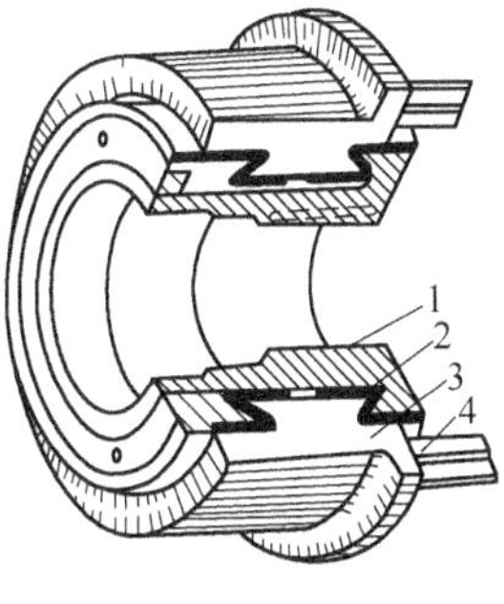

图5-5 拱形换向器
1—V型套筒 2—云母片
3—换向片 4—连接片

输出的直流电压。换向器由许多具有鸽尾形的换向片排成一个圆筒，其间用云母片绝缘，两端再用两个V形环夹紧而构成，如图5-5所示。每个电枢线圈首端和尾端的引线，分别焊入相应换向片的升高片内。小型电机常用塑料换向器，这种换向器用换向片排成圆筒，再用塑料通过热压制成。

5.1.2 直流电机的工作原理

1. 直流发电机工作原理

直流发电机原理如图5-6所示。当励磁绕组通以直流励磁电流时，产生固定不变的N极和S极。当电枢由原动机拖动，以恒定转速按逆时针方向旋转时，导体ab和cd分别切割N极和S极下的磁力线，便在其中产生感应电动势，感应电动势的方向用右手定则确定可知，导体ab中的电动势由b指向a，导体cd中的电动势由d指向c，所以电刷A为正极性，B为负极性。电枢转过180°时，导体cd转至N下，感应电动势方向由c指向d，电刷A与d所连换向片接触，仍为正极性；同理电刷B与a所连换向片接触，仍为负极性。由此可见直流发电机电枢线圈中的感应电动势的方向是交变的，而通过换向器和电刷的作用，使线圈产生的交变电动势变为电刷AB两端方向不变的直流电动势，若在电刷AB间接上负载，发电机就能向负载提供直流电能。

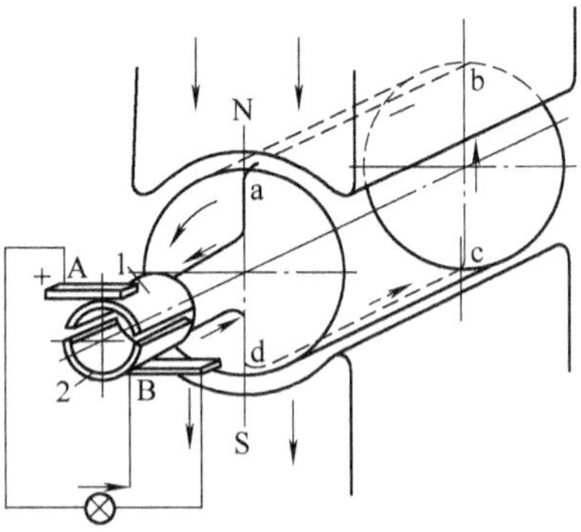

图5-6 直流发电机工作原理

2. 直流电动机工作原理

如图5-7所示为直流电动机的工作原理。在励磁绕组中通入直流励磁电流建立N极和S极。在电刷AB间加上直流电源，线圈abcd中便有电流通过。瞬时电流方向为从a到d，由左手定则确定，线圈ab边和cd边在磁场中受到电磁力的作用，方向如图5-7所示，电磁力矩将使电枢逆时针方向转动。当电枢转过180°时，外部电路的电流方向仍不变，线圈中的电流方向为从d到a，而电磁力和电磁力矩方向不变，转子在电磁力矩的作用下，沿恒定方向旋转，从而把直流电能转换成机械能输出，带动生产机械运转。

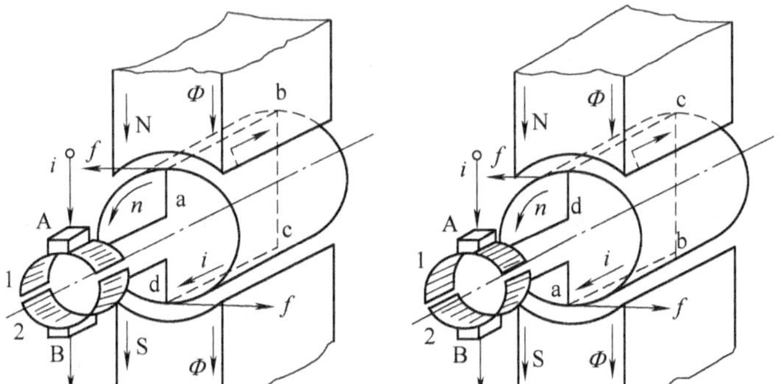

图5-7 直流电动机的工作原理图

a） 线圈初始位置 b）线圈转过180°后

3. 直流电机的可逆运行原理

从上述工作原理来看，一台直流电机原则上既可以作为电动机运行，也可以作为发电机运行，这种原理在电机理论中称为可逆运行原理。当原动机驱动电枢绕组旋转时，电枢绕组上产生感应电动势，经电刷、换向器装置整流为直流后，引向外部负载或电网对外供电，此时电机作直流发电机运行。如用外部直流电源，经电刷换向器装置将直流电流引向电枢绕组，则此电流与主磁极产生的磁场互相作用，产生转矩，驱动转子与连接于其上的机械负载工作，此时电机作直流电动机运行。

5.1.3　直流电机的励磁方式

直流电动机的励磁方式是指励磁绕组获得励磁电流的方式，除永磁式微直流电动机外，直流电动机的磁场都是通过励磁绕组通入电流激励而建立的。按励磁方式不同可分为四种：他励、并励、串励和复励，如图 5-8 所示。

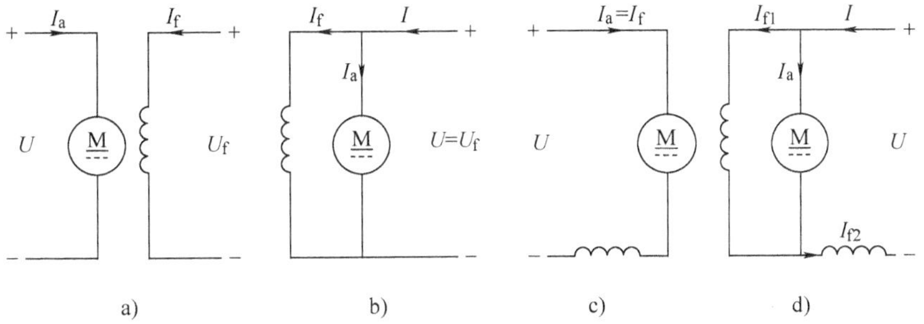

图 5-8　直流电机的励磁方式

a）他励　b）并励　c）串励　d）复励

1. 他励直流电机

励磁绕组与电枢绕组无连接关系，励磁电流由独立电源供给。接线如图 5-8a 所示。图中 M 表示电动机，若为发电机，则用 G 表示。永磁直流电机也可看作他励直流电机。采用这种接线方式的电机具有良好的起动性能和稳定的运行性能，并且易于调速。

2. 并励直流电机

并励直流电机的励磁绕组与电枢绕组相并联，接线如图 5-8b 所示。作为并励发电机来说，是电机本身发出来的端电压为励磁绕组供电；作为并励电动机来说，励磁绕组与电枢共用同一电源，从性能上讲与他励直流电动机相同。采用这种接线方式的电机具有较强的运行稳定性。

3. 串励直流电机

串励直流电机的励磁绕组与电枢绕组串联后，再接于直流电源，接线如图 5-8c 所示。这种直流电机的励磁电流就是电枢电流。采用这种接线方式的电机具有良好的过载能力。

4. 复励直流电机

复励直流电机有并励和串励两个励磁绕组，接线如图 5-8d 所示。若串励绕组产生的磁动势与并励绕组产生的磁动势方向相同称为积复励。若两个磁动势方向相反，则称为差复励。采用这种接线方式的电机兼有并励和串励电机的特点。

直流电动机励磁方式不同，使得它们的特性有很大的差异，这也使它们能满足不同生产机械的要求。直流发电机的分类与此类同，只是在示意图中要注意各项参数的方向，读者可自行分析。

5.1.4　直流电机的铭牌数据

凡表征电机额定运行情况的各种数据，称为额定值。额定值一般都标注在电机的铭牌上，所以也称为铭牌数据，它是正确合理使用电机的重要依据。根据国家标准，直流电机的主要额定数据如下：

1. 额定功率 P_N(kW)

额定功率是指电机在额定情况下允许输出的功率。对于发电机是指向负载输出的电功率，即 $P_N = U_N I_N$；对直流电动机来说，是指轴上输出的机械功率，即

$$P_N = U_N I_N \eta_N。$$

2. 额定电压 U_N(V)

额定电压是指在额定情况下，直流发电机的输出电压或直流电动机的输入电压。

3. 额定电流 I_N(A)

额定电流是指在额定电压和额定负载时，允许电动机长期输入或发电机长期输出的电流。

4. 额定转速 n(r/min)

额定转速是指电动机在额定电压和额定负载时的旋转速度。

5. 额定效率

额定效率是指输出功率与输入功率的比值，称为电动机的额定效率。

例：一台直流电动机，其额定功率 $P_N = 160\text{kW}$，$U_N = 220\text{V}$，$\eta_N = 90\%$，$n_N = 1500\text{r/min}$，求电动机在额定状态时的输入功率和额定电流。

解：

$$P_1 = \frac{P_N}{\eta_N} = 160\text{kW}/0.9 = 177.8\text{kW}$$

$$I_N = \frac{P_N}{U_N \eta_N} = 808.1\text{A}$$

5.2 直流电动机的运行特性

5.2.1 直流电动机的感应电动势和电磁转矩

直流电动机在运行时，电枢绕组元件在磁场中作切割磁力线运动产生电动势。若元件中有电流，载流导体在磁场中会受到电磁力作用，从而产生电磁转矩。

1. 电枢绕组的感应电动势 E_a

当电枢转动时，电枢绕组中的导体不断切割磁力线，导体中就会产生感应电动势，大小为 $E = Blv$，其方向由右手定则确定。对于给定的直流电动机，磁感应强度 B 与每极磁通 Φ 成正比，导体的运动速度 v 与电枢的转速 n 成正比，故感应电动势为

$$E_a = C_e \Phi n \tag{5-1}$$

式中 C_e——与电机结构有关的常数，称电动势常数；

Φ——每极磁通(Wb)；

n——电动机转速(r/min)；

E_a——电枢电动势(V)。

可见，对于一个已经制造好的电机，它的感应电动势大小与每极磁通 Φ 和电动机转速 n 的乘积成正比。对于直流电动机，感应电动势方向与电枢电流相反，是反电动势，在电路中起着限制电流的作用；对于直流发电机，感应电动势方向与电枢电流相同，是

电源电动势。

2. 电磁转矩 T

根据载流导体在磁场中受力的原理，每根载流导体在磁场中所受电磁力为 $F = BlI$。对于给定的电机，磁感应强度 B 与每个磁极的磁通 Φ 成正比，导线电流与电枢电流成正比，而导线在磁极磁场中的有效长度 l 及转子半径等都是固定的，因此直流电机的电磁转矩 T 的大小可表示为

$$T = C_T \Phi I_a \tag{5-2}$$

式中 C_T——与电动机结构有关的常数，称转矩常数；

Φ——每极磁通(Wb)；

I_a——电枢电流(A)；

T——电磁转矩(N·m)。

由此可见，对于一个已经制造好的电机，电磁转矩 T 的大小正比于每极磁通 Φ 和电枢电流 I_a，若要改变 T 的大小，只要改变 Φ 或 I_a 的大小即可；而电磁转矩 T 的方向由磁通和电枢电流 I_a 按左手定则确定，故要改变 T 的方向，只要改变 Φ 或 I_a 的方向。

5.2.2 直流电动机的工作特性

直流电动机的工作特性是指电源电压 $U = U_N$，励磁电流 $I_f = I_{fN}$ 恒定时，电动机转速 n、电磁转矩 T、效率 η 与输出功率 P_2 或 I_a 间的关系。

他(并)励直流电动机的工作特性：

他(并)励直流电动机的工作特性一般考虑以下三个特性：转速特性、转矩特性和效率特性。

(1) 转速特性 当电枢回路电阻一定，电源电压 $U = U_N$，励磁电流 $I_f = I_{fN}$ 情况下，电机转速 n 与电枢电流 I_a 之间的关系，即为转速特性。由电动势平衡方程可得：

$$n = \frac{U - I_a R_a}{C_e \Phi} \tag{5-3}$$

由上式可以看出，影响他(并)励直流电动机的因素有两个：一是随着电枢电流 I_a 的增加，电枢回路的电阻压降增大，故转速趋于下降；二是随着电枢电流 I_a 的增加，电枢反应的去磁作用增加使磁通略为减小，使转速趋于上升。在实际的电机中，电枢的电阻压降的影响较电枢反应的影响大，若不考虑电枢反应的去磁作用，转速特性为略向下倾斜的直线。

(2) 转矩特性 当电源电压 $U = U_N$，励磁电流 $I_f = I_{fN}$ 时，电磁转矩和电枢电流 I_a 之间的关系称为电动机的转矩特性。

根据转矩 $T = C_T \Phi I_a$ 可以看出，当 Φ 不变时，$T = f(I_a)$ 是一条通过坐标原点的直线。考虑到电枢反应作用，电枢电流较大时转矩特性曲线将稍稍下弯。

(3) 效率特性 效率特性是指当电源电压 $U = U_N$，励磁电流 $I_f = I_{fN}$ 时，效率 $\eta = f(I_a)$ 的关系曲线。对于他(并)励直流电动机，电枢回路不串电阻时

$$\eta = \frac{P_2}{P_1} \times 100\% = \left(1 - \frac{\Delta P}{P_1}\right) \times 100\% \tag{5-4}$$

曲线如图5-9所示。

5.2.3 直流电动机的机械特性

表征电动机运行状态的两个主要物理量是转速 n 和电磁转矩 T。电动机的机械特性是指在稳定运行情况下，电动机的转速 n 与电磁转矩 T 之间的关系，即 $n=f(T)$。机械特性可分为固有机械特性和人为机械特性两种。机械特性是电动机的重要特性，是机械性能的主要表现，是分析电动机起动、调速、制动的重要工具。在电力拖动系统中，他励直流电动机应用比较广泛，本节就研究它的机械特性。

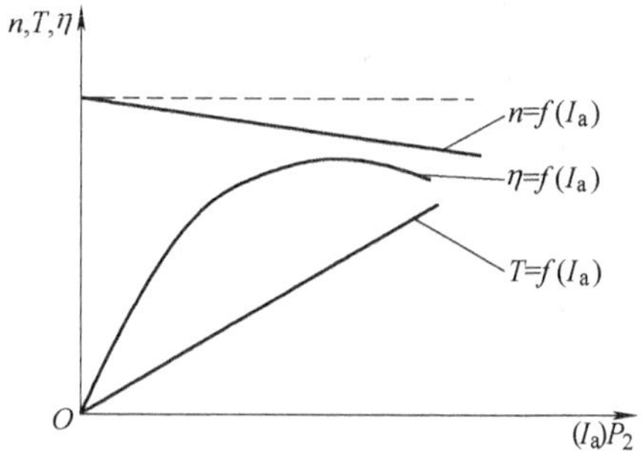

图 5-9 他(并)励直流电动机的工作特性

1. 固有机械特性

（1）机械特性方程 由直流电动机电动势平衡方程式

$$U=E_a+I_aR_a \tag{5-5}$$

把 $E_a=C_e\Phi n$ 代入上式 5-5，可得

$$n=\frac{U}{C_e\Phi}-\frac{R_a}{C_e\Phi}I_a \tag{5-6}$$

由 $T=C_T\Phi I_a$ 可得 $I_a=\dfrac{T}{C_T\Phi}$代入式(5-6)，得

$$n=\frac{U}{C_e\Phi}-\frac{R_a}{C_eC_T\Phi^2}T=n_0-\beta T \tag{5-7}$$

式中，$n_0=\dfrac{U}{C_e\Phi}$为理想空载转速，$\beta=\dfrac{R_a}{C_eC_T\Phi^2}$为机械特性斜率。

可见，电动机在稳定运行情况下，不考虑电枢反应的影响，n 与 T 之间呈线性关系，故机械特性为一条下斜的直线，如图 5-10 所示。

（2）固有机械特性 当电动机的电源电压、励磁磁通为额定值，电枢回路未接附加电阻 R_{pa}时的机械特性称为固有机械特性，也称自然机械特性。其方程为

$$n=\frac{U_N}{C_e\Phi_N}-\frac{R_a}{C_eC_T\Phi_N^2}T \tag{5-8}$$

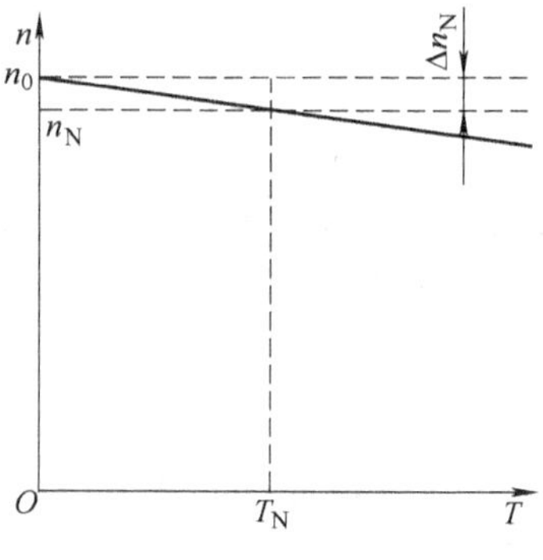

图 5-10 他励直流电动机固有机械特性曲线

他励直流电动机固有机械特性曲线如图 5-10 所示。其具有以下特点：

1）随着电磁转矩 T 的增大，转速 n 降低，其特性是略下斜的直线，由于电枢绕组的电阻 R_a阻值很小，而 Φ_N值大，斜率 $\beta=R_a/C_eC_T\Phi_N^2$其值很小，特性较平，习惯上称之为硬特性。

2）$\Delta n_N=n_0-n_N$，为额定转速差。

3）当 $T=0$ 时，$n=n_0=U_N/C_e\Phi_N$，为理想空载转速，因为 T 是不可能为 0 的，电动机要旋转起来，T 必须要克服一定的摩擦力，所以 n_0是理想化的状态。

2. 人为机械特性

为了满足生产机械加工工艺的要求，例如起动、调速和制动等在各种工作状态下的要求，还需要人为地改变电动机的参数，如电枢电压、电枢回路电阻和励磁磁通，得到相应的一些机械特性，这种人为改变电机的电磁参数所获得的直流电动机的机械特性称人为机械特性。

（1）电枢回路串电阻 R_{pa}的人为机械特性　电枢回路串电阻 R_{pa}的人为机械特性方程为

$$n=\frac{U_N}{C_e\Phi_N}-\frac{R_a+R_{pa}}{C_eC_T\Phi_N^2}T \tag{5-9}$$

其特性曲线如图5-11所示。与固有机械特性相比，电枢回路串电阻 R_{pa}的人为机械特性的特点为：

1）理想空载转速 n_0保持不变。

2）机械特性的斜率与电枢回路串入的电阻有关，R_{pa}增大，斜率也增大，特性曲线变软。故电枢回路串电阻的人为机械特性是通过理想空载点的一簇曲线。改变电阻 R_{pa}大小，可以改变电动机的转速，因此电枢回路串电阻可用于调速。

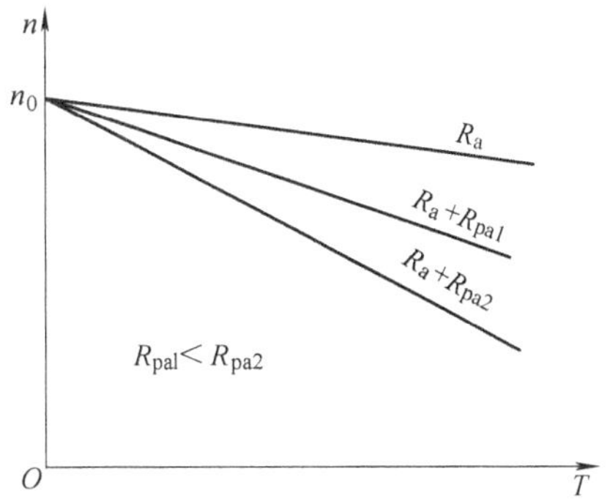

图5-11　直流电动机电枢回路串电阻的人为机械特性曲线

（2）改变电枢电压的人为机械特性　保持励磁磁通 $\Phi=\Phi_N$，电枢回路不串电阻，只改变电枢电压大小和方向的人为机械特性的方程为

$$n=\frac{U}{C_e\Phi_N}-\frac{R_a}{C_eC_T\Phi_N^2}T \tag{5-10}$$

改变电枢电压的人为机械特性曲线如图5-12所示。与固有机械特性相比，改变电枢电压的人为机械特性的特点为：

1）理想空载转速 n_0与电枢电压 U 成正比，U 下降时，n_0成正比例减小。

2）特性斜率不变，与固有机械特性相同，调节电压的一组人为机械特性曲线，是一组平行的直线，因此，降低电源电压也可用于调速，U 越低，转速越低。

（3）减弱磁通的人为机械特性　减弱磁通的方法是通过减小励磁电流来实现的。保持电动机的电枢电压 $U=U_N$，电枢回路不串电阻，即 $R_{pa}=0$，改变磁通的人为机械特性方程为

$$n=\frac{U_N}{C_e\Phi}-\frac{R_a}{C_eC_T\Phi^2}T \tag{5-11}$$

减弱磁通的人为机械特性曲线如图5-13所示。对于一般电机，当 $\Phi=\Phi_N$时，磁路已经饱和，再增加磁通已经不容易，所以人为机械特性只能在 $\Phi=\Phi_N$的基础上减弱磁通。与固有机械特性相比，减弱磁通的人为机械特性的特点为：

1）理想空载转速 n_0与磁通成反比，减弱磁通 Φ，n_0升高。

2）斜率与磁通二次方成反比，弱磁使斜率增大。

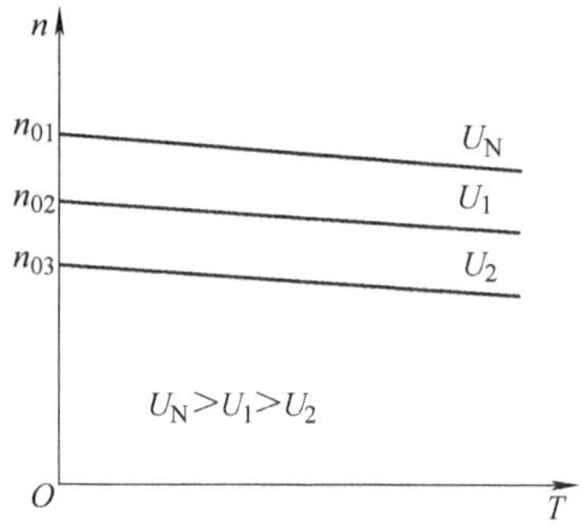

图 5-12 他励直流电动机减压的人为机械特性

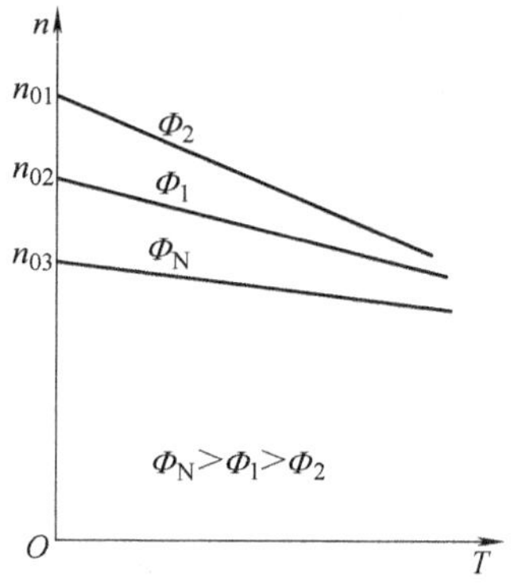

图 5-13 他励直流电动机弱磁的人为机械特性

5.3 他励直流电动机的控制

5.3.1 他励直流电动机的起动

1. 起动要求

直流电动机的转速从零增加到稳定运行速度的全过程，称为起动过程。起动性能的好坏主要由以下几个指标衡量：①起动转矩的大小；②起动电流的大小；③起动时间的长短；④起动过程是否平滑；⑤起动过程的能量损耗和发热量的大小；⑥起动设备是否简单及其可靠性如何。一般直流电动机在起动时，要求起动电流不能太大，而起动转距要足够大，以缩短起动时间，提高生产率，特别是对起动频繁的系统更为重要。

2. 起动方法

（1）直接起动 将直流电动机直接接入额定电压起动。如果电枢电压为额定电压 U_N，由于起动最初电枢中感应电动势等于0，他励直流电动机电枢电阻 R_a阻值很小，则起动电流可达额定电流的 10～20 倍。过大的起动电流引起电网电压下降，影响其他用电设备的正常工作，同时电动机自身的换向器产生剧烈的火花。而过大的起动转矩可能会使轴上受到不允许的机械冲击。因此，除小型电动机以外，直流电动机一般不采用直接起动。

（2）电枢回路串电阻起动 即在电枢回路中串入几个起动电阻，限制起动电流。适当选择起动电阻，就可将起动电流限制在允许范围内。转速升高到一定数值时，切除起动电阻。

图 5-14 为他励直流电动机自动起动电路图，起动过程的机械特性如图 5-15 所示，一般采用串 2～5 级起动电阻的方法。起动时依次切除起动电阻 R_{st1}、R_{st2}、R_{st3}、R_{st4}，相应的电动机工作点从 a 点到 b 点、c 点、d 点……最后稳定在 k 点运行，起动结束。由于其采用分段切除电阻，每切除一个电阻，I_a 会忽然增加，T 突增，给机械一个冲击，使得运行的平滑性不好，故其适用于中小容量的直流电动机起动。

（3）减压起动 降低电枢电源的电压，以限制起动电流。当他励直流电动机的电枢回路由专用的可调压直流电源供电时，可采用减压起动的方法。采用自动控制环节可以连续上升电压，电动机的转速就会按需要的速度上升，保证了电机的平滑性。减压起动过程中能量损耗小，起动电流小，但需要专用电源设备，多用于经常起动或大中型直流电动机的起动。

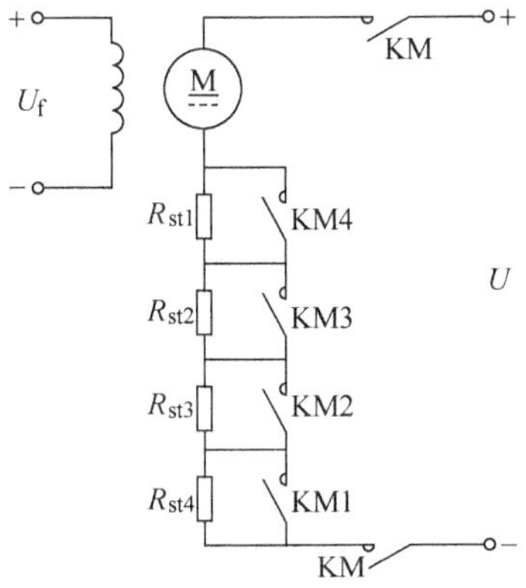

图5-14 他励直流电动机电枢回路串电阻起动控制主电路图

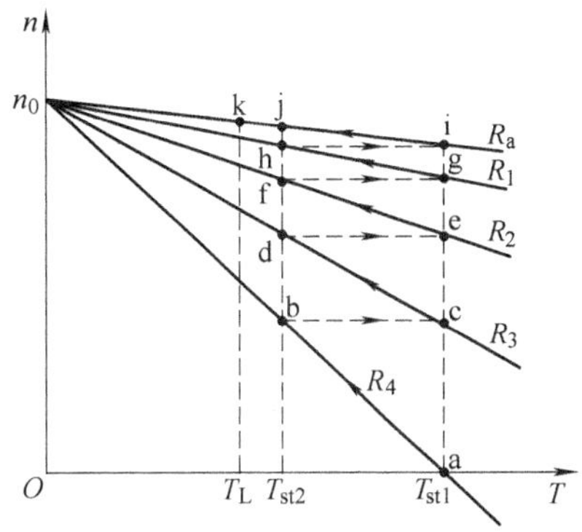

图5-15 他励直流电动机4级起动机械特性

5.3.2 他励直流电动机的反转

在工作过程中，电力拖动系统常常需要改变电动机的转动方向，需要电动机反方向起动和运行，即需要改变电动机产生的电磁转矩的方向，而电磁转矩取决于主磁通和电枢电流的相互作用，故改变电动机转向的方法有两个：

1）保持电枢绕组两端极性不变，将励磁绕组反接，使励磁电流反向，从而使磁通中的方向改变。

2）改变电枢电压极性。保持励磁绕组电压极性不变，将电动机电枢绕组反接，电枢电流 I_a 即改变方向。他励和并励直流电动机一般采用电枢互接法来实现正反转。

5.3.3 他励直流电动机的调速

许多生产机械要求在不同的条件下采用不同的速度。也就是说，系统运行的速度需要根据生产机械工艺要求，人为地进行调节。这种人为改变生产机械的工作速度称为调速。改变传动机构速比的调速方法称为机械调速，通过改变电动机参数来改变系统运行速度的调速方法称为电气调速。本节只讨论电气调速。

1. 调速指标

（1）调速范围　指工作机械的最高转速与最低转速之比。不同的生产机械对调速范围的要求不同。如车床要求20～100，龙门刨床10～140。

（2）静差率　静差率也称相对稳定性，是指在负载转矩变化时，电动机转速随之变化的程度，用 δ 表示。

电动机的机械特性越硬，静差率就越小，相对稳定性就越好。不同生产设备对静差率的要求不相同，一般设备要求 $\delta<30\%$，而高精度的设备要求 $\delta<0.1\%$。

（3）调速的平滑性　在一定的调速范围内，调速的级数越多越平滑。相邻两级转速之比称为平滑系数 φ。φ 值越接近1，则平滑性越好。当 $\varphi=1$ 时，称为无级调速。

（4）调速的经济性　是指调速所需设备投资和调速过程中的能量损耗。在选择调速方法时，既要满足负载的要求，又要使电动机得到充分利用。

2. 调速方法

根据直流电动机的转速公式

$$n=\frac{U-R_aI_a}{C_e\Phi}$$

可知，当电枢电流 I_a 不变时，只要电枢电压 U、附加电阻 R 和励磁磁通三个变量中任何一个发生变化，都会引起转速变化。因此，他励直流电动机常用的调速方法有三种：改变电枢电压、电枢回路串电阻和改变磁通调速。

（1）改变电枢电压调速　调速性能稳定，调速范围广；电源电压便于平滑调节，可实现无级调速，属于恒转矩调速；电枢电压不允许超过额定值，只能由额定值往下降低电压调速，也就是只能减速；电源设备投资大，电能损耗小，效率高。

（2）电枢回路串电阻调速　只能分级调速，调速平滑性差；属于恒转矩调速，转速只能由额定转速往下调；低速时，转速受负载影响变化大，电能损耗大，经济性能差。

（3）改变磁通调速　速度变化平滑；削磁调速只能在高于额定转速范围内调速，受最高转速的限制，调速范围较窄；调速平滑，可实现无级调速；调速在励磁回路中进行，功率较小，能量损失小，控制方便。

5.3.4　他励直流电动机的制动

所谓制动，就是在电动机上加上与原来转动方向相反的转矩，使电动机迅速停转或限制电动机的转速。制动运行状态也是直流电动机的重要运行状态。制动的目的主要有两个：一是使电动机拖动系统快速停车；二是当电动机拖动重力负载时，利用电动机制动运行获得工作机构的匀速下放，如吊车和电梯等。直流电动机的制动方法可分机械制动和电气制动。由于电气制动的制动转矩大，且制动强度比较容易控制，所以在一般电力拖动系统中多采用这种方法。本节讨论电气制动中的能耗制动和反接制动。

1. 能耗制动

能耗制动原理接线图如图 5-16 所示。处于正向运行的直流电动机，如果切断电枢电源，KM 常开触头恢复断开，常闭触头恢复闭合，并将电枢回路串入电阻 R_{bk} 运行，电动机进入能耗制动状态。电动机制动开始瞬间，由于机械惯性，转速不能马上下降，电枢将继续旋转，切割磁场，产生感应电流 I_{bk}，因而产生电磁转矩。由左手定则可以判定，该转矩与电动机转向相反，起到了制动作用。此时电源不再向电动机输入电能，电动机靠惯性继续旋转，切割磁场后发电，把机械能转换成电能，再消耗在电枢回路的电阻上，所以称能耗制动。

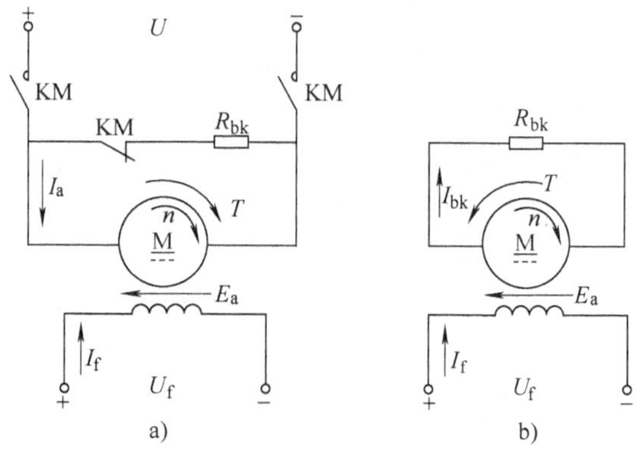

图 5-16　能耗制动

a）能耗制动控制电路图　b）能耗制动电路图

能耗制动的优点是成本低，制动减速平稳可靠。缺点是能量无法利用，消耗在电阻上从而使之发热，由于制动转矩随转速下降而减小，使得制动时间较长。

2. 反接制动

反接制动又分电枢反接制动和倒拉反接制动两种方式。

（1）电枢反接制动　原理接线如图 5-17 所示。电动机稳定运行时，接触器 KM1 线圈通电吸合，KM2 线圈断电释放，KM1 常开触头闭合，KM2 常开触头断开。如果将电枢电压极性反接，KM1 常开触头断开，KM2 常开触头闭合，接入制动电阻 R_{bk}，电动机就进入反接制动状态。在反接制动时，励磁应当保持不变。当电动机转速降低至 100r/min 左右时，应立即切断电源，以免电动机反转。

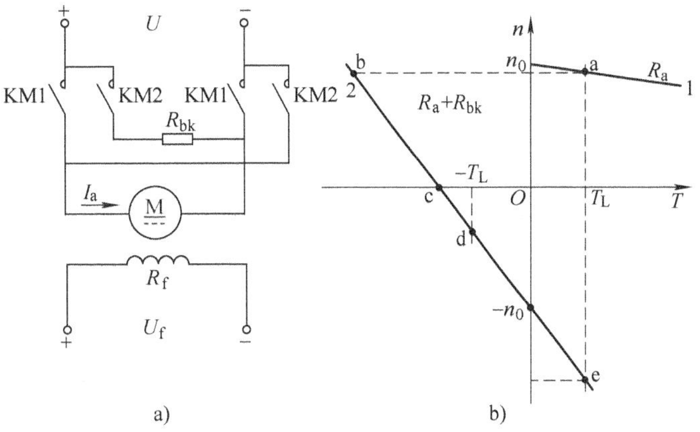

图 5-17 电枢反接制动
a）控制电路 b）机械特性

反接制动的优点是制动转矩比较恒定，制动效果明显，可实现快速停车。缺点是需要从电网吸取大量的电能，而且对机械负载有较强的冲击作用。一般用在快速制动的小功率直流电动机上。

（2）倒拉反接制动 倒拉反接制动控制电路和机械特性曲线如图 5-18 所示。当电动机运行在固有机械特性的 a 点下放重物时，电枢电路串入较大电阻 R_{bk}，电动机转速因惯性不能突变，工作点过渡到对应的人为机械特性的 b 点上，此时电磁转矩 $T<T_L$，电动机减速沿特性曲线下降至 c 点。在负载转矩的作用下转速 n 反向，E_a 为负值，电枢电流为正值，电磁转矩为正值与转速方向相反，电动机处于制动状态，称为倒拉反接制动。

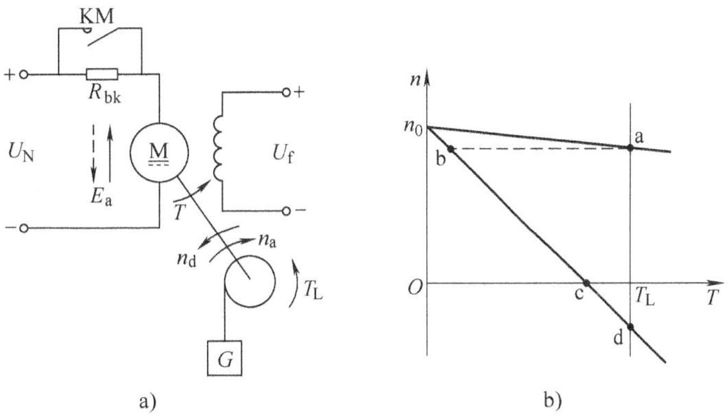

图 5-18 倒拉反接制动
a）控制电路 b）机械特性

由特性曲线可知，倒拉反接制动下放重物的速度随串入电阻 R_{bk} 大小而异，制动电阻越大，特性越软，下放速度越快。

综上所述，电动机进入倒拉反接制动状态必须有位能负载反拖电动机，同时电枢回路必须串入较大的电阻。此时位能负载转矩为拖动转矩，而电动机的电磁转矩是制动转矩，它抑制重物下放的速度，使其安全下放。

5.4 直流电动机的运行与维护

直流电动机的使用寿命是有一定限制的，若选用、使用、维护不当将会缩短其使用寿命。

1. 直流电动机的选用

1）根据负载大小正确选择电动机的功率，一般电动机的额定功率比负载所需功率稍大，以免电动机过载，但不能过大，以免造成浪费。

2）根据负载转速正确选择电动机的转速，使电动机和被拖动的生产机械都在额定转速下运行。

3）根据负载特点正确选择电动机的结构型式，一般要求起重及运输机械选用串励电动机，转速恒定的机械采用并励电动机，并需考虑周围环境的影响，如在矿井使用还需具有防爆功能等。

2. 运行前的检查

1）检查电动机铭牌、电路接线、起动设备是否完全符合规定。

2）检查电动机绝缘电阻是否符合要求。

3）检查运动部件是否灵活。

4）检查空载运转时电动机转速、转向、响声是否正常。

3. 运行中的监视

对运行中的电动机进行监视的目的是为了及早发现故障隐患，及时进行处理，以免故障扩大，造成重大损失。监视的主要项目如下：

1）监视电动机的温度，以防止其过热。

2）监视电动机的负载电流，一般不允许超过其额定电流。

3）监视电源电压的变化，以防止其过高或过低，引起电动机过载。

4）监视电动机的换向火花，以防超过规定火花等级。

5）监视电动机轴承的温度，不允许超过允许的数值。

6）监视运行的声音和振动情况。

4. 电动机的定期维护

为了确保直流电动机能正常工作，除遵循操作规程，注意正常监视外，还必须对其进行定期检查维护，主要内容有：

1）检查电动机接线端子，观察接线螺钉有无松动、烧伤等现象，及时清除机座表面灰尘及污垢。

2）检查传动装置包括皮带轮或联轴器等有无损坏或破裂，安装是否牢靠等。

3）注意轴承润滑，润滑不好易造成轴承损坏，进而使电机急剧升温，严重时甚至会烧毁线圈。定期检查清洗电动机轴承，更换润滑油或润滑脂。

4）定期进行绝缘性能的检查。

5）及时清扫电刷与换向器的表面，看其接触是否良好。

5. 常见故障及处理

直流电动机的故障是多种多样的，产生的原因也比较复杂，且互相影响。就直流电动机内部故障来说，多数故障是从换向火花增大和运行性能异常反映出来的，由于制造和安装及使用维护等原因，在直流电动机的运行过程中可能会出现机械和电气方面的故障。因此，要通过仔细观察、认真分析、作出判断、找到原因。表5-1介绍了直流电动机的常见的几种故障及其处理方法。

表5-1 直流电动机的常见故障及其处理方法

故障现象	可能原因	处理方法
电刷下火花过大	(1) 电刷与换向器接触不良 (2) 刷握松动或装置不正 (3) 电刷与刷握配合太紧 (4) 电刷压力大小不当或不均 (5) 换向器表面不光洁、不圆或有油污尘土 (6) 换向片间有云母凸出 (7) 电刷位置不在中性线上 (8) 过载 (9) 换向极绕组短路 (10) 换向极绕组接反	(1) 研磨电刷接触面，并在轻载下运转0.5～1小时 (2) 紧固或纠正刷握装置 (3) 略微磨小电刷尺寸 (4) 调整刷握弹簧压力或调换刷握 (5) 研磨或清洁换向器表面 (6) 对换向器刻槽、倒角、再研磨或精车 (7) 调整刷杆座至原有记号的位置，或按感应法调整电刷位置 (8) 减轻负载 (9) 检查换向极绕组，处理绝缘损坏处或重绕 (10) 检查换向极的极性，加以纠正
电动机不能起动	(1) 无电源 (2) 过载 (3) 起动电流太小 (4) 电刷接触不良 (5) 励磁回路断路	(1) 检查线路是否完好，起动器接线是否准确，熔断器是否熔断 (2) 减少负载 (3) 检查所用起动器是否合适 (4) 改善弹簧压力与接触面 (5) 检查变阻器及磁场绕组是否断路，更换绕组
电动机转速不正常	(1) 电刷位置不在正常位置 (2) 串励磁场绕组接反 (3) 电动机长期轻载或空载运转 (4) 磁场回路电阻过大	(1) 根据所刻记号或感应法调整电刷位置 (2) 纠正接线 (3) 增加负载 (4) 检查磁场变阻器和励磁绕组电阻，并检查接触是否良好
电枢冒烟	(1) 电枢线圈短路 (2) 电机长期过载 (3) 负载短路 (4) 电动机端电压过低 (5) 电动机直接起动或正反转过于频繁 (6) 定子和转子铁心相擦	(1) 查找短路故障点并进行修复 (2) 立即恢复正常负载 (3) 检查线路是否有短路 (4) 恢复电压达到正常值 (5) 使用适当的起动器，避免频繁的正反转 (6) 检查电机气隙是否均匀，轴承是否磨损
磁场线圈过热	(1) 并励磁场绕组部分短路 (2) 电机转速太低 (3) 电机端电压长期超过额定值	(1) 查找短路的部位，进行修复 (2) 提高转速至额定值 (3) 恢复端电压至额定值
电动机振动	(1) 电动机固定不牢固 (2) 机组与电机轴线不重合 (3) 电枢不平衡	(1) 加强基础的坚固性 (2) 调整好机组轴线 (3) 校好电枢，使之平衡
机壳漏电	(1) 接地不良 (2) 绕组绝缘老化或损坏	(1) 查找原因，并采取相应的措施 (2) 查找绝缘老化或损坏的部位，进行修复并加强绝缘

习 题 5

1. 填空题

(1) 直流电动机具有优异的________的性能，因此对一些对调速要求较高的生产机械往往采用直流电动机拖动。

(2) 直流电机主磁极的作用是________，换向极的作用是________。

(3) 直流电机根据励磁方式可分为________、________、________和________四种类型。

(4) 直流电机电枢绕组中的感应电动势，对于直流电动机是________，对于直流发电机是________。

(5) 对于已制好的直流电机，电枢电动势的大小取于电机的________和________。

(6) 他励直流电动机拖动恒转矩负载运行时，若电枢回路中串入电阻，则转速要________。

(7) 他励直流电动机拖动恒转矩负载时，降低电枢电压，电机转速将________，电枢电流________。

(8) 改变他励直流电动机转向的方法有________和________两个。

(9) 他励直流电动机常用的调速方法有________、________和________三种。

(10) 在他励直流电动机的几种调速方法中，________调速方法效率最低。

2. 选择题

(1) 直流电动机是把直流电能转换成________输出。(　　)

A. 直流电压　　B. 直流电流　　C. 机械能　　D. 电场力

(2) 直流电动机换向器的作用是使电枢获得(　　)。

A. 单向电流　　B. 单向转矩　　C. 恒定转矩　　D. 旋转磁场

(3) 直流电机中，换向磁极的作用是(　　)。

A. 减小电枢绕组在电流换向时产生的火花　B. 减小电枢绕组中的电流

C. 改变电枢绕组中的电流方向　D. 减弱主磁极产生的磁场

(4) 直流电动机在旋转一周的过程中，某一电枢绕组元件(线圈)中所通过的电流的方向(　　)。

A. 改变一次　　B. 改变二次　　C. 改变三次　　D. 一直不变

(5) 直流电机的可逆性是指(　　)。

A. 直流电动机和直流发电机在结构上是相同的，两者没有本质区别

B. 直流电动机和直流发电机在原理上是相同的，两者没有本质区别

C. 直流电动机和直流发电机的外界条件是相同的，两者没有本质区别

D. 直流电动机和直流发电机的能量转换过程是相同的，两者没有本质区别

(6) 直流电动机的励磁绕组由单独的直流电源供电称为(　　)。

A. 并励　　B. 串励　　C. 他励　　D. 复励

(7) 直流电动机的额定功率是(　　)。

A. 额定电压与额定电流的乘积　B. 输入的电功率

C. 电枢中的电磁功率　D. 转轴上输出的机械功率

(8) 一台他励直流发电机由额定运行状态下转速降到原来的60%，而励磁电流、电枢电流都不变，则(　　)。

A. 电动势下降到原来的60%

B. 电磁转矩下降到原来的60%

C. 电动势和电磁转矩都下降到原来的60%

D. 端电压下降到原来的60%

(9) 直流电动机的机械特性描述了( )的对应关系。

A. 速度与电压　B. 速度和电流　C. 转矩和电压　D. 速度和转矩

(10) 他励直流电动机采用电枢回路串电阻进行调速，其机械特性硬度将( )。

A. 变软　B. 变硬　C. 不变　D. 无法确定

(11) 根据直流电动机的机械特性方程式，得到固有机械特性曲线，其理想空载转速为 n_0，当降低电源电压时，得到一人为机械特性曲线，其理想空载转速为 n_0'，则( )。

A. $n_0' < n_0$，特性硬度降低　B. $n_0' < n_0$，特性硬度不变

C. $n_0' = n_0$，特性硬度降低　D. $n_0' > n_0$，特性硬度降低

(12) 以下哪种人为因素不致使直流电机的机械特性硬度变化。( )

A. 电枢回路串电阻　B. 改变电枢电压

C. 减弱磁场　D. 增大励磁电流

(13) 对于他励直流电动机，要求大范围内无级调速，采用( )的方式为好。

A. 改变电枢电压 U　B. 改变励磁磁通 Φ

C. 改变电枢回路电阻 R　D. 以上方法均不可行

(14) 在反接制动时，直流电动机电枢电流要比电动机状态时( )。

A. 小很多　B. 大很多　C. 不变　D. 上下波动

3. 判断题

(1) 一台直流电机原则上既可以作为电动机运行，也可以作为发电机运行。( )

(2) 额定功率对直流电动机来说，是指轴上输出的机械功率。( )

(3) 他励直流电动机的固有机械特性为硬特性。( )

(4) 他励直流电动机电枢回路串电阻时，理想空载转速 n_0 保持不变，而降低电枢电压时 n_0 成正比例减小。( )

(5) 他励直流电动机减弱磁通的人为机械特性曲线是一组平行的直线。( )

(6) 直流电动机的起动变阻器串联于励磁电路中。( )

(7) 对于大中型他励直流电动机的起动或经常起动应采用减压起动的方法。( )

(8) 要改变他励直流电动机的旋转方向必须同时改变电枢电压的极性和励磁电压的极性。( )

(9) 吊车和电梯等重物为抑制其下放的速度，使其安全下放应采用倒拉反接制动。( )

4. 问答题

(1) 直流电动机有哪些主要部件？其作用分别是什么？

(2) 一台直流电动机，额定功率 $P_N = 10\text{kW}$，额定电压 $U_N = 400\text{V}$，额定转速 $n_N = 2680\text{r/min}$，额定效率 $\eta = 82.7\%$，试求：(1)额定负载时的输出功率 P_{1N}；(2)电动机的额定电流 I_N。

(3) 一台他励直流电动机，其额定值如下：$U_N = 220\text{V}$，$I_N = 68.6\text{A}$，$n_N = 1500\text{r/min}$，$R_a = 0.225\Omega$。如将电枢电压调至150V，磁通不变，负载转矩为额定时，求此时该电机的理想空载转速及稳定运行速度。

(4) 一台他励直流电动机，额定电压 $U_N=220V$，额定电流 $I_N=74A$，额定转速 $n_N=1500r/min$，额定效率 $\eta_N=0.89$，电枢回路电阻 $R_a=0.2\Omega$，求：(1)额定状态下的反电动势；(2)额定电磁转矩；(3)输入功率和额定输出功率。

(5) 为什么说直流电动机负载增大时，转速要降低？

(6) 试简述他励直流电动机的调速方法及各自的特点。

(7) 什么叫能耗制动？什么叫反接制动？

实训课题五　直流电动机一般故障的分析与排除

1. 实训目的

(1) 认识直流电动机并正确使用测量仪表；

(2) 熟悉直流电机运行前的一般性检查；

(3) 掌握直流电动机的基本接线方法；

(4) 掌握直流电动机一般故障的分析与排除方法。

2. 实训器材

常用电工工具一套、直流电动机、直流电压表、直流电流表、绝缘电阻表、转速表

3. 实训步骤

(1) 听取指导教师讲解电机实验的基本要求、实验规则及安全措施。

(2) 熟悉实验室电源、开关及设备等的容量及布置。

(3) 直流电机运行前的一般性检查。

① 用手转动直流电动机转轴，电机转动是否灵活，电机内有无摩擦和撞击声响。

② 观察电机换向器表面，表面是否清洁光滑，换向片之间沟槽内的云母绝缘有无凸出现象。

③ 观察电刷装置的结构，电刷在刷握中不应太紧，弹簧压力应适当，电刷应与换向器表面保持良好的接触。

④ 选用合适的绝缘电阻表测出电机每个绕组对外壳的绝缘电阻以及各绕组间的绝缘电阻，并记入表5-2中。

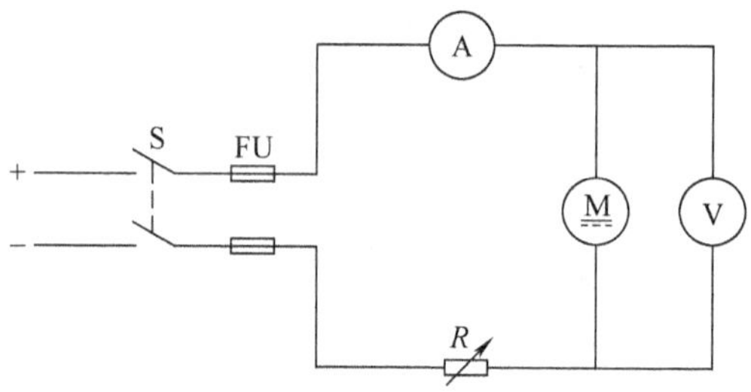

图5-19　电机电枢绕组电阻的测量电路

⑤ 利用伏安法测出电机电枢绕组的电阻，测量电路如图5-19所示。

表5-2　实验记录表

绕组名称	绝缘电阻值/MΩ		
	对地(外壳)	对电枢绕组	对励磁绕组
电枢绕组			
励磁绕组			

(4) 人为预设两处故障，引导加以分析并排除。

(5) 用转速表正确测量直流电动机的转速。适当调节励磁变阻器 R_f 的大小，观察电动机转速变化情况。

(6) 整理工作台。

4. 注意事项

(1) 常温下绕组应具有的绝缘电阻值没有具体的规定，但对额定电压在 500V 以下的电动机，一般不应低于 0.5MΩ。在工作温度下的绝缘电阻值 R_S，可参照下列经验公式考虑

$$R_S \geqslant \frac{U_N}{1000 + \frac{P_N}{100}}(\mathrm{M\Omega})$$

(2) 检修前应掌握直流电动机的基本工作原理。

(3) 拆装时不可用力过猛，以免损坏零部件。

(4) 实训过程中必须保证清洁，防止杂物进入直流电动机。

5. 思考题

实验中，如果励磁回路断路，可能会产生什么后果？为什么？

6. 评分标准

评分标准见表 5-3。

表 5-3 直流电动机检修实训评分标准

<table>
<tr><td>项目检查</td><td>配 分</td><td colspan="5">评 分 标 准</td><td>扣 分</td></tr>
<tr><td rowspan="3">参数测量</td><td rowspan="3">10 分</td><td colspan="5">(1) 工具使用、操作不符合要求，每处扣 2 分</td><td></td></tr>
<tr><td colspan="5">(2) 仪表使用、操作不符合要求，每处扣 2 分</td><td></td></tr>
<tr><td colspan="5">(3) 仪表不会正确读数或测量误差较大，每处扣 2 分</td><td></td></tr>
<tr><td>故障分析</td><td>30 分</td><td colspan="5">(1) 检修思路不正确，扣 10 分
(2) 电动机故障范围标错，每处扣 15 分</td><td></td></tr>
<tr><td rowspan="4">排除故障</td><td rowspan="4">60 分</td><td colspan="5">(1) 找出故障点但不能排除，每处扣 25 分</td><td></td></tr>
<tr><td colspan="5">(2) 产生新的故障且不能排除，每处扣 30 分</td><td></td></tr>
<tr><td colspan="5">(3) 排除故障后通电试车不成功，扣 60 分</td><td></td></tr>
<tr><td colspan="5">(4) 损坏直流电动机，扣 60 分</td><td></td></tr>
<tr><td>安全文明</td><td colspan="6">违反安全文明生产规程扣 10 ~ 40 分</td><td></td></tr>
<tr><td>定额时间 3h</td><td colspan="6">每超时 10min 扣 10 分</td><td></td></tr>
<tr><td>备 注</td><td colspan="6">除定额时间外，各项最高扣分不得超过配分数</td><td></td></tr>
<tr><td>开始时间</td><td></td><td>结束时间</td><td></td><td>实际时间</td><td></td><td>成 绩</td><td></td></tr>
<tr><td>班 级</td><td colspan="2"></td><td>学生姓名</td><td colspan="2"></td><td>指导老师</td><td></td></tr>
</table>

第6章

常用低压电器

电器泛指所有用电的器具，是指根据外界特定的信号和要求，手动或自动接通和断开电路，断续或连续改变电路参数，实现对电路或非电对象进行控制、调节、切换、检测和保护的电工器件。而低压电器是指工作电压在交流1200V或直流1500V以下的电器。其作为基本元器件已广泛应用于发电厂、变电所、交通运输、国防工业等输配电系统和电力拖动控制系统中。随着科学技术的迅猛发展，目前低压电器正朝着高性能、高可靠、小型化、多功能、组合化、模块化、电子化、智能化方向发展。

6.1 低压电器的基本知识

6.1.1 低压电器的分类和用途

低压电器种类繁多、结构各异、功能多样、用途广泛，其常见分类方法如下：

1. 按用途分

（1）低压配电电器　用于低压供配电系统电能的输送和分配的电器，例如刀开关、低压断路器等。

（2）低压控制电器　用于低压电力传动、自动控制系统的电器，例如接触器、继电器等。

（3）低压保护电器　用于保护电路及用电设备的电器，如熔断器、热继电器等。

（4）主令电器　用于自动控制系统中发送动作指令的电器，例如按钮、行程开关、主令控制器等。

（5）执行电器　用于完成某种动作或传动功能的电器，如电磁铁、电磁离合器等。

2. 按动作性质分

（1）自动切换电器　依靠自身参数变化或外来信号作用自动进行操作的电器，如继电器、接触器等。

（2）非自动切换电器（手动电器）　依靠手直接操作或依靠机械力进行操作的电器，如刀开关、按钮、行程开关等。

3. 按执行机能分

（1）有触头电器　其有动、静触头之分，主要利用触头的合分来实现电路的通断。如继电器、接触器等。

（2）无触头电器　其无触头，主要利用晶体管等开关器件的导通或截止来实现电路的通断。如接近开关等。

4. 按工作原理分类

（1）电磁式电器　依据电磁感应原理来工作的电器，如接触器、电磁式继电器等。

（2）非电量控制电器　依靠外力或某种非电物理量的变化而动作的电器，如刀开关、行程开关、按钮、速度继电器等。

6.1.2　低压电器的型号含义

低压电器产品有多种多样的结构和用途，不同类型的产品有不同的型号表示方法。我国低压电器型号是按产品种类编制的，产品型号采用汉语拼音字母和阿拉伯数字组合表示，低压电器的型号一般由类组代号、设计代号、基本规格代号和辅助代号等几部分构成，表示形式和含义如下：

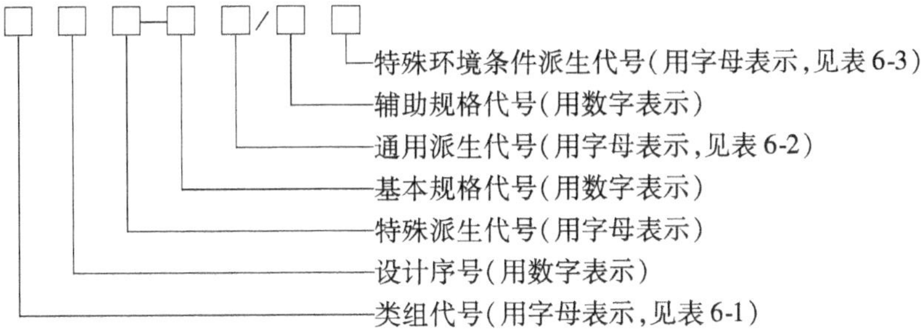

6.1.3　低压电器的主要技术性能

1. 额定电压

（1）额定工作电压　在规定条件下，保证电器正常工作的电压值。

（2）额定绝缘电压　在规定条件下，用来度量电器及其部件的不同电位部分的绝缘强度、电气间隙和爬电距离的名义电压值。

2. 额定电流

（1）额定工作电流　在规定条件下，保证电器正常工作的电流值。

（2）额定发热电流　在规定条件下试验时，电器在 8h 工作制下，各部件的温升不超过极限值时所能承载的最大电流。

3. 绝缘强度

绝缘强度是指电器的触头处于分断状态时，动静触头之间耐受的电压值（无击穿或闪络现象）。

4. 耐潮湿性能

耐潮湿性能是指保证电器可靠工作的允许环境潮湿条件。

5. 极限允许温升

电器的导电部件，通过电流时将引起发热和温升。极限允许温升是指为防止过度氧化和烧熔而规定的最高温升值（温升值 = 测得实际温度 - 环境温度）。若温升过高会影响正常工作，降低绝缘水平及使用寿命。

6. 操作频率与通电持续率

（1）操作频率　电器在单位时间（1 小时）内允许操作的最高次数。

（2）通电持续率　电器的有载时间与工作周期之比，常用百分数表示。可表明该电器的工作持续情况。

7. 机械寿命和电气寿命

（1）机械寿命　在正常安装条件下，电器的主电路不通电流，按规定的额定操作频率和负载因数动作，未经修理，不更换机械零件所能达到的操作总次数。

（2）电气寿命　在正常安装条件下，电器的主电路在额定电压下通以额定负载，按规定的额定操作频率和负载因数操作，未经修理，不更换零件所能达到的有载通断操作总次数。电气寿命一般小于机械寿命。

8. 安装类别

低压电器安装类别应与电气主接线中使用位置级别有关。低压电器安装类别共分 4 级。Ⅰ级信号水平级；Ⅱ级负载水平级；Ⅲ级配电及控制水平级；Ⅳ级电源水平级。如控制电路的电器只能用于Ⅰ级，而所有品种的低压电器都可以用于Ⅱ级。

9. 污染等级

低压电器的污染等级按照标准可分为 4 级。1 级为无污染或仅有干燥的非导电性污染，此污染对设备没有影响；2 级为一般情况下只有非导电性污染，但是也应预料到由于凝露偶尔造成的暂时的导电性；3 级为存在导电性污染，或者由于凝露使干燥的非导电性污染变成导电性的污染。4 级为造成持久性的导电。常用低压电器的污染等级通常为 3 级。

6.1.4　低压电器的选用原则

低压电器品种规格繁多，国家为此制定了相应标准，以方便用户的选择和使用。低压电器的选用一般应遵循“安全第一，兼顾经济”的原则。

1. 安全原则

安全重于泰山，因此从安全角度考虑，使用任何低压电器都必须确保安全可靠，以保证人身安全和保证电路及用电设备的可靠运行，防止发生重大安全事故。

2. 经济原则

经济性包括低压电器本身的经济价值和使用该种电器所产生的价值。前者要求选择的合理适用；后者则考虑运行中的安全可靠，而不致因故障造成设备损坏或停产，危及人身安全等构成的重大经济损失。

3. 选用注意事项

1）明确控制对象的分类和使用环境。

2）确认有关的技术数据，如控制对象的额定电压、额定电流、额定功率、负载性质、操作频率等。

3）了解电器的正常工作条件，如周围空气温度、空气相对湿度、安装地点海拔高度、抗冲击振动、防有害气体等。

4）了解电器的主要技术性能，如用途、分类、通断能力、操作频率、使用寿命和工作制等。

6.2　常用低压开关类电器

开关是使用最早且最为广泛地用于分合电路、通断电流的电器。常用的低压开关类电器有刀开关、转换开关、断路器等。

6.2.1　刀开关

刀开关是一种结构简单的手动电器，主要用作在 500V、1500A 以下的低压电路中不频繁地接通和分断电路或用来将电路与电源隔离。刀开关按结构分为开启式负荷开关和封闭式负荷开关；按有无灭弧装置分为带灭弧罩开关和无灭弧罩开关；按刀的极数分有单极、双极和三极；按操作方法分为手柄直接操作式和远距离杠杆操作式、气动操作式、电动操作式；按用途分为单投和双投；按接线方式分为板前接线式和板后接线式。常用刀开关有 HD 系列单投刀开关，刀形转换开关有 HS 系列双投刀形转换开关，负荷开关有 HK 系列开启式和 HH 系列封闭式。

1. 开启式负荷开关

（1）外形结构与符号　开启式负荷开关由刀开关和熔断器组合而成，其进出线座、动触头与静触头及熔丝均装在瓷底上，工作部分用胶盖罩住，以防电弧灼伤操作者。因其具有结构简单、价格便宜、使用方便等优点而获得广泛应用。其外形图、结构图、图形符号和文字符号分别如图 6-1a、b、c 所示。

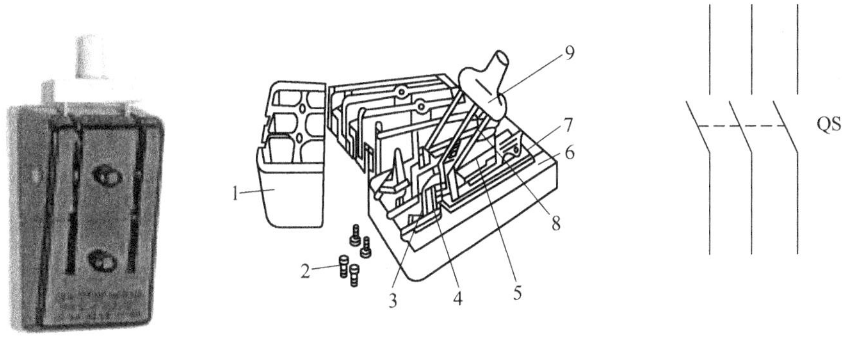

a)　　b)　　c)

图 6-1　HK 系列开启式负荷开关

a）外形图　b）结构图　c）图形符号和文字符号

1—胶盖　2—胶盖紧固螺钉　3—进线座　4—静触头　5—熔丝　6—瓷底座　7—出线座　8—动触头　9—瓷柄

（2）型号含义　开启式负荷开关常用的有 HK1、HK2 两种型号，其型号含义如下：

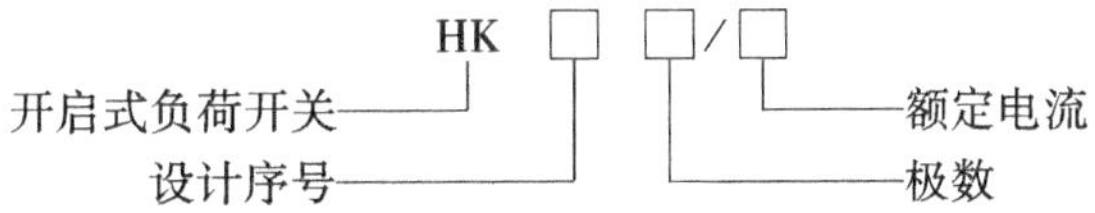

（3）主要技术参数　HK1、HK2 系列开启式负荷开关主要用于额定电压在 380V 以下，电流在 60A 以下的交流电路，作为电路与电源隔离之用，也可用作一般电灯、电热类等回路的控制开关、不频繁的带负荷操作和短路保护用。其主要技术参数见表 6-1。

表 6-1　HK1、HK2 开启式负荷开关主要技术参数

型　号	额定电压/V	额定电流/A	可控制的电动机功率/kW	极　数
HK1	220	15	1.5	2
		30	3.0	
		60	4.5	
	380	15	2.2	3
		30	4.0	
		60	5.5	

（续）

型　号	额定电压/V	额定电流/A	可控制的电动机功率/kW	极　数
HK2	220	15	1.1	2
		30	1.5	
		60	3.0	
	380	15	2.2	3
		30	4.0	
		60	5.5	

（4）选择安装使用

1）额定电压的选择。开启式负荷开关的额定电压应大于或等于电路的额定电压。用于照明电路时，可选用额定电压为220V或250V的二极开关；用于电动机的直接起动时，可选用额定电压为380V或500V的三极开关。

2）额定电流的选择。作为电路控制开关时，其额定电流应大于或等于电路的额定电流。用于照明电路时，开启式负荷开关的额定电流应等于或大于断开电路中各个负载额定电流的总和；作为电动机的全压起动开关时，其额定电流应为电动机额定电流的3倍。

3）操作方式的选择。根据开启式负荷开关的使用场合确定。如开关柜内使用选择杠杆操作或直接手动操作等。

4）开启式负荷开关在进行安装时，应保证瓷底与地面垂直，手柄向上推为合闸，以易于灭弧，绝不准平装或倒装，以避免手柄因自动下落而引起误合闸，导致意外事故的发生。

5）开启式负荷开关接线时，电源进线和负载出线不能接反。电源进线必须接上方静触头的接线端子，负载出线应接在下方的接线端子上，这样拉闸后刀片与电源隔离，既便于更换熔丝，又可防止意外故障发生。

6）安装后应检查接线端子与导线连接是否良好，刀片和夹座是否成直线接触，有无歪扭或夹座对刀片接触压力不足等现象，以便于及时排除故障。

7）开启式负荷开关更换熔丝必须在断开的情况下进行，且所换熔丝须与原用熔丝规格相同，严禁用铝丝、铜丝代替。

8）开启式负荷开关在合闸时动作应迅速，使电弧较快熄灭，同时应保证三相同时合闸，且接触良好，否则会产生断路故障，当负载是三相异步电动机时，可导致电动机因缺相运转而烧坏的事故。

2. 封闭式负荷开关

（1）外形结构与符号　封闭式负荷开关在结构上设计成侧面旋转操作式，主要由刀开关、熔断器、灭弧装置、操作机构和金属外壳组成。操作机构中，在手柄转轴与底座间装有速断弹簧，能快速切断和接通负荷电流，灭弧能力强。为了保证操作的安全，操作机构装有机械联锁装置，保证打开箱盖时不能合闸，合闸后箱盖不能打开。其外形图、结构图如图6-2a、b所示，其图形符号和文字符号与开启式负荷开关相同。

（2）型号含义　封闭式负荷开关常用的有HH3、HH4系列，其型号含义如下：

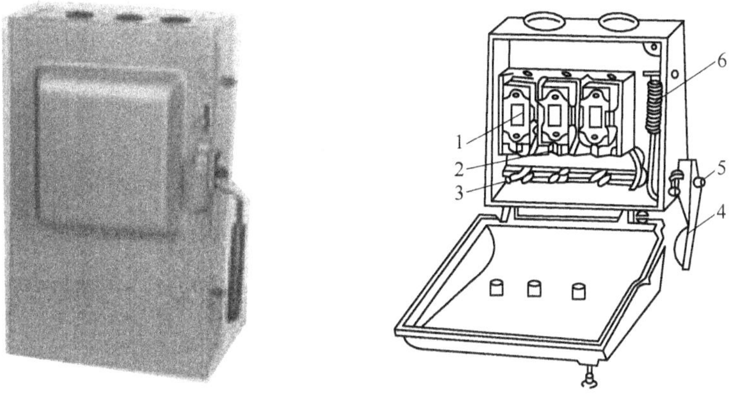

a)　b)

图6-2　HH系列封闭式负荷开关

a）外形图　b）结构图

1—熔断器　2—夹座　3—闸刀　4—手柄　5—转轴　6—速断弹簧

HH □-□/□

封闭式负荷开关——HH

设计序号——第一个□

额定电流——第二个□

极数——第三个□

（3）技术数据　HH3、HH4系列封闭式负荷开关常用于短路保护或不频繁手动接通和分断负荷电路之用，非频繁起动28kW以下的三相异步电动机。其技术参数见表6-2。

表6-2　HH3、HH4系列封闭式负荷开关技术数据

型　　号	额定电压/V	额定电流/A	极　　数
HH3	250 440	10、15、20、30、60、100、200	2、3或3+中性线座
HH4	380	15、30、60	2、3或3+中性线座

（4）安装使用注意事项

1）合理选择开关型号，严禁长时间过载使用。

2）必须垂直安装，安装高度一般离地高1.3~1.5m，以方便操作和保证安全。

3）金属外壳应有可靠的保护接地，防止发生触电事故。

4）经常检查开关的操作机构的部件是否完好，闭锁装置是否完好。

5）若外壳内、底座有熔丝熔断后产生的金属粉尘，应清扫干净，以免降低绝缘性能。应经常修整触头，保持触头光洁，以免因接触不良而烧坏。

6）严禁面对开关操作，以防止一旦发生故障而开关又不能分断时铁壳爆炸伤人。

6.2.2　组合开关

1. 外形结构与工作原理

组合开关又称转换开关，由动触片、静触片、绝缘连杆转轴、手柄、定位机构及外壳等部分组成。组合开关内由若干个动触片及静触片，分别装于数层绝缘件内，动触片随手柄旋转而变更其通断位置。顶盖部分是滑板、凸轮、弹簧及手柄等零件构成操作机构。由于该机构采用了弹簧储能结构从而能快速闭合及分断开关，提高了产品的电气性能，使开关闭合和分断的速度与手动操作无关。它的特点是用动触片作为刀刃，以在平行于其安装平面内转动的方法改变动、静触片之间的通或断。组合开关的外形图、结构图、图形符号和文字符号分别如图 6-3a、b、c 所示。

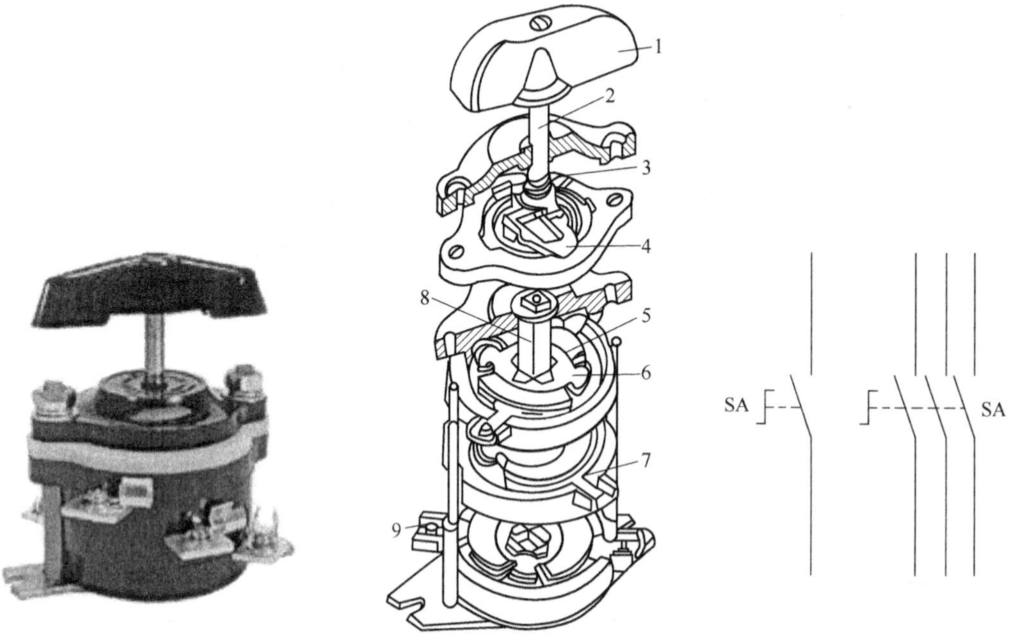

a) b) c)

图 6-3 HZ10—10/3 型转换开关

a）外形图 b）结构图 c）图形符号和文字符号

1—手柄 2—转轴 3—弹簧 4—凸轮 5—绝缘垫板

6—动触片 7—静触片 8—绝缘杆 9—接线柱

2. 分类

按用途分为单电源开关、两电源或两电路换接开关(代号 P)、三电路换接开关(代号 S)、四电路换接开关(代号 G)、控制小容量电动机开关(代号 N)；按安装形式分板前接线式、板后接线式；按极数分单极、双极、三极、四极；按节数分一节、二节、三节、四节、五节、六节。

3. 型号含义

组合开关常用的产品有 HZ5、HZ10 和 HZ15 系列。其型号含义如下：

HZ 10 D—□ □/□

- □（最后一位）——极数
- □（“/”前）——类型
- D—后的 □——额定电流
- D——采标代号
- 10——设计代号
- HZ——组合开关

4. 主要技术参数

组合开关一般用于电气设备的非频繁操作、切换电源和负载以及控制小容量异步电动机起动与停止。HZ10系列组合开关主要适用于交流50Hz、电压380V及以下，直流电压220V及以下的电路中，作手动不频繁地接通或分断电路，换接电源或负载，测量电路之用。也可控制小容量电动机。常用的HZ10系列技术参数见表6-3。

表6-3　HZ10系列组合开关技术数据

<table>
<tr><th rowspan="2">型　号</th><th rowspan="2">用　途</th><th colspan="2">交流AC/A</th><th colspan="2">直流DC/A</th><th rowspan="2">次　数</th></tr>
<tr><th>接　通</th><th>断　开</th><th>接　通</th><th>断　开</th></tr>
<tr><td>HZ10—10
1，2，3极</td><td rowspan="2">作配电电器用</td><td>10</td><td>10</td><td colspan="2">10</td><td>10000</td></tr>
<tr><td>HZ10—25
2，3极</td><td>25</td><td>25</td><td colspan="2">25</td><td>15000</td></tr>
<tr><td>HZ10—60
2，3极</td><td rowspan="3">作控制
交流电动机用</td><td>25</td><td>60</td><td colspan="2">60</td><td>5000</td></tr>
<tr><td>HZ10—10
3极</td><td>60</td><td>10</td><td colspan="2" rowspan="2"></td><td rowspan="2">5000</td></tr>
<tr><td>HZ10—25
3极</td><td>150</td><td>25</td></tr>
</table>

5. 选择安装使用

1）选择组合开关时，应根据用电设备的耐压等级、容量和极数等综合考虑。

2）安装时手柄应平行于安装面。

3）组合开关自身不带短路和过载保护装置，在其所控制电路中，须加装保护装置，才能保证电路和设备安全。

4）操作频率不能过高，一般每小时不宜超过15～20次，操作频率较高或负载功率因数较低时，应当降低容量使用，否则会影响开关的寿命。

5）由于组合开关的分断能力低，故不能用它来通、断故障电流。

6）用于电动机可逆运行时，必须在电动机完全停止转动后，再进行反向操作，否则容易烧坏开关或造成弧光短路事故。

6.2.3　低压断路器

低压断路器也称自动空气开关，是用来在正常情况下手动接通和分断负载电路，或在失压、短路和过载等故障情况下自动切断电路，对电源线路及电动机等实行保护的电器。其功能相当于刀开关、过电流继电器、失压继电器、热继电器及漏电保护器等的组合。因其具有多种保护功能且动作值可调、分断能力高、操作安全方便等优点，而得以广泛应用。

1. 外形结构和工作原理

低压断路器由触头、脱扣器、自由脱扣机构、灭弧装置与操作机构组成。其外形图、结构图、图形符号和文字符号分别如图6-4a、b、c所示。其工作原理如下：

正常工作：主触头靠操作机构手动或电动合闸，接通和分断工作电流。

短路或过载保护：过电流脱扣器的线圈和热脱扣器的热元件与主电路串联，当电路发生短路或严重过载时，过电流脱扣器的衔铁吸合，使自由脱扣机构动作，断路器触头分离，切断主电路。当电路发生一般性过载时，过载电流虽不能使过电流脱扣器动作，但能使热元件产生一定的热量，促使双金属片受热向上弯曲，顶动自动操作机构动作，断开主触头，切断主电路而起过载保护作用。

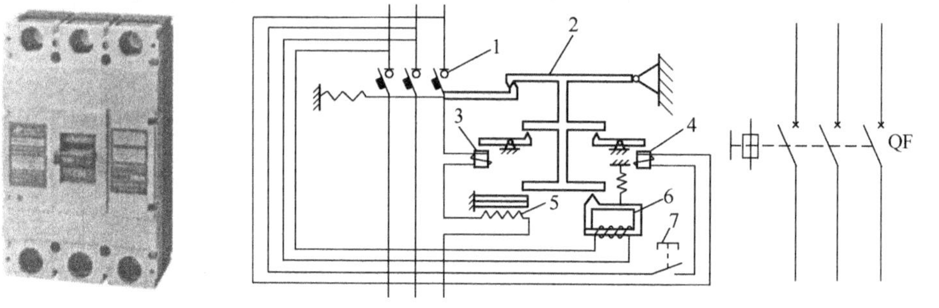

a)　b)　c)

图 6-4　断路器

a）外形图　b）结构图　c）图形符号和文字符号

1—主触头　2—自由脱扣机构　3—过电流脱扣器　4—分励脱扣器

5—热脱扣器　6—欠电压、失电压脱扣器　7—按钮

失电压或零电压保护：欠电压脱扣器的线圈和电源并联，当电路欠电压时，失电压脱扣器的衔铁被释放，自由脱扣机构动作，断路器触头分离，切断主电路。

远距离控制：在正常工作时，分励脱扣器线圈是断电的，在需要距离控制时，按下起动按钮，使线圈通电，衔铁带动自由脱扣机构动作，使主触头断开。

2. 分类

低压断路器的分类方式很多，按结构形式分为开启式（框架式或万能式）和装置式（塑料壳式）；按灭弧介质分为空气式和真空式（目前国产多为空气式）；按操作方式分为手动操作、电动操作和弹簧储能机械操作；按极数分为单极式、二极式、三极式和四极式；按使用类别分为选择型和非选择型；按动作速度分为快速型和普通型；按安装方式分为固定式、插入式、抽屉式和嵌入式等。低压断路器容量范围为 4A ~ 5000A。

3. 型号含义

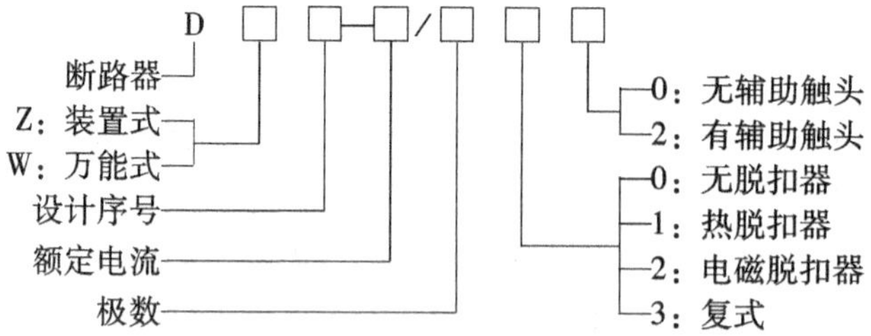

4. 主要技术参数

常用的塑壳式断路器主要有 DZ5、DZ10、DZ15、DZ20 等系列。DZ20 系列塑料外壳式断路器适用于交流 50Hz，额定电流至 1250A，额定绝缘电压 690V，额定工作电压 380V 及以下的配电线路中，作为分配电能和线路及电源设备的过载、短路和欠电压保护。其中 Y、J、G 型额定电流 225A 及以下和 Y 型 400A 断路器亦可作为保护电动机用，在正常情况下，可分别作为线路的不频繁转换及电动机的不频繁起动之用。其主要技术数据见表 6-4。

表 6-4　DZ20 系列塑壳断路器主要技术参数

型　号	壳架等级最大的额定电流 A	额定电流 InA	短路分断能力 KA(有效值) Ics/cosϕ	短路分断能力 KA(有效值) Icu/cosϕ	飞弧距离 mm
DZ20C-160	160	16、20、25、32、40、50、63、80、100、125、160	12/0.30	/	80
DZ20Y-100	100	16、20、25、32、40、50、63、80、100	18/0.30	14/0.30	
DZ20J-100			35/0.25	18/0.30	
DZ20G-100			100/0.20	50/0.25	
DZ20C-250	250	100、125、160、180、200、225、250	15/0.20	/	50
DZ20Y-225	225	100、125、160、180、200、225	25/0.25	19/0.30	80
DZ20J-225			42/0.25	25/0.25	
DZ20G-225			100/0.20	50/0.25	
DZ20C-400	400	200、250、315、350、400	20/0.30	/	100
DZ20Y-400			30/0.25	23/0.25	
DZ20J-400			42/0.25	25/0.25	
DZ20G-400			100/0.20	50/0.25	
DZ20C-630	630	400、500、630	20/0.30	/	80
DZ20Y-630			30/0.25	23/0.25	100
DZ20J-630			50/0.25	25/0.25	
DZ20J-800	800	600、700、800	65/0.20	32.5/0.25	120
DZ20Y-1250	1250	630、700、800、1000、1250	50/0.25	38/0.25	
DZ20J-1250	1250	800、1000、1250	65/0.20	32.5/0.25	

5. 安装使用注意事项

1）安装前先根据线路对保护的要求确定断路器的类型和保护形式，并擦净脱扣器电磁铁工作面上的防锈漆脂。

① 断路器的额定电压应不小于被保护电路的额定电压。欠电压脱扣器额定电压等于被保护电路的额定电压。分励脱扣器额定电压等于控制电源的额定电压。

② 断路器的额定电流及过电流脱扣器的额定电流应不小于电路的计算负载电流。极限分断能力应大于线路的最大短路电流的有效值。

2）按规定垂直安装，板前接线的允许安装在金属支架或底板上，板后接线的必须安装在绝缘底板上。

3）断路器与熔断器配合使用时，为保证使用的安全，熔断器应尽可能装在断路器之前。

4）安装时连接导线要按规定截面积选用，上接线端子接电源进线，下接线端子接负载出线，不允许随意调整电磁脱扣器的整定值。

5）操作机构在使用一定次数后，应添加润滑油，防止不能正常动作。

6）定期检修触头系统，及时清除触头油污及金属融化颗粒等杂质，以保证触头接触良好。经常清除灰尘，防止绝缘水平降低。

6.3 熔断器

熔断器是一种短路保护电器。因其具有结构简单、使用维护方便、分断能力较高、限流能力良好、价格低廉等优点，因此在电路中得到广泛应用。

1. 熔断器的结构和工作原理

熔断器主要由熔体(俗称保险丝)和安装熔体的熔断管(或熔座)组成。熔断器的类型很多，按结构形式可分为瓷插式熔断器、螺旋式熔断器、封闭管式熔断器、快速熔断器和自复式熔断器等。其外形如图6-5所示。

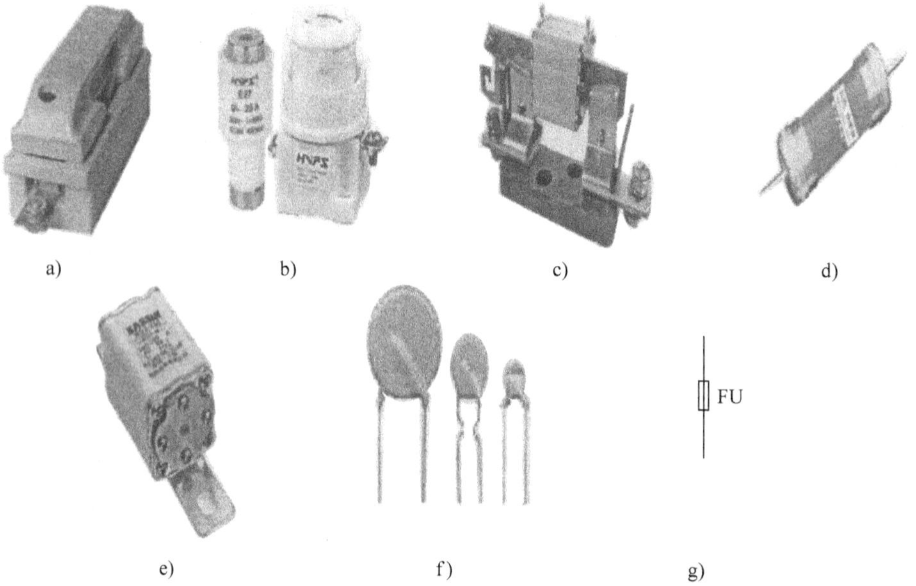

图6-5 熔断器

a) 瓷插式 b) 螺旋式 c) 有填料封闭管式 d) 无填料封闭管式
e) 快速 f) 自复式 g) 图形符号及文字符号

熔断器的熔体串接于被保护的电路中，当电路正常工作时，熔体允许通过一定大小的电流而不熔断。当电路发生短路或严重过载时，熔体中流过很大的故障电流使熔体熔断，从而自动切断电路，达到保护的目的。

2. 型号含义

R □ □/□ □

熔断器——R

类别——第一个□

设计序号——第二个□

熔断器额定电流——第三个□

熔体额定电流——第四个□

C：插入式

L：螺旋式

M：无填料封闭式

T：有填料封闭式

S：快速式

3. 主要技术参数

常用的为瓷插式与螺旋式熔断器。RC1 系列熔断器适用于交流 50Hz 、额定电压至380V、额定电流至100A 的交流电路中，作为晶闸管元件及其所组成的成套装置的短路或过载保护之用。RL1 系列螺旋式，适用于交流 50Hz、额定电压至 380V、额定电流至 200A 的线路中，作电气设备短路和过载保护之用。RC1 、RL1 系列熔断器技术参数见表 6-5。

表 6-5 RC1、RL1 系列熔断器技术参数

名　称	型　号	额定电压/V	熔断器额定电流/A	熔体额定电流/A
瓷插式熔断器	RC1—10	AC380	10	1，4，6，10
	RC1—30		30	20，25，30
	RC1—100		100	80，100
螺旋式熔断器	RL1—15		15	2，4，5，6，10，15
	RL1—60		60	20，25，30，35，40，50，60
	RL1—200		200	100，125，150，200

4. 选用安装使用

1）熔断器类型的选择应根据线路要求、现场条件和安装条件确定。

2）熔断器额定电压的选择。其额定电压应大于或等于线路的工作电压。

3）熔断器额定电流的选择。其额定电流须大于或等于所装熔体的额定电流。

① 熔体额定电流的选择。对于电炉、照明等阻性负载的短路保护，熔体的额定电流应等于或稍大于电路的正常工作电流。

② 对于单台电动机的短路保护，则熔体额定电流应选该电动机额定电流的 1.5～2.5 倍。若是轻载起动或起动时间较短时则选 1.5；若是负载起动、起动时间较长或起动较为频繁时应选 2.5。

③ 对于多台电动机的短路保护，则熔体额定电流应选功率最大的一台电动机额定电流的 1.5～2.5 倍，再加上同时使用的其他电动机额定电流之和。

4）安装熔体时必须保证接触良好，不允许有机械损伤。若是熔丝应顺着螺钉旋紧方向绕过去，不要把熔丝绷紧，以免减小熔丝截面尺寸。

5）对螺旋式熔断器，电源进线必须与瓷底座的下接线端子连接，负载出线与金属螺纹壳的上接线端子连接，防止更换熔体时发生触电。

6）熔体熔断后，应首先查明故障原因，确定是短路还是严重过载，待故障点排除后，方可采用同规格的熔体进行更换。

7）更换熔体须在断电的情况下进行，以防触电。绝不允许在负荷未断时带电更换，以免被电弧烧伤。

6.4 接触器

接触器是一种自动化的控制电器。接触器主要用于频繁接通或分断交、直流主电路和大容量的控制电路，可远距离操作，配合继电器可以实现定时操作，联锁控制及各种定量控制和失电压及欠电压保护。其主要控制对象是电动机，也可用于控制其他电力负载，如电热器、照明等。接触器的种类很多，其分类方法也不尽相同。按主触头极数分可分为单极、双极、三极和多极接触器；按灭弧介质分可分为空气式接触器、真空式接触器；按有无触头分可分为有触头接触器和无触头接触器；按操作机构分为电磁式接触器、液压式接触器、气动式接触器；按动作方式分为直动式接触器、转动式接触器；按被控电流的种类可分为交流接触器和直流接触器。

6.4.1 交流接触器

交流接触器又可分为电磁式和真空式两种。下面主要介绍常用的电磁式交流接触器。

1. 结构及工作原理

接触器主要由电磁系统、触头系统、灭弧装置及其他部件组成，如图6-6所示。

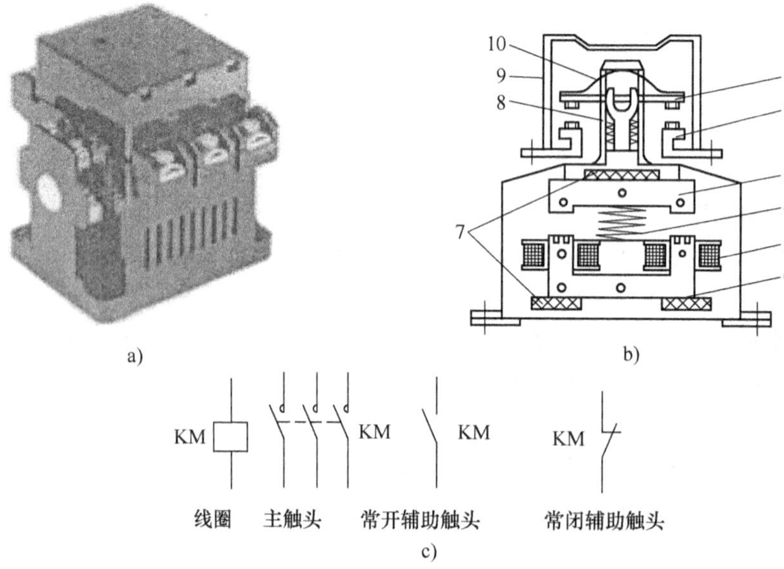

图6-6 交流接触器

a）外形图 b）结构图 c）图形符号和文字符号

1—动触头 2—静触头 3—衔铁 4—缓冲弹簧 5—电磁线圈

6—铁心 7—垫毡 8—触头弹簧 9—灭弧罩 10—触头压力弹簧

（1）电磁系统 包括电磁线圈、铁心（静铁心）和衔铁（动铁心），是接触器的重要组成部分，依靠它带动触头的闭合与断开。

（2）触头系统 包括主触头和辅助触头，是接触器的执行部分。主触头用于主电路的接通和分断，通常为三对常开触头。辅助触头用于控制电路，以满足各种控制方式的要求，通常为两对常开触头、两对常闭触头。

（3）灭弧装置 用来保证触头断开电路时产生的电弧能可靠的熄灭，减少电弧对触头的损伤。对于小容量接触器常采用电动力灭弧、相间弧板隔弧、陶土灭弧罩灭弧等；对于大容量接触器常采用纵缝灭弧罩及栅片灭弧。

（4）其他部件 包括绝缘外壳、传动机构、缓冲弹簧、触头压力弹簧、反作用弹簧、短路环等。

当电磁线圈通过控制回路接通控制电压时，线圈电流产生磁场，使静铁心产生电磁力以克服弹簧的反作用力将衔铁吸合，带动主触头闭合，接通主电路，常开辅助触头闭合，常闭辅助触头断开。当接触器电磁线圈失电时，电磁吸力消失，衔铁在弹簧的反作用力和自重作用下释放，各触头随之复位。为防止铁心振动，需加短路环。

2. 型号含义

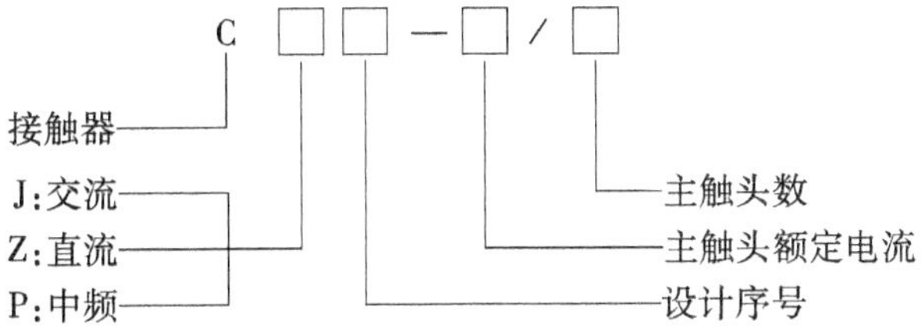

例：CZ0—100/20 型号含义为 CZ 表示直流接触器，0 表示设计代号，100 表示额定电流为 100A，20 中的 2 表示带有两个常开主触头，0 表示没有常闭主触头。全型号代表名称为：100A 直流接触器，带有两个常开主触头。

3. 主要参数和技术性能

CJT1 系列交流接触器，主要用于交流 50Hz(或 60Hz)，额定电压至 380V，额定电流至 150A 的电力线路中，作远距离接通与分断线路之用，并可以与适当的热继电器或电子式保护装置组合成电动机起动器，以保护可能发生过载的电路。CJT1 系列新型铜基无银电触头接触器符合 GB 14048. 4—2003 标准，是 CJT1 系列接触器的替代产品，其主要参数和技术性能见表 6-6。

表 6-6　CJT1 系列交流接触器主要技术性能

型　号		CJT1—10	CJT1—20	CJT1—40	CJT1—60	CJT1—100	CJT1—150
额定绝缘电压和工作电压/V		380V					
额定工作电流(AC—1 ~ AC—4,380V)		10	20	40	60	100	150
控制功率/kW	220V	2. 2	5. 8	11	17	28	43
	380V	4	10	20	30	50	75
每小时操作循环数/(次/h)		AC—1、AC—3 为 600，AC—2、AC—4 为 300，CJT1—150AC—4 为 120					
电寿命/万次	AC—3	60					
	AC—4	2		1		0. 6	
机械寿命/万次		300					
辅助触头		2 常开 2 常闭，AC-15 180V · A；DC-13 60W　I_{th}：5A					
配用熔断器		RT16-20	RT16-50	RT16-80	RT16-160	RT16-250	RT16-315
线圈消耗功率/V · A	220V	65	140	230	485	760	950
	380V	11	22	32	95	105	110

4. 选用安装与运行维护

(1) 选用

1) 主回路触头的额定电流应大于或等于被控设备的额定电流，控制电动机的接触器还应考虑电动机的起动电流。为了防止频繁操作的接触器主触头烧蚀，频繁动作的接触器额定电流可降低使用。

2）接触器的电磁线圈额定电压有 36V、110V、220V、380V 等，电磁线圈允许在额定电压的 80%~105% 内使用。

（2）安装

1）安装前应确认接触器良好，接触器的绝缘电阻不低于 1MΩ，否则须进行干燥处理。

2）接触器安装时，主触头应连接在主电路中，辅助触头和线圈应连接在控制电路中。

3）接触器应安装于垂直的平面上，其倾斜不超过 5°，并在主触头不带电的情况下动作数次后再投入使用。

4）接线前应注意接触器线圈的额定电压及频率必须与控制电源的电压及频率一致。线圈规格标志在线圈外面(可通过接触器壳上的小方孔看出)，不必拆开接触器。

5）主电路、辅助电路的接线端子一般采用特制的瓦形垫圈，导线均用直的线头插入瓦形垫圈后旋紧螺钉即可。接线时不必取下瓦形垫圈，导线也不必弯成环形接头(又称羊眼圈)。

6）安装与接线时，切勿把螺钉、垫圈、导线线头等失落，以免落入接触器使可动部分轧住或引起短路等事故；同时应将螺钉拧紧，以防振动松脱。

（3）维护

1）接触器使用时如发出较大的噪声或发现在切断电源后有显著的延时释放现象，可能是磁铁极面上有污物，可将磁铁极面上的污垢清除，即能恢复正常。

2）接触器的触头应定期清扫保持清洁，但不允许涂油。银及银合金触头表面产生的氧化膜，由于接触电阻很小，可无须锉修，并不影响其性能，否则会缩短触头的寿命。当触头表面因电弧作用而形成金属小颗粒时，可用锉刀及时清除。

6.4.2 直流接触器

1. 直流接触器的结构

直流接触器的结构和工作原理与交流接触器的基本相同，主要结构也由电磁系统、触头系统和灭弧装置组成。但是因为它主要用于远距离通断直流电路或控制直流电动机的频繁起停，所以具体结构与交流接触器有一些差别。直流接触器主触头一般做成单极或双极，由于触头接通或断开的电流较大，所以采用滚动接触的指形触头。辅助触头的通断电流较小，常采用点接触的双断点桥式触头。直流接触器电磁系统也由铁心、线圈和衔铁等组成。因为线圈中通的是直流电，铁心中不会产生涡流，没有铁损耗，铁心不发热，所以铁心可用整块铸铁或铸钢制成。铁心中通的是直流，磁通恒定，所以铁心也不需要装短路环。线圈的匝数较多，电阻大，电流流过时发热，为了使线圈散热良好，通常将线圈绕制成长而薄的圆筒状。直流接触器的主触头在分断较大电流直流电路时，往往会产生强烈的电弧，容易烧伤触头并造成延时断电。为了迅速灭弧，直流接触器一般采用磁吹式灭弧装置。

2. 主要技术参数

常用的直流接触器有 CZ0、CZ18、CZ21、CZ22 等系列。CZ18 系列直流接触器主要供远距离接通与断开额定电压至 440V，额定发热电流至 1600A 的直流电力线路之用，并适宜于直流电动机的频繁起动、停止、换向及反接制动。CZ18 系列是取代 CZ0 系列的新产品，其主要技术数据见表 6-7。

表 6-7　CZ18 系列直流接触器的主要技术数据

<table>
<tr><th rowspan="2">型　号</th><th rowspan="2">额定电压/V</th><th rowspan="2">额定电流/A</th><th rowspan="2">常开主触头数</th><th colspan="3">辅助触头</th><th rowspan="2">主触头额定分断能力/A</th><th rowspan="2">操作频率/(次/小时)</th><th rowspan="2">机械寿命/万次</th><th rowspan="2">电寿命/万次</th><th rowspan="2">接线方式</th></tr>
<tr><th>常开</th><th>常闭</th><th>额定发热电流/A</th></tr>
<tr><td>CZ18—40/10</td><td rowspan="7">440</td><td>40</td><td>1</td><td rowspan="7">2</td><td rowspan="7">2</td><td rowspan="2">6</td><td>160</td><td rowspan="2">1200</td><td rowspan="3">500</td><td rowspan="3">50</td><td rowspan="3">板前接线</td></tr>
<tr><td>CZ18—80/20</td><td>80</td><td>2</td><td>320</td></tr>
<tr><td>CZ18—160B/20</td><td>160</td><td>2</td><td rowspan="5">10</td><td>640</td><td rowspan="5">600</td></tr>
<tr><td>CZ18—315B/10</td><td>315</td><td>1</td><td>1260</td><td rowspan="4">300</td><td rowspan="4">30</td><td rowspan="4">板后接线</td></tr>
<tr><td>CZ18—630B/20</td><td>630</td><td>2</td><td>2520</td></tr>
<tr><td>CZ18—1000/10</td><td>1000</td><td>1</td><td>4000</td></tr>
<tr><td>CZ18—1600B/10</td><td>1600</td><td>1</td><td>6400</td></tr>
</table>

6.5　常用继电器

继电器是根据某种输入信号的变化，接通或断开控制电路，实现自动控制和保护电力装置的自动电器。继电器的种类很多，按输入信号的性质分为：电压继电器、电流继电器、时间继电器、温度继电器、速度继电器、压力继电器等；按工作原理可分为：电磁式继电器、感应式继电器、电动式继电器、热继电器和电子式继电器等；按输出形式可分为：有触头和无触头两类；按用途可分为：控制用与保护用继电器等。

6.5.1　热继电器

热继电器是用于电动机或其他电气设备、电气线路的过载保护的保护电器。包括双金属片式、热敏电阻式、易熔合金式等。双金属片式是利用双金属片受热弯曲去推动杠杆使触头动作，热敏电阻式是利用电阻值随温度变化而变化的特性制成，易熔合金式是利用过载电流发热使易熔合金熔化而使继电器动作。其中双金属片式应用最为广泛。

1. 结构与工作原理

双金属片式热继电器主要由发热元件、双金属片、触头系统、动作机构、复位按钮和整定电流装置等部分组成。其外形、结构、工作原理图如图 6-7a、b、c 所示。

其工作原理是将热元件与电动机的定子绕组串联，若机械出现不正常的情况或电路异常使电动机过载，则电动机转速下降、绕组中的电流将增大，通过热元件的电流增大。一旦热元件因电机过载而产生了超过其规定值的热量，使双金属片产生弯曲位移，经过一段时间迫使继电器的动作机构(触头)动作，从而断开交流接触器线圈电路，使接触器释放、切断电动机的电源，电动机停车而得到保护。即热继电器通常是直接断开接触器的控制回路来断开主回路的。

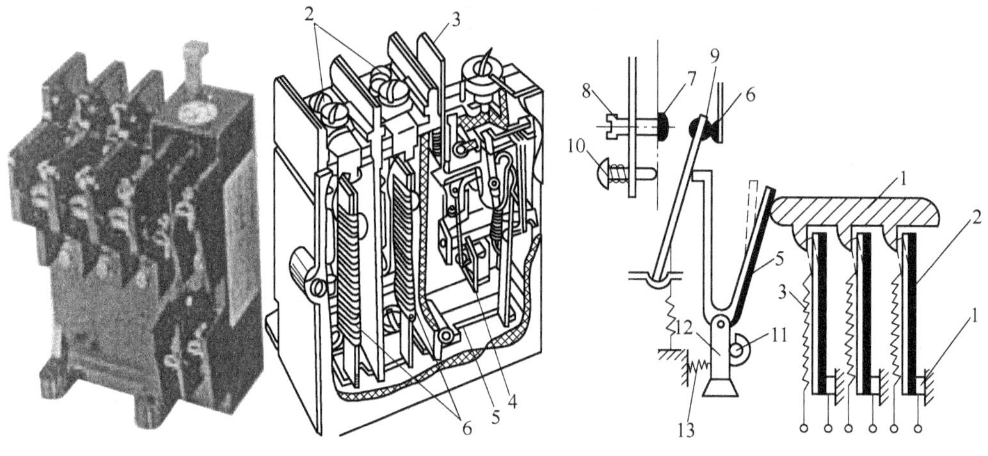

a) b) c)

图 6-7 热继电器

a）外形图 b）结构图 c）工作原理图

1—接线端子 2—主双金属片 3—热元件 4—推动导板 5—补偿双金属片 6—常闭触头 7—常开触头 8—复位调节螺钉 9—动触头 10—复位按钮 11—偏心轮 12—支撑件 13—弹簧

2. 型号含义与图文符号(见图 6-8)

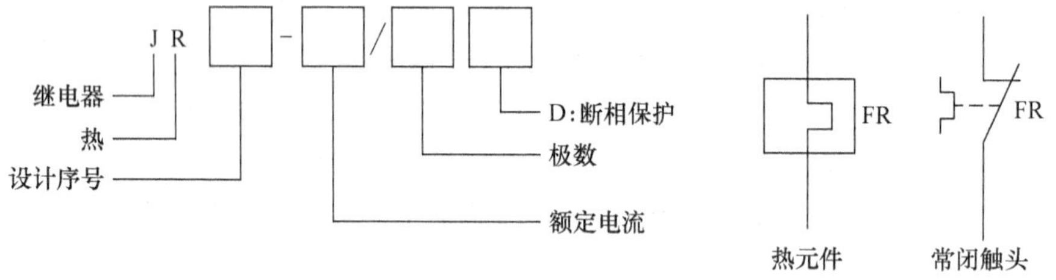

a) b)

图 6-8 热继电器含义及符号

a）型号含义 b）图形符号与文字符号

3. 主要规格及技术参数

JR36 系列双金属片式热继电器适用于交流 50Hz 或 60Hz，主电路额定电压至 660V，电流至 160A 的电力系统中，作为三相交流电动机的过载和断相保护。具有整定电流可以调节、温度补偿、断相保护、自动复位和手动复位任意选择、能进行线路动作灵活性检查、可手动断开常闭触头(常开触头不闭合)等功能，是新一代较为理想的产品。热继电器按 GB 14048.4—1993 标准设计、生产和检验，其主要技术参数见表 6-8。

表 6-8 JR36 系列双金属片式热继电器主要技术参数

热继电器型号	热继电器额定电流/A	热元件	
		热元件额定电流/A	电流调节范围
JR36—20	20	2.4	1.5～2.4
		11	6.8～11
		22	14～22

（续）

热继电器型号	热继电器额定电流/A	热元件	
		热元件额定电流/A	电流调节范围
JR36—32	32	16	10~16
		22	14~22
		32	20~32
JR36—63	63	32	20~32
		45	28~45
		63	40~63
JR36—160	160	63	40~63
		85	53~85
		120	75~120

4. 安装使用及维护

1）安装前首先检查电动机的额定工作电流值是否包容在热继电器整定电流调节范围之内。

2）热继电器的连接导线采用单芯聚氯乙烯绝缘铜导线。所有连接导线与接线端子应接触良好，以免由于接触电阻发热不同而引起误动作。

3）热继电器不适合作可逆运转及频繁通断的电动机的过载保护。

4）使用时应将热继电器的整定电流值调整到与被保护电动机的额定电流相一致。如需使用两刻度之间的整定电流值，可按比例轻轻旋动凸轮定位，并在使用过程中作适当调整。

5）热继电器上除接线螺钉外的所有其他螺钉，平时均不能随便旋动，以防动作范围改变。

6）热继电器在使用、贮存和运输过程中，不得受雨水侵袭和显著冲击振动。

6.5.2　时间继电器

时间继电器是一种能按照预定时间实现触头延时接通或断开的自动控制电器。广泛应用于冶金、机械、电力、化工、石油等部门的自动控制电路中，作为时间控制部件。按动作原理可分为电磁式、空气阻尼式、电动式、电子式、可编程式和数字式；按延时方式可分为通电延时型与断电延时型两种。其规格主要有JS7系列空气阻尼式和JS14A系列电子式时间继电器。

1. 空气阻尼式时间继电器

（1）外形结构和符号　空气阻尼式时间继电器由电磁系统、机构和触头系统三部分组成。电磁系统起承受信号作用，由线圈、铁心和衔铁组成，还有反力弹簧和弹簧片。工作触头是执行机构，由两副瞬时动作触头(一副常开,一副常闭)和两副延时动作触头组成。延时机构起延时和中间传递作用，气室内有一块橡皮薄膜，随空气的增减而移动。气室上面的调节螺钉可调节延时的长短。传动机构由推杆、活塞杆、杠杆及宝塔形弹簧组成。其外形结构和图形符号如图6-9所示，文字符号为KT。

（2）工作原理　空气阻尼式时间继电器是利用空气阻尼原理获得延时的。断电延时型

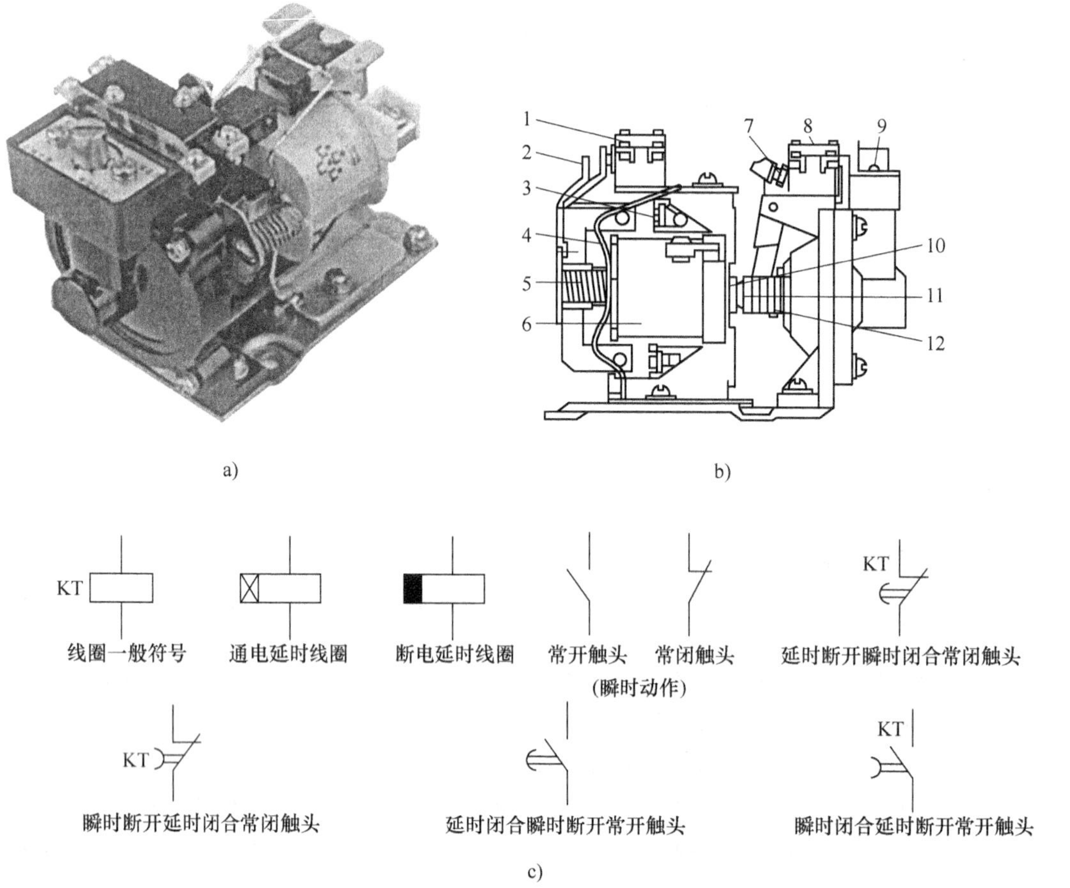

图 6-9 JS7—A 系列时间继电器

a）外形图 b）结构图 c）图形符号和文字符号

1—瞬时触头 2—弹簧片 3—铁心 4—衔铁 5—反力弹簧 6—线圈

7—杠杆 8—延时触头 9—调节螺钉 10—推板 11—推杆 12—宝塔弹簧

结构及工作原理是：当线圈通电后，使上方微动开关触头迅速转换。微动开关的延时常开触头马上闭合，常闭触头马上断开。当线圈断电时，在空气室内与橡皮膜相连的活塞杆在弹簧作用下向上移动，由于橡皮膜下方的空气稀薄形成负压，起到空气阻尼的作用，因此活塞杆只能缓慢向上移动，可通过调节螺钉调整。经过一段延时后，使其常开触头延时断开，常闭触头延时闭合。

通电延时型和断电延时继电器的瞬动触头因不具有延时作用，故通电时立即动作，断电时立即复位，恢复到原来的常开或常闭状态。通电延时型时间继电器的原理与结构均与断电延时型时间继电器相同，从结构上说，只要改变电磁机构的安装方向，便可获得两种不同的延时方式，就是铁心和衔铁的位置被掉转 180°，即当衔铁位于铁心和延时机构之间时为通电延时型，而当铁心位于衔铁和延时机构之间时为断电延时型。

（3）型号含义 JS7—A 系列延时时间继电器适用于交流 50Hz，电压至 380V 的电路中，通常用于自动或半自动控制系统中，按预定的时间使被控制元件动作。

J S □-□ □

- 结构设计改进代号（第二个□之后的□）
- 基本规格代号（第二个□）
- 设计序号（第一个□）
- 时间（S）
- 继电器（J）

基本规格代号中 1 表示通电延时，无瞬时触头；2 表示通电延时，有瞬时触头；3 表示断电延时，无瞬时触头；4 表示断电延时，有瞬时触头。

空气阻尼式时间继电器结构简单，价格低廉，但准确度低，延时误差大，因此在要求延时精度高的场合不宜采用。

2. 电子式时间继电器

电子式时间继电器具有工作稳定可靠、延时范围广、精度高、触头输出容量大、体积小、耐冲击和耐振动、调节方便及寿命长等优点，所以发展很快，应用广泛。在时间继电器中已成为主流产品，电子式时间继电器是由晶体管或集成电路和电子元件等构成，目前已有采用单片机控制的时间继电器。

（1）外形及型号含义　JS14A 系列电子式时间继电器是一种通电延时时间继电器。它适用于交流 50Hz（或 60Hz）、电压至 380V 和直流电压至 220V 的自动控制电路中，按预定的时间接通或分断电路。其外形、接线原理及型号含义如图 6-10a、b、c 所示。由图 6-10b 可知，1、2 端接交流电源，3、4 端及 6、7 端接动合延时触头，3、5 端及 6、8 端接动断延时触头。

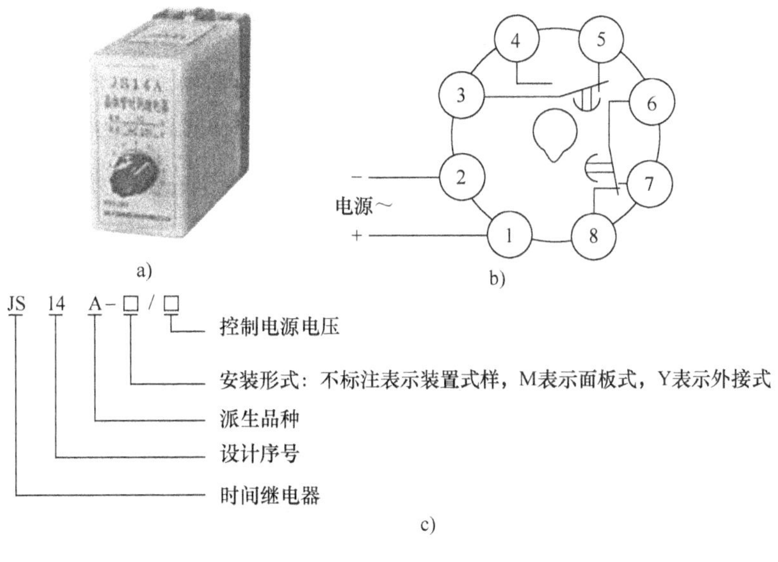

图 6-10　JS14A 系列时间继电器

a）外形图　b）接线原理图　c）型号含义

（2）技术参数 JS14系列晶体管时间继电器型号规格技术数据见表6-9。

表6-9 JS14系列晶体管时间继电器型号规格技术数据

型号	结构形式	延时范围/s	工作电压/V	接点数量		误差		环境温度/℃	复位时间/s	消耗功率/（交流V·A直流W）
				常开	常闭	常开	常闭			
JS14—□/□	交流装置式	1、5、10、30、60、120、180、240、300、600、900	交流：50Hz，36，110，127，220，380 直流：24	2	2	≤±3%	≤±10%	-10～40	1	1.5
JS14—□/□M	交流面板式			2	2					
JS14—□/□Y	交流外接式			1	1					
JS14—□/□Z	直流装置式			2	2					
JS14—□/□ZM	直流面板式			2	2					
JS14—□/□ZY	直流外接式			1	1					

3. 选用安装与使用

1）根据使用场合、工作环境选择时间继电器的类型。对于延时要求不高的场合，一般选用电磁阻尼式或空气阻尼式时间继电器；对延时要求较高的，可选用电动式或电子式时间继电器。

2）对于电磁阻尼式和空气阻尼式时间继电器，其线圈电流种类和电压等级应与控制电路相同；对于电动式和电子式时间继电器，其电源的电流种类和电压等级应与控制电路相同。

3）根据控制电路对延时触头的要求选择延时方式，即通电延时型或断电延时型。校核触头数量和容量，若不够时，可用中间继电器进行扩展。

4）时间继电器应按说明书规定的方向安装。无论是通电延时型还是断电延时型，都必须使继电器在断电后，释放时衔铁的运动方向垂直向下，其倾斜度不得超过5°。

5）时间继电器的整定值，应预先在不通电时整定好，并在试车时校正。

6）时间继电器金属底板上的接地螺钉必须与接地线可靠连接。

7）使用时，应经常清除灰尘及油污，否则延时误差将更大。

6.5.3 中间继电器

中间继电器是将一个输入信号变成一个或多个输出信号的继电器。它的输入信号为线圈的通电或断电。它的输出是触头的动作，它的触头接在其他控制回路中，通过触头的变化导致控制回路发生变化（例如导通或截止）。中间继电器可作为保护用，也可作为自动装置控制用，以增加保护的控制回路的触头数量及容量，扩大控制范围、提高控制能力等。中间继电器的作用是用来传递信号或同时控制多个电路，也可直接用它来控制小容量电动机或其他电气执行元件，常用的中间继电器主要有JZ7系列和JZ8系列两种，后者是交、直流两用的。在选用中间继电器时，主要是考虑电压等级以及常开和常闭触头的数量。

1. 外形结构与符号

中间继电器的结构与交流接触器相似，也是由电磁系统和触头系统组成。其外壳一般由塑料制成，为开启式。外壳上的相间隔板将各对触头隔开，以防止因飞弧而发生短路事故。触头系统可按 8 常开、6 常开 2 常闭及 4 常开 4 常闭等方式组合。中间继电器的外形如图 6-11a 所示，图 6-11c 为中间继电器的符号，其文字符号为 KA。

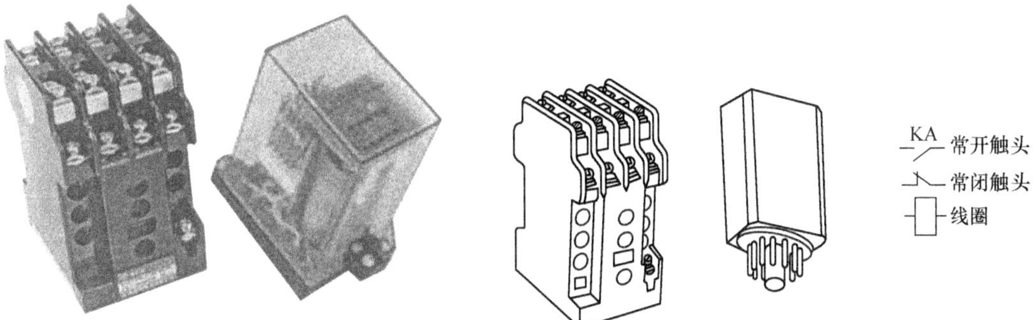

a)　b)　c)

图 6-11　中间继电器

a）外形图　b）结构图　c）图形符号和文字符号

2. 工作原理与型号含义

中间继电器的工作原理与交流接触器工作原理也相同。线圈通电，动铁心在电磁力作用下动作吸合，带动触头动作，使常闭触头分开，常开触头闭合；线圈断电，动铁心在弹簧的作用下带动动触头复位。中间继电器的特点是触头数目较多，可完成多回路的控制；触头容量较大，一般为 220V，5A；动作灵敏，动作时间不大于 0.05s。它与接触器不同的是触头无主、辅之分，所以当电动机额定电流不超过 5A 时，也可用它来代替接触器使用，也就是说可以认为它是一个小容量的接触器。

中间继电器型号表示方法及含义如下：

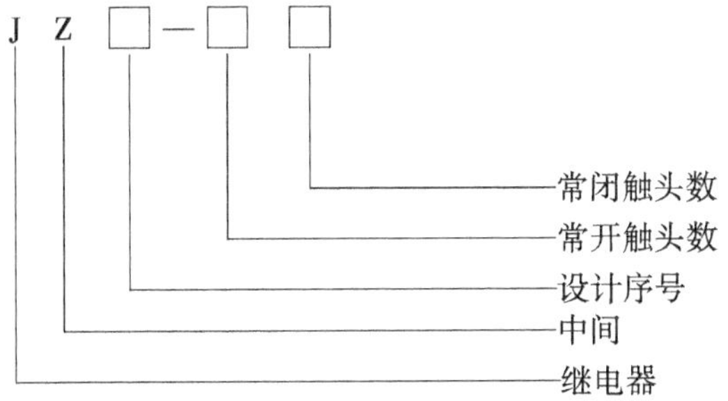

例 JZ3—44JS/1 型号含义为 JZ 表示中间继电器，3 表示设计代号，44 表示触头组合形式为 4 常开与 4 常闭，JS 为派生代号，J 表示交流线圈，S 表示带有保持线圈，1 表示敞开式板前安装。

3. 技术参数

JZ7 系列中间继电器，适用于交流 50Hz 或 60Hz、电压至 380V，及直流电压至 220V 的控制电路中，用来控制各种电磁线圈，以使信号放大或将信号同时传递给有关控制元件。JZ7 系列中间继电器符合 GB 14048.5—2008。其技术数据见表 6-10。

表 6-10　JZ7 系列中间继电器技术数据

型　号	触头额定电压/V	触头额定发热电流/A	触头数量		额定操作频率/次·h	电寿命/万·次	机械寿命/万·次	吸引线圈电压/V
			常开	常闭				
JZ7—22	AC 380 DC 220	5	2	2	1200	50	300	12、24、36、48、110、127、220、240、380、420、440、500
JZ7—41			4	1				
JZ7—42			4	2				
JZ7—44			4	4				
JZ7—53			5	3				
JZ7—62			6	2				
JZ7—80			8	0				

6.5.4　速度继电器

速度继电器又称为反接制动继电器，其主要用于笼型异步电动机的反接制动控制。

1. 外形结构与符号

从结构上看，与交流电动机相类似，速度继电器主要由定子、转子和触头三部分组成。定子的结构与笼型异步电动机相似，是一个笼型空心圆环，由硅钢片冲压而成，并装有笼型绕组。转子是一个圆柱形永久磁铁。速度继电器的外形如图 6-12a 所示，图 6-12b 为速度继电器的图形符号，其文字符号为 KS。

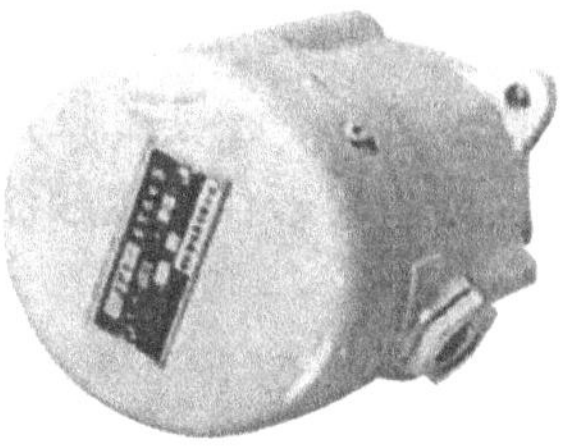

a)

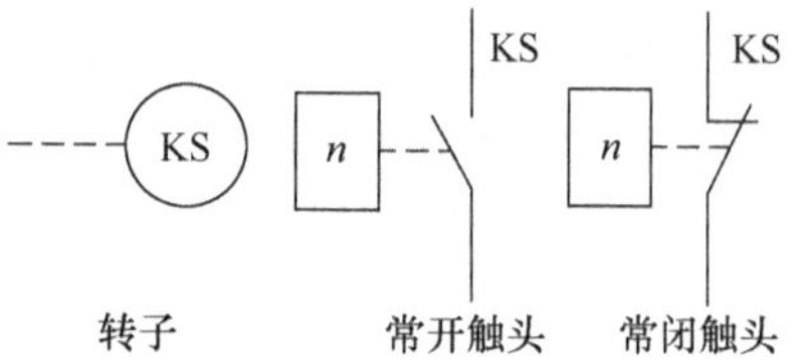

b)

图 6-12　速度继电器

a）外形图　b）图形符号和文字符号

2. 工作原理与型号含义

速度继电器的具体结构如图 6-13a 所示。图中速度继电器的轴与电动机的轴相连接，转子固定在轴上，定子与轴同心。当电动机旋转时，带动速度继电器的转子转动，在空间产生旋转磁场，绕组切割磁场产生感应电动势和感应电流，此电流和永久磁铁的磁场作用产生电磁转矩，使定子随永久磁铁转动。于是与定子相连的定子柄也转动，并推动弹簧片动作，使常闭触头断开、常开触头闭合。当电动机转速下降到一定数值时(约为 100 转/min)，转矩减小，定子柄在弹簧力的作用下触头也复原。

3. 技术数据

常用的速度继电器有 JY1 和 JFZ0 系列。JY1 系列能在 3000r/min 的转速下可靠工作。JFZ0 型触头动作速度不受定子柄偏转快慢的影响，触头改用微动开关。JFZ0 系列 JFZ0—1

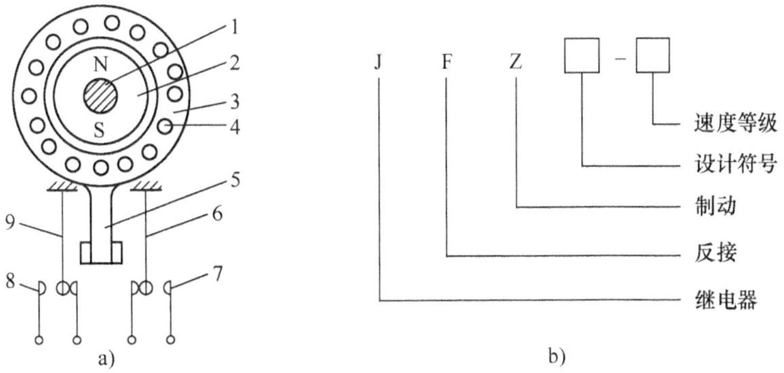

图6-13　速度继电器

a）结构原理图　b）型号含义

1—转轴　2—转子　3—定子　4—绕组　5—定子柄　6、9—簧片　7、8—静触头

型适用于300～1000r/min，JFZ0—2型适用于1000～3000r/min。速度继电器有两对常开、常闭触头，分别对应于被控电动机的正、反转运行。一般情况下，速度继电器的触头，在转速达120r/min时能动作，100r/min左右时能恢复正常位置。JY1型速度继电器是利用电磁感应原理工作的感应式速度继电器，广泛用于生产机械运动部件的速度控制和反接控制快速停车，如车床主轴、铣床主轴等。JY1型速度继电器具有结构简单、工作可靠、价格低廉等特点，故仍为众多生产机械所采用。

6.6　主令电器

主令电器是一种专门用于发号施令的电器。通过它发出的指令或信号来接通或断开控制电路，使电动机等被控制对象起动、停止或改变工作状态。主令电器的应用广泛、种类繁多，常用的有按钮、行程开关、接近开关、主令控制器等。

6.6.1　按钮

按钮是用来接通或断开小电流的控制电路，而进一步控制电动机或其他电气设备运行的主令电器。

1. 外形结构与符号

按钮由按钮帽、复位弹簧、常开触头、常闭触头和外壳等组成，其结构示意图如图6-14

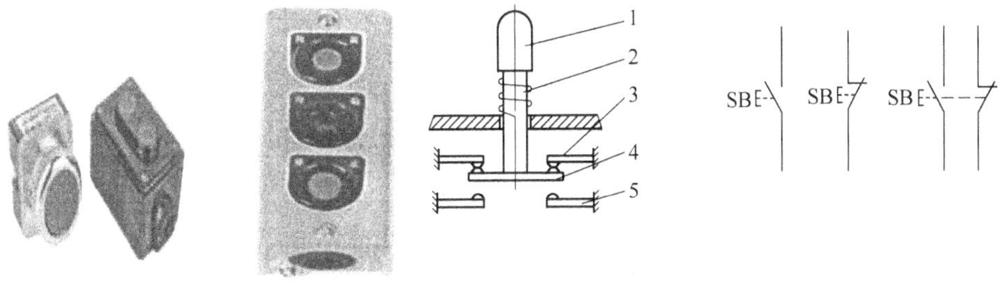

图6-14　按钮

a）外形图　b）结构图　c）图形符号和文字符号

1—按钮帽　2—复位弹簧　3—常闭静触头　4—动触头　5—常开静触头

所示。

2. 工作原理与型号含义

根据触头的结构，按钮开关可分为常闭按钮、常开按钮及复合(组合)按钮。

(1) 工作原理　常开按钮在常态时，触头是断开的，按下按钮帽时，常开触头闭合，但外力消失后，在复位弹簧作用下自动复位。常闭按钮在常态时，触头是闭合的，按下按钮帽时，常闭触头断开，但外力消失后，在复位弹簧作用下自动复位。复合按钮在常态时，常闭触头是闭合的，常开触头是断开的，按下按钮帽时，所有的触头都改变状态，常闭触头先断开，常开触头后闭合，但外力消失后，常开触头先断开，常闭触头后闭合。

(2) 型号含义

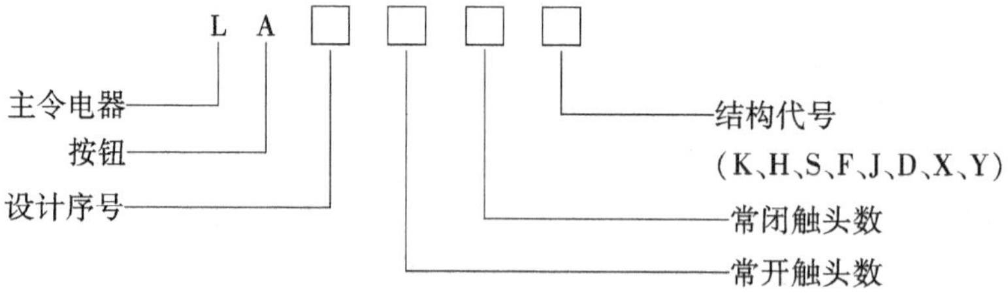

结构代号含义：

K—开启式；H—保护式；S—防水式；F—防腐式；

J—紧急式；D—带指示灯式；X—旋钮式；Y—钥匙式

3. 主要技术参数

常用的按钮有 LA10、LA18、LA19 系列，LA10 系列按钮适用于交流 50Hz，电压至 380V 或直流电压至 220V 的控制电路中，作为控制、信号、联锁等用途。LA10 系列按钮开关主要技术参数及结构设计符合 GB 14048. 1—2000 和 GB 14048. 5—2001 以及 JB/T 390—19977 等相关标准。LA10 系列按钮开关有 LA10—1K，LA10—2K，LA10—3K，LA10—1H，LA10—2H，LA10—3H，LA10—1S，LA10—2S，LA10—3S 等。按钮的主要技术参数有规格、结构形式、触头数及按钮颜色等。LA10、LA18、LA19 系列按钮技术参数见表 6-11。

表 6-11　LA10、LA18、LA19 系列按钮技术参数

型号	额定电压/V	额定电流(A)	结构形式	触头对数		按钮数	按钮颜色
				常开	常闭		
LA2	AC 500 DC 440	5	元件	1	1	1	黑、绿、红
LA10—2K			开启式	2	2	2	黑红或绿红
LA10—3K			开启式	3	3	3	黑、绿、红
LA10—3H			保护式	3	3	3	黑、绿、红
LA18—22J			元件(紧急式)	2	2	1	红
LA18—44Y			元件(钥匙式)	4	4	1	黑
LA18—22X			元件(旋钮式)	2	2	1	黑
LA19—11J			元件(紧急式)	1	1	1	红
LA19—11D			元件(带指示灯)	1	1	1	红、绿、黄、蓝、白

4. 选用安装与使用

1）按钮的选用要考虑其使用场合，在同样的工作电压下，因直流灭弧较困难，故直流工作电流应小于交流工作电流。

2）根据具体控制方式和要求选择按钮的结构形式、触头数目及按钮颜色。在工程实践中一般以红色表示停止，绿色表示起动，黑色表示点动。

3）安装按钮的按钮盒若是金属的，则应与机械的总接地母线相连，或采用专用接地线。

4）按钮使用时应注意保持触头间的清洁，防止油污、杂质进入造成接触不良或短路事故；在高温下使用的按钮应加紧固垫圈或在接线柱螺钉处加绝缘套管。

6.6.2 行程开关

行程开关又称限位开关或位置开关。它是一种根据运动部件的行程位置而切换电路工作状态的控制电器。行程开关广泛用于各类机床和起重机械，用以控制其行程、进行终端限位保护。为了适应各种条件下的操作，行程开关种类很多，按结构可分为直动式、滚轮式和组合式。滚轮又分为单轮和双轮两种。

1. 外形结构和符号

行程开关的结构包括操作系统、触头系统和外壳等，各系列行程开关的基本结构相同，区别仅在于行程开关的传动装置和动作速度不同。行程开关的外形结构如图6-15a、b所示。行程开关的文字符号用SQ，表示其常开触头和常闭触头的图形符号和文字符号如图6-15c所示。我国生产的行程开关种类繁多，其中LX19系列是一种典型产品，它有一对常开触头和一对常闭触头，适用于交流50Hz、电压至380V、直流电压至220V的控制电路中。

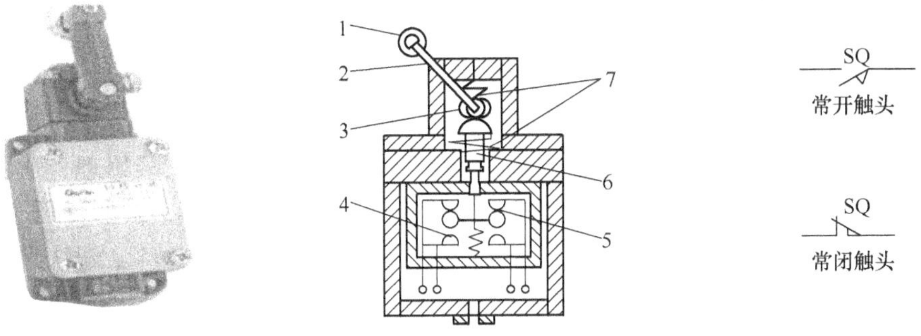

图6-15 行程开关

a）外形图 b）结构图 c）图形符号和文字符号

1—滚轮 2—撞杆 3—凸轮 4—常开触头 5—常闭触头 6—推杆 7—复位弹簧

2. 工作原理与型号含义

（1）工作原理 与控制按钮相似，只是其触头的动作不是靠手动操作，而是利用生产机械某些运动部件上的挡铁来碰压行程开关，使行程开关的触头动作，对控制电路发出接通、断开或变换某些电路参数的指令，以达到控制运动部件行程位置的目的。

（2）型号含义 常用的行程开关有LXK3、LX19等系列。

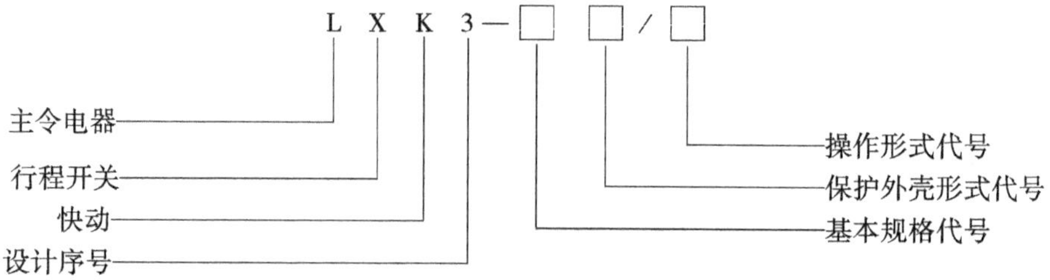

其中保护外壳形式代号含义与操作形式代号含义分别见表6-12和表6-13。

表6-12 保护外壳形式代号含义

代 号	含 义	代 号	含 义
K	无保护外壳，开启式	H	横型，底部、两侧各有一出孔线
S	竖型，底部有一出孔线		

表6-13 操作形式代号含义

代 号	含 义	代 号	含 义
Z	柱塞式	J	可调金属摆杆式
L	滚轮柱塞式	H1	叉式，二轮在同一方向
B	滚动转臂式	H2	叉式，左轮在前，右轮在后
T	可调滚动转臂式	H3	叉式，右轮在前，左轮在后
D	横向摆杆式	W	万向式

3. 主要技术性能参数

LXK3系列行程开关广泛应用于交流50~60Hz，电压至380V额定工作电流至2.8A，直流电压至220V，额定工作电流至0.3A同极使用的控制电路及辅助电路中，作为操纵、控制、限位、信号、联锁之用。它是参照国外同类产品开发研制的。该系列产品品种规格齐全、型式多样、结构严密、造型美观、性能稳定，动作可靠又易于安装修理，适用范围广，是机械行业和其他行业比较理想的电气控制开关之一。LXK3与LX19系列行程开关主要技术参数分别见表6-14和表6-15。

表6-14 LXK3系列行程开关主要技术性能参数

额定绝缘电压	380V			
约定发热电流	10A			
控制能力	AC—11		DC—11	
	额定工作电压/V	额定工作电流/A	额定工作电压/V	额定工作电流/A
	380	0.8	220	0.15
	220	1.4	110	0.3
	110	2.8		
短路保护	额定熔断短路电流1000A，RL1—15/10			
操作频率	交流：2400次/h，直流：1200次/h			
电寿命	交流：1500，000次，直流：300，000次			
机械寿命	最高为1000万次			
动作重复精度	在10次动作中最大值(或最小值)与平均值之差不大于0.05mm			
耐振动	频率10~55Hz，加速度为10G，振幅为0.75mm			

表 6-15　LX19 系列行程开关主要技术参数

型　号	额定电压/V	额定电流/A	结构形式	触头对数		工作行程	超行程	触头转换时间/s	动作力/N
				常开	常闭				
LX19K	380	5	元件	1	1	1.5～3.5mm	≥0.5mm	≤0.04	≤10
LX19—001			无滚轮，仅用传动杆能自动恢复			1.5～4mm	≥3mm		≤15
LX19—111			单轮，滚轮装在传动杆内侧，能自动恢复			≤30°	≥15°		≤20
LX19—131			单轮，滚轮装在传动凹槽内，不能自动恢复						
LX19—232			双轮，滚轮装在 U 形传动杆上，内外各一，不能自动恢复			≤60°			

4. 选用安装与维护

1）行程开关应根据应用场合及控制对象选择种类，根据安装环境选择防护形式，根据控制回路的额定电压和电流选择系列，根据机械位置开关的传力与位移关系选择合适的操作形式。

2）安装位置要准确牢固，确保开关正确动作，且不妨碍机械部件的运动。

3）碰块或撞杆应安装在开关滚轮或推杆的动作轴线上。对电子式行程开关应按产品技术文件要求调整可动设备的间距。

4）碰块或撞杆对开关的作用力及开关的动作行程，均不应大于允许值。

5）限位用的行程开关，应与机械装置配合调整；确认动作可靠后，方可接入电路使用。

6）应对行程开关进行定期检查，及时清理触头，清除油垢和粉尘、紧固安装螺钉，防止接触不良或接线松脱出现动作失灵。

6.6.3　接近开关

为了克服有触头行程开关可靠性较差、使用寿命短和操作频率低的缺点，可采用无触头式行程开关即接近开关。由于接近开关具有电压范围宽、重复定位精度高、响应频率高及抗干扰能力强、安装方便、使用寿命长等特点，它的用途已远超出一般行程控制和限位保护，在检测、计数、液面控制以及作为计算机或可编程序控制器的传感器上获得广泛应用。目前应用较为广泛的接近开关按工作原理可以分为高频振荡型、电容型、光电型、超声波型、电磁感应型；按其外型形状可分为圆柱型、方型、沟型、穿孔(贯通)型和分离型；按供电方式可分为直流型和交流型；按输出形式又可分为直流两线制、直流三线制、直流四线制、交流两线制和交流三线制。

1. 外形结构与符号

常用的接近开关包括电感式和电容式两种。它由感应头、高频振荡器、放大器和外壳组成。当运动部件与接近开关的感应头接近到一定距离时便发出接近信号，它不需施以机械力，就使其输出一个电信号。其外形、图形符号和文字符号如图 6-16 所示。

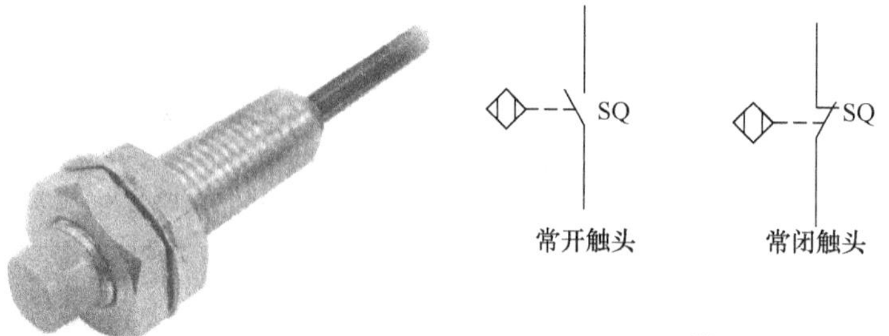

b)

a)

图 6-16　接近开关

a）外形图　b）图形符号和文字符号

2. 工作原理与型号含义

1）电感式接近开关由高频振荡、检波、放大、触发及输出电路等组成，如图 6-17 所示。其感应头是一个具有铁氧体磁心的电感线圈，只能用于检测金属体。振荡器在感应头表面产生一个交变磁场，当金属块接近感应头时，金属中产生的涡流吸收了振荡的能量，使振荡减弱以至停振，因而存在振荡和停振两种信号，振荡器的振荡及停振这两种状态，经整形放大器转换成二进制的开关信号，从而起到“开”、“关”的控制作用。常用的电感式接近开关型号有 LJ1、LJ2 等系列。

2）电容式接近开关由高频振荡器和放大器等组成，由开关的检测面与大地间构成一个电容器，参与振荡回路工作，起始处于停振状态，如图 6-18 所示。当物体接近开关检测面时，不论它是否为导体，由于它的接近，总要使电容的介电常数发生变化，从而使回路电容量发生变化，使高频振荡器振荡。振荡器的振荡与停振这两种信号经放大器转换成二进制的开关信号，从而起到“开”、“关”的作用。这种接近开关检测的对象，不限于导体，可以为绝缘的液体或粉状物等。电容式接近开关型号有 LXJ15、TC 等系列产品。

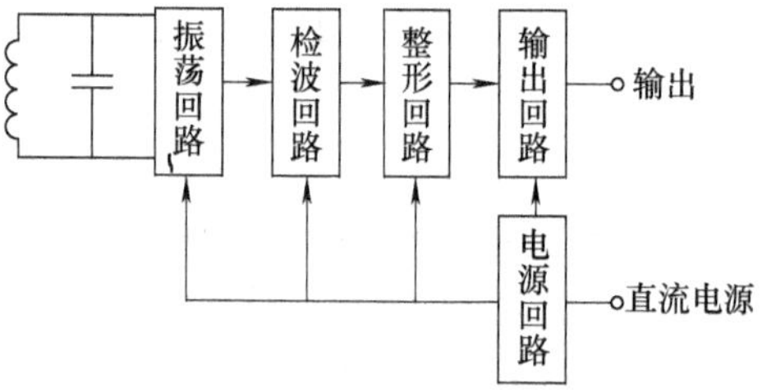

图 6-17　电感式接近开关

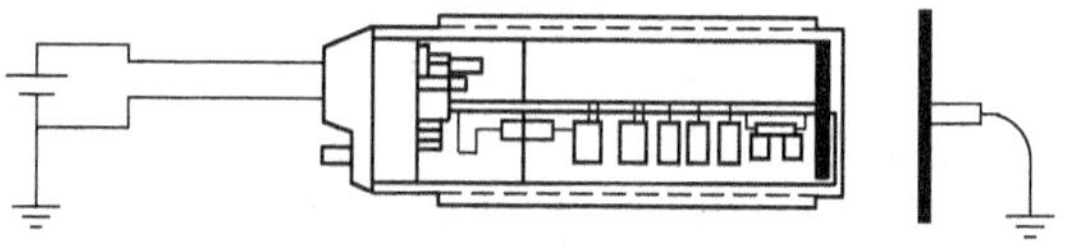

图 6-18　电容式接近开关

3）型号含义：

LJ □ □ □—□/□ □ □ □ □

① ② ③ ④ ⑤ ⑥ ⑦ ⑧ ⑨

序　号	项　目	代 号 含 义
①	感应方式	G—电感式　K—霍尔式　C—磁性
②	直径或外形编号	在 LJG 中一般表示外形编号，只在 M 形中表示圆的直径；在 LJK 的螺柱型中，表示螺径

（续）

序　号	项　目	代 号 含 义
③	外形	A—螺柱形、B—圆柱形、C—小方形、T—T 形、M—M 形、L—带连接器的螺柱形、F—槽形
④	检测距离	1mm、2mm……10mm、15mm
⑤	电源电压	Z：（DC：6～30V 或 10～30V）J：（AC：90～250V）
⑥	输出电流	"0"—50mA　"1"—100mA　"2"—200mA　"3"—500mA　"4"—600mA　"5"—1000mA
⑦	输出形式	A—二线常开、B—二线常闭、C—三线常开、D—三线常闭　E—四线常开常闭、F—四线 PNP、NPN
⑧	输出类型	"N"—NPN 型　"P"—PNP 型
⑨	安装方式	1—埋入式　2—非埋入式

例：LJG1A—8/Z2CN2 表示电感式接近开关。外形编号为 1 的 M18 的圆柱螺纹结构，额定动作距离 8mm，直流三线常开 200mA，NPN 输出，非埋入式。

3. 选用安装与维护

1）安装时应考虑环境因素的影响。无论选用哪种接近开关，都应注意对工作电压、负载电流、响应频率、检测距离等各项指标的要求。

2）接近开关的动作距离请设定在 80% 标准动作距离内，以免开关工作受温度、电压等影响。当接近开关用作测量动作频率或其他高速场合，请将接近开关的动作距离设定在 1/2 标准距离处，开关在此位置可获得最大的动作频率。

3）电容式接近开关不仅能检测金属，而且能检测塑料、玻璃、水、油等物质，因各种检测体的电导率和介电常数、吸水率、体积的不同，故相应检测距离也不同，对于接地的金属可获得最大的检测距离。

4）电容式接近开关不宜安装在高频电场附近，如高频焊机、超声波发生器等，以免发生误动作。

5）电容式接近开关的动作距离是可调的，以适应不同的检测体的检测，因此在安装时都必须经过调整。

6）交流型开关必须先接负载再接至电源，若直接接电源将使开关损坏。

7）直流型开关使用电感性负载时，若系统有较大干扰脉冲时，请在靠近开关端加接干扰脉冲抑制器件。

8）接近开关一般不宜串、并联使用，需要时可改用中间继电器串、并联来驱动负载。

6.6.4　主令控制器

主令控制器是一种较为频繁地切换复杂的多回路控制电路的主令电器。常配合电磁起动器对绕线式异步电动机的起动、制动、调速及换向实行远距离控制。广泛用于各类起重机械的拖动电动机的控制系统中。其按回路的电流分为直流主令控制器和交流主令控制器；按操作方式与传动机构种类分为手柄操作带档位主令控制器、手柄操作自复零位主令控制器、手柄操作带齿轮主令控制器、连杆操作齿轮主令控制器；按结构型式可分为凸轮非调整式主令控制器、凸轮调整式主令控制器。常用的有 LK1、LK5、LK17 系列等。

1. 结构与型号含义

主令控制器一般由外壳、触头、凸轮、转轴等组成，如图 6-19a 所示。LK5 系列主令控制器适用于交流 50Hz 电压至 380V 及直流电压至 440V 的电路中，主要用于各类型电力驱动装置的遥远控制，可以控制需要较多控制电路的联锁与转换装置，适合于频繁操作任务。但它不适宜用于有化学活跃性、易燃气体及充满灰尘以及非常潮湿的场所。此主令控制器除 LK5—227 为防水式外，其他都制成保护式，其开关装置封闭于壳子内，为了避免偶尔触及带电部分，并防止外物落入开关装置内，外壳用扣固定于身上。其型号含义如图 6-19b 所示。

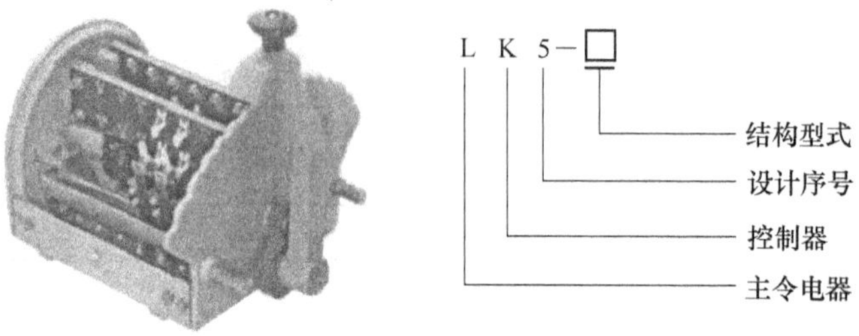

a)　　b)

图 6-19　主令控制器

a）结构图　b）型号含义

2. 动作原理

触头的断开与闭合系借助于触头支持，动触头与弹簧的作用。当触头支持上的滚子作用在凸轮边缘上时，触头便断开。当触头支持上的滚子位于凸轮凹处时，由于弹簧的作用使动触头与静触头闭合。

3. 主要技术参数

LK5 系列主令控制器技术参数见表 6-16。

表 6-16　LK5 系列主令控制器技术参数

型　号	凸轮盘数目	工作电路数	备用电路数	工作位置数	重量/kg	传动机构种类
LK5—027-1	1	2		1-0-1	5	手柄直接操作，可自复至零位
LK5—031/3-401 LK5—031/3-405	2	4		1-0-1	15	手柄直接操作，可自复至零位
LK5—031/601 LK5—031/603	3	6		3-0-3 1-0-1	15	手柄直接操作，有定位装置
LK5—051/6-816 LK5—051/6-1003	4 5	8 10	1	7-0-7	48	带正齿轮传动装置 1∶2 的手柄，每一位有定位装置
LK5—052/2-816 LK5—052/2-1003	4 5	8 10		7-0-7	25	带正齿轮传动装置 1∶2 的与杠杆相连的摇臂无固定的位置

4. 使用与维护

1）使用中如发现手柄松动，应及时紧固。

2）在运行过程中，如发现控制器触头落满灰尘或因拉弧产生的氧化颗粒影响接通时，需用干布或小钢锉清理干净，不能用砂纸清理触头。

3）轴承及齿轮转动部分应经常涂上洁净的润滑油。

6.7 其他常用低压电器

6.7.1 起动器

起动器是专门控制三相异步电动机起动、停止和正反转用的电器。起动器分为直接起动器和减压起动器两大类，直接起动器是在额定电压下直接起动电动机。直接起动时，电动机的起动电流和起动转矩都比较大，适用于较小功率的电动机；减压起动器是采用各种方法降低电动机起动时的电压，以减少起动电流，待电动机运行正常后，再全压运行，适用于较大功率的电动机。除少数手动直接起动器外，大部分起动器的控制部分由交流接触器、热继电器、减压装置(自耦变压器、电阻降压器、电抗降压器等)和控制按钮或手柄组成。起动器均具有失压保护和过载保护功能，有的起动器还具有断相保护功能。

1. 电磁起动器

电磁起动器由接触器、按钮和热继电器组成。它具有接触器的一切特点，所不同的是电磁起动器中有的有热继电器保护，而且有的能控制正反转运行，即有可逆运行功能。

由于它是直接把电网电压加到电动机的定子绕组上，使电动机在全电压下起动，所以又称直接起动器。当电网和负载对起动特性均没有特殊要求时，常采用电磁起动器。因其不仅操作控制方便，而且具有过载和失电压保护功能。过载保护指当电动机的负荷超过其额定负荷、并且超过一定的允许时间时，电磁起动器能够自动分断电动机电源。失电压保护指电磁起动器接通电源，将电动机起动并投入正常运行后，遇到电源断电时，电磁起动器能够自动分断电路，以防止电源重新有电时电动机自行起动，从而免除设备受到损害和人员受到伤害。电磁起动器分为不可逆和可逆两种。前者用于起动无需反转的异步电动机；后者用于需要反转的异步电动机。电磁起动器用按钮操作。不可逆电磁起动器有“起动”和“停止”两个按钮；可逆电磁起动器有正转、反转和停止 3 个按钮。为防止可逆起动器中的正常控制接触器和反转控制接触器同时通电，以致发生电源短路，在控制电路中一般设有电气联锁，有时还要增设机械联锁，以保证只有当起动器中的一个接触器处于断开位置时，另一个接触器才有可能通电动作，而电动机也只向一个方向运转。

QCX2 系列不可逆电磁起动器适用于交流 50Hz(或 60Hz)、额定绝缘电压为 660V，在 AC3 使用类别下，额定工作电压为 380V 时额定工作电流至 95A 的三相笼型电动机的起动、停止之用，和相应规格的热继电器组合，对电动机的平衡过载、断相进行保护。其外形图和型号含义如图 6-20a、b 所示。

a)

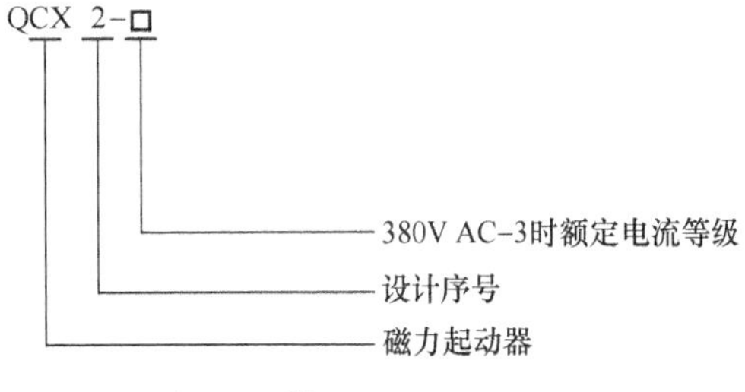

b)

图 6-20　电磁起动器
a）外形图　b）型号含义

2. 自耦减压起动器

在电动机的控制电路中，利用自耦变压器于起动时将电源电压降低，以减少起动电流。自耦变压器输出侧有不同的电压抽头，可借助调节电机起动电压，以达到降低起动电流的目的，电动机转动后可逐渐调节至额定电压。自耦减压起动器由自耦变压器和交流接触器、热继电器等元件组成，可供三相笼型异步电动机作不频繁减压起动及停止之用，可具有过载保护及失压保护功能。常用的有 XJO1 系列自耦减压起动器。

XJO1 系列自耦减压起动器适用于交流 380V、功率至 300kW 的三相笼型异步电动机作为减压起动之用。其主要技术参数见表 6-17。

表 6-17 XJO1 系列自耦减压起动器主要技术参数

型　号	控制电动功率/kW	最大工作电流/A	自耦变压器功率/kW	电流互感电流比	热继电器整定电流参考值/A	最大起动时间总和/s
XJO1—14	14	28	14	50/5	28	40
XJO1—28	28	56	28	75/5	56	
XJO1—40	40	80	40	150/5	80	60
XJO1—75	75	143	75	200/5	143	
XJO1—100	100	184	100	300/5	184	90
XJO1—300	300	537	300	300/5	537	

3. 星-三角减压起动器

电动机的定子绕组三相接为Y(星)形，每相绕组的电压为额定电压的$\frac{1}{\sqrt{3}}$，此时，电动机的起动电流减少，起动转矩也减小，运转正常后，通过起动器自动或手动将电动机定子三相绕组接线变换为△(三角)形，每相绕组的电压升为额定电压，电动机可正常工作。星-三角起动器为电动操作时，接线可自动转换，可遥控电动机起动、停止，并具有过载及失压保护。星-三角起动器一般用于空载或轻载起动的中、小型笼型电动机。其外形图和型号含义如图 6-21a、b 所示。

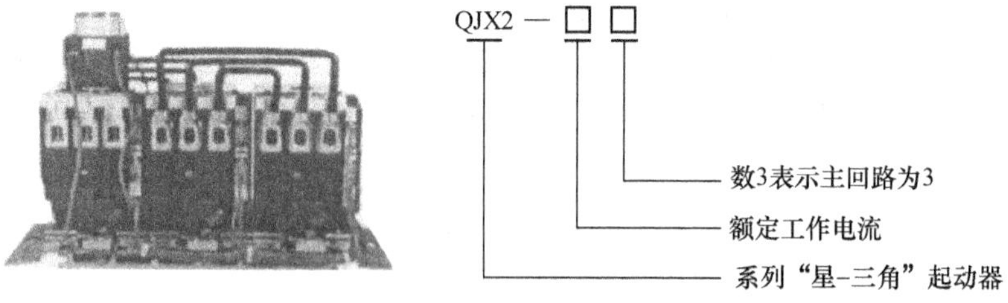

a)　　b)

图 6-21 星-三角减压起动器

a）外形图 b）型号含义

QJX2 系列星-三角减压起动器适用于交流 50Hz 或 60Hz，额定绝缘电压为 660V，在 AC—3 类别使用下额定工作电压为 380V、功率为 80KW 及以下的三相笼型异步电动机，用于控制定子绕组由星形至三角形换接起动及停止。组装相应规格的热继电器后，可对电动机及有关电路进行过载保护。

6.7.2　电磁铁

电磁铁是利用通电铁心线圈产生的电磁吸力吸引衔铁动作，从而带动其他机械装置运动，产生机械联动，以完成预期动作的一种电器。它是将电能转换为机械能的一种电磁元件。

1. 电磁铁的结构与分类

电磁铁主要由线圈、铁心及衔铁、短路环（适用于交流电磁铁）、反作用力弹簧、磁轭等构成。铁心和衔铁一般用软磁材料制成，这样的电磁铁在通电时有磁性，断电后就随之消失。电磁铁按结构型式可分：拍合式、盘式、E 形式、螺管式；按电磁铁的励磁方式可分为直流电磁铁和交流电磁铁；按衔铁运动方式可分为转动式和直动式；按其工作制可分为 8 小时工作制、不间断工作制、断续周期工作制等；按其用途可分为牵引电磁铁、起重电磁铁、制动电磁铁等。

2. 电磁铁的基本工作原理与特点

（1）工作原理　当线圈通电后，铁心和衔铁被磁化，成为极性相反的两块磁铁，它们之间产生电磁吸力。当吸力大于弹簧的反作用力时，衔铁开始向着铁心方向运动。当线圈中的电流小于某一定值或中断供电时，电磁吸力小于弹簧的反作用力，衔铁将在反作用力的作用下返回原来的释放位置。

（2）特点　电磁铁磁性的有无可以用通、断电流控制；磁性的大小可以用电流的强弱或线圈的匝数来控制；也可改变电阻控制电流大小来控制磁性大小。电磁铁在生产中获得了广泛的应用。

3. 常用电磁铁

常用电磁铁有牵引电磁铁、起重电磁铁、制动电磁铁等。

（1）牵引电磁铁　牵引电磁铁主要用于自动控制设备中，用来牵引或推斥机械装置，开启或关闭各种阀门，以达到自控或遥控的目的。常用的牵引电磁铁有 MQ 型，MQ 型牵引电磁铁用于在低压交流电路中作为机械设备及各种自动化系统操作机构的远距离控制。

1）基本原理与型号含义：电磁铁是由磁轭和衔铁两部分组成，在使用时，将磁轭孔安装在固定支架上面，将衔铁与牵引杆相连。当吸引线圈通电时衔铁被吸合，经过连杆带动其所控制的机构。其外形图和型号含义如图 6-22a、b 所示。

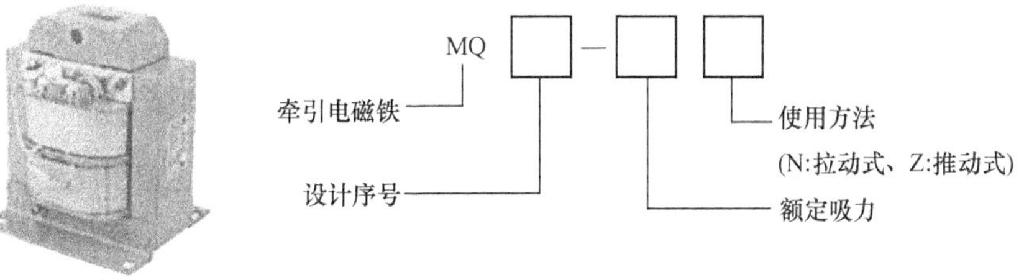

a)　b)

图 6-22　牵引电磁铁

a）外形图　b）型号含义

2）主要技术参数。MQ2 系列牵引电磁铁主要技术参数见表 6-18。

表 6-18 MQ2 系列牵引电磁铁技术参数

型号		MQ2—0.7Z	MQ2—3Z	MQ2—8Z	MQ2—1.5N	MQ2—5N	MQ2—15N	MQ2—25N
使用方法		推动式	推动式	推动式	拉动式	拉动式	拉动式	拉动式
额定吸力/N		7	30	80	15	50	150	250
额定行程/mm		10	20	25	20	25	50/30	30
额定电压/V		110、220、380						
通电持续率(%)		60						
操作次数/(次/h)		600	200	200	200	200	300	200
衔铁重量/kg		0.15	0.25	0.5	0.20	0.35	1.6	3
消耗功率	起动/V·A	102	817	1980	532	1825	8560	10120
	吸持/V·A	16	68	110	49	99	342	437

（2）起重电磁铁 起重电磁铁是一种以被吸物为衔铁的特殊直流电磁铁，用作起重装置来吊运钢锭、钢材、铁砂等铁磁性材料。MW 型起重电磁铁用于安装在起重机械上吸引钢铁等磁性物质。

1）基本原理与型号含义。电磁铁工作时，电源及控制设备向电磁铁供给直流电，电磁铁内部产生强大磁场，通过壳体磁路和工作气隙对被吸物产生强大磁力而达到搬运物料的目的。其外形结构与型号含义如图 6-23a、b 所示。

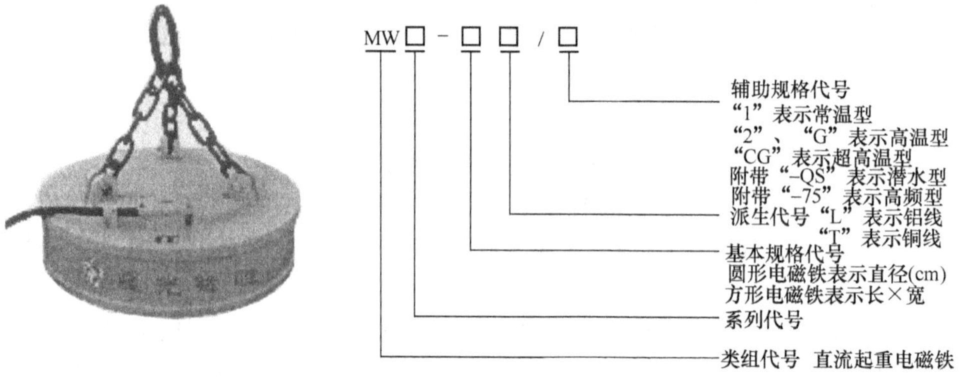

a) b)

图 6-23 起重电磁铁

a）外形图 b）型号含义

2）主要技术参数。MW5 系列起重电磁铁主要技术参数见表 6-19。

表 6-19 MW5 系列起重电磁铁技术参数

型号	起重能力(冷态/热态)/kg				电流(冷态)A	消耗功率(冷态)/kW	自重/kg
	钢球	铸铁锭	切料头	铸铁切削			
MW5—70L/1-75	2500	380/200	380/200	120/100	15.0	3.3	500
MW5—120L/1-75	7500	1300/1000	1300/1000	600/500	45.5	10.0	1700
MW5—180L/1-75	14500	2750/2100	2750/2100	1600/1350	102.4	22.5	4200
MW5—240L/1-75	26000	4800/3800	4800/3800	2850/2300	154.0	33.6	9000

（3）制动电磁铁　制动电磁铁是用来操纵制动器，完成制动任务的电磁铁，主要用于对电动机进行制动以达到准确停车的目的。常用的有 MZD 型单相制动电磁铁和 MZS 型三相制动电磁铁。

1）外形结构与型号含义。MZD1 系列交流制动电磁铁是操动制动器做机械制动用。通常与闸瓦式制动器配合使用，在电气传动装置中用作电动机的机械制动，以达到准确和迅速停车的目的。其外形结构与型号含义如图 6-24a、b 所示。

a)

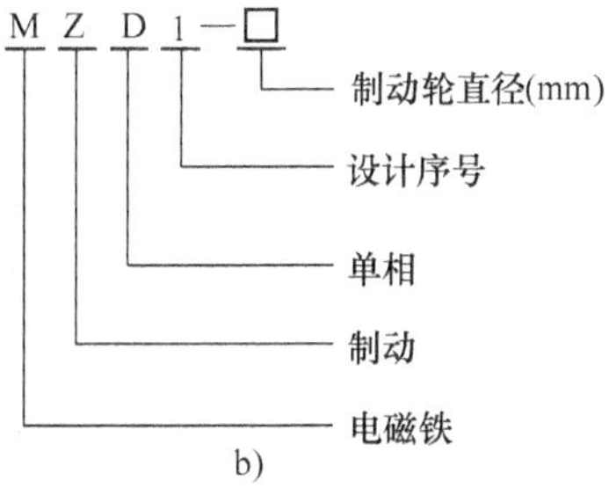

b)

图 6-24　制动电磁铁

a）外形图　b）型号含义

2）主要技术参数。MZD1 系列制动电磁铁主要技术参数见表 6-20。

表 6-20　MZD1 系列制动电磁铁技术参数

型　号	电磁铁转矩/(N·m) 通电持续率 40%	电磁铁转矩/(N·m) 通电持续率 100%	衔铁重力转矩/(N·m)	回转角/(°)	额定回转角度下制动杆的位移/mm
MZD1—100	55	3	0.5	7.5	3
MZD1—200	40	20	3.6	5.5	3.8
MZD1—300	100	40	9.2	5.5	4.4

3）电磁制动器。MZD 型单相制动电磁铁和 MZS 型三相制动电磁铁一般用于组成电磁制动器。MZD1 系列交流单相制电磁铁适用于交流 50Hz 电压至 380V 的电路中，主要作为匹配 TJ2 系列、JMZ 系列、TJ2 系列或 JWZ 系列闸瓦式制动器的操动器装置。由制动电磁铁组成的 TJ2 型交流电磁制动器的示意图如图 6-25 所示，通常电磁制动器和电动机轴安装在一起，其电磁制动线圈和电动机线圈并联，二者同时得电或电磁制动线圈先得电之后电动机紧随其后得电。

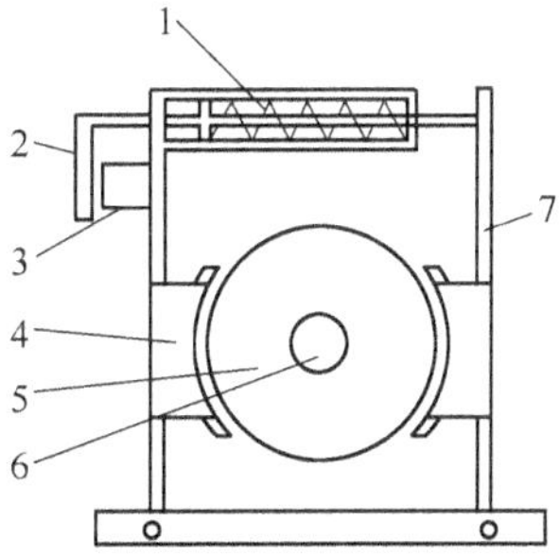

a)

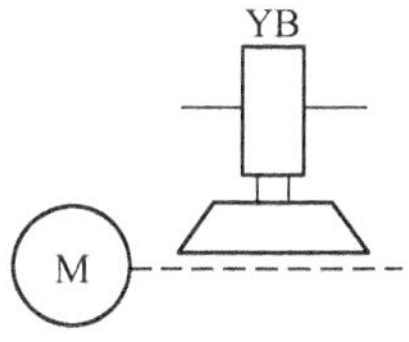

b)

图 6-25　电磁制动器

1—弹簧　2—衔铁　3—铁心线圈　4—闸瓦
5—闸轮　6—电动机轴　7—杠杆

电磁制动器线圈得电吸引衔铁使弹簧受压，闸瓦和固定在电动机轴上的闸轮松开，电动机旋转，当电动机和电磁制动器同时失电时，在压缩弹簧的作用下闸瓦将闸轮抱紧，达到制动效果。

6.7.3　电阻器和变阻器

1. 电阻器

电阻是电气产品中不可缺少的电气元件，可分为两大类，一类为电阻元件，用于弱电电子产品，一类为电阻器，用于低压强电交直流电气线路的电流调节以及电动机的起动、制动和调速等。电阻器的主要技术参数有标称阻值、额定电压、额定功率、允许误差、温度系数、老化系数及外形尺寸等。

（1）外形结构和图形符号　常用的电阻器有ZX型、ZB型和ZG型电阻器，用于低压电路中的电流调节。ZX型电阻器主要用于交直流电动机的起动、制动和调速等。电阻器的图形符号如图6-26所示。

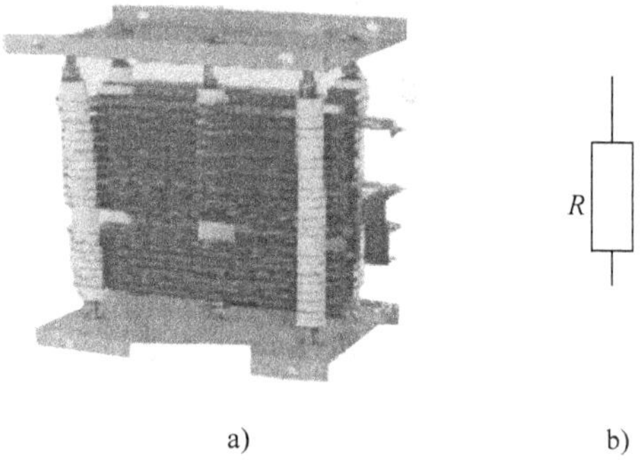

图6-26　电阻器
a）外形图　b）图形符号和文字符号

（2）型号含义　ZX系列电阻器有ZX1、ZX9、ZX15型，ZX1型电阻器适用于交流50Hz电压至660V及直流电压至440V的电路中。主要用作电动机的起动、制动与调速之用，其容量约为4.6kW。其型号含义如下：

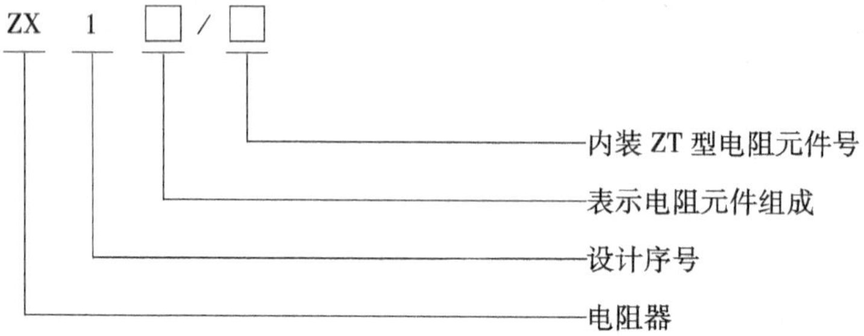

（3）主要技术参数　ZX1系列电阻器主要技术参数见表6-21。

表6-21　ZX1系列电阻器主要技术参数

型号	+20℃时电阻值/Ω						允许负载电流/A	发热时间常数/s	铸铁电阻元件	
	总的	每级							型号	数量
		1	2	3	4	5				
ZX1—1/5	0.10	0.03	0.02	0.02	0.03		215	850	ZT1—5	20
ZX1—1/20	0.40	0.12	0.08	0.08	0.12		107	575	ZT1—20	20
ZX1—1/55	1.10	0.33	0.22	0.22	0.33		64	408	ZT1—55	20
ZX1—1/80	1.60	0.48	0.32	0.32	0.48		54	490	ZT1—80	20
ZX1—2/38	1.52	0.456	0.304	0.304	0.228	0.228	55	660	ZT2—38	40
ZX1—2/105	4.2	1.26	0.84	0.84	0.63	0.63	33	400	ZT2—105	40
ZX1—2/280	11.2	3.36	2.24	2.24	1.68	1.68	20		ZT2—280	40

2. 变阻器

变阻器的作用和电阻器的作用类似，不同点在于变阻器的电阻是连续可调的，而电阻器的每段电阻固定，在控制电路中可采用串并联或选择不同段电阻的方法来调节电阻值，电阻值是断续可调的。常用的变阻器有 BX 型滑线变阻器，用于电路的电流和电压调节、电子设备及仪表等电路的控制或调节等。BL 型励磁变阻器用于直流电机的励磁或调速；BQ 型起动变阻器用于直流电动机的起动；BT 型变阻器用于直流电动机的励磁或调速；BP 型频敏变阻器用于三相交流绕线式异步电动机的起动控制。

（1）滑线变阻器

1）外形结构和图形符号。BX 型滑线变阻器外形及图形符号、文字符号如图 6-27 所示。

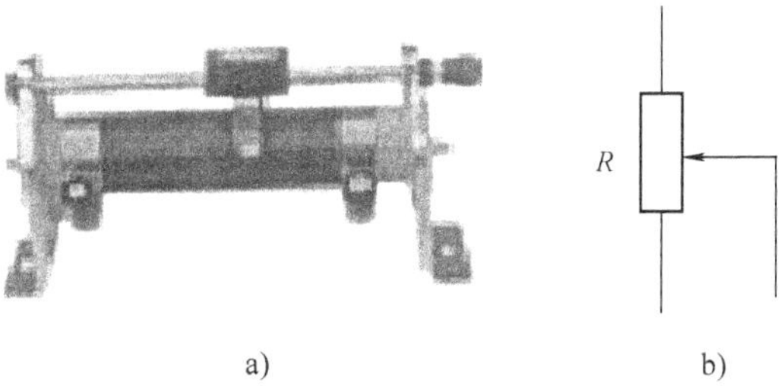

图 6-27　滑线变阻器
a）外形图　b）图形符号和文字符号

滑线变阻器采用经过氧化绝缘处理的康铜丝，密绕于瓷管上，并固定于金属保护支架上，通过接触系统的导电电刷，在康铜丝表面移动，以达到改变阻值的大小。常用的 BX7、BX8 滑线式变阻器适用于交流 50Hz、电压至 380V 及直流电压至 400V 以下的电路中。主要作为校正电气机械设计阶段中作变更电压、电流和代替未定阻值的可变电阻器应用；在实验室中做实验或教学演示用的电压、电流调节器，以及作为发电设备和直流电动机的励磁调速电阻等之用。滑线式变阻器在多管并联后电流可达 200A，功率最大 50kW，产品有单管、双管、三管、四管、六管、八管等近千种规格。

2）技术参数。变阻器的主要技术参数和电阻器类似。BX7 系列滑线式变阻器主要技术参数见表 6-22。

表 6-22　BX7 系列滑线式变阻器电阻、电流范围表

型号 / 电阻/Ω / 电流/A	型号 BX7—11	型号 BX7—12	型号 BX7—13	型号 BX7—14	型号 BX7—15	型号 BX7—16
0.10	5K	7K	8.7K	10.5K	12.5K	14.5K
0.35	850	1.2K	1.5K	1.8K	2.1K	2.4K
0.80	250	350	420	500	600	700
2.50	35	45	55	70	80	90
6.00	6.5	9	12	15	18	20
15.00	1.1	1.5	1.9	2.3	2.6	3
50.00	0.13	0.19	0.24	0.28	0.32	0.36

（2）频敏变阻器　BP6 系列频敏变阻器适用于频率为 50Hz 的三相交流绕线转子异步电动机，用作重载起动。

1）外形结构和图形符号。BP6 系列频敏变阻器外形图及图形符号和文字符号如图 6-28 所示。

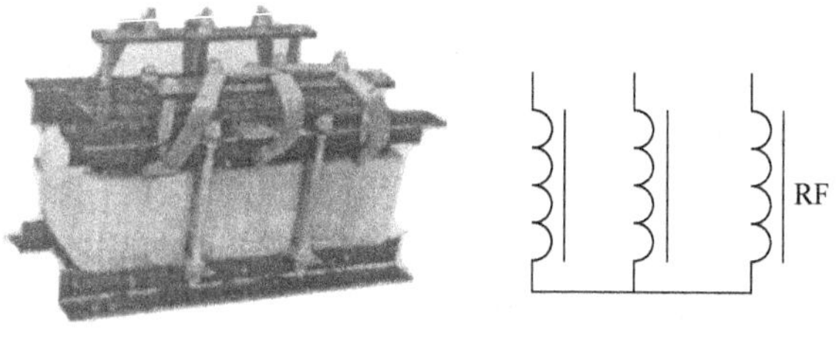

a) b)

图6-28 频敏变阻器

a）外形图 b）图形符号和文字符号

2）型号含义如下：

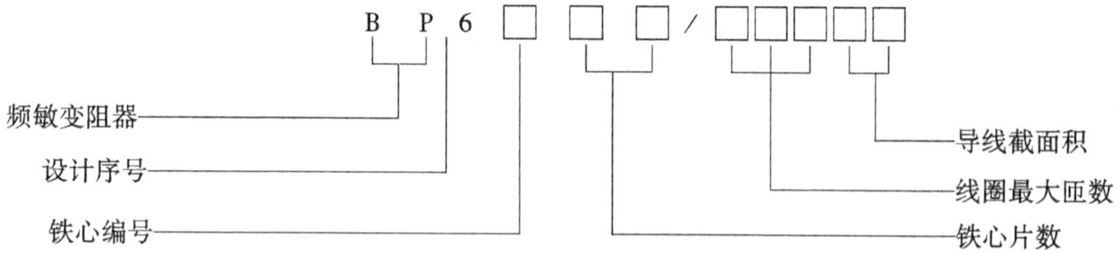

3）结构特征。BP6 系列频敏变阻器设计成四管式结构，它由铁心和绕组部分组成。铁心部分每相共有两个环，最外层和第三层是铝环，第二层和最里层是铁环，轭铁为厚钢板。四管式结构是在 BP4 系列基础上再套上内铝环和内铁环。在电动机刚起动时，由于电流的集肤效应使磁通集中于外铁环，随着电动机转速的提高，转差率逐渐减小，集肤效应减弱，磁通逐渐进入内铁环，使内铝环中感应电动势增大，其作用相当于在外铝环上并联一个阻值逐渐减小的电阻。在参数合适的情况下，内外铝环合成等效电阻与转差率平方根成正比，变阻能力可大大提高，因此这种四管式频繁变阻的机械特性比 BP1、BP2、BP4 等系列优越。

6.8 低压电器常见故障的检查与排除

低压电器的主要零部件指电磁系统、触头系统和灭弧装置中的一些关键性零部件，其故障将会导致电器工作失常或不能工作，影响生产任务的完成。对运行中的电器，一旦出现故障，必须迅速排除，以免造成设备损坏，甚至人员伤亡。

6.8.1 电磁系统的故障分析与排除

电磁系统包括静铁心、衔铁和吸引线圈等几个部件。其常见故障及排除方法如下：

1. 铁心故障的检查与排除

电磁系统在工作时发出均匀、调和、轻微的“嗡嗡”声是正常的，但如果声音过大，则说明电磁系统发生了故障。产生衔铁噪声大的原因一般有以下几种。

1）接触不良或衔铁歪斜。电器使用时间长了，由于衔铁与铁心经过多次碰撞后，接触面就会变形和磨损，或因接触面上积有锈蚀、油污、尘垢等都会造成相互间的接触不良，使动、静铁心在吸合时接触不紧密，就会产生跳动并发出噪声。衔铁的振动导致衔铁和铁心加速损坏，还会使线圈过热甚至烧毁，形成恶性循环。排除故障时，应拆下线圈，检查动、静铁心之间的接触面是否平整和清洁，若是端面变形、磨损，应设法修平；如有污垢则应清洗。若衔铁歪斜或松动，则加以校正或紧固。

2）短路环损坏。短路环损坏是造成衔铁噪声大的另一个原因，电器的铁心在受到多次撞击后，安装在铁心端面内的短路环可能发生断裂或从铁心上脱出，不能减振，使铁心在交变磁场作用下产生强烈振动而发出噪声。短路环的断裂部位多数发生在铁心槽外的转角部分和槽口部分，对这种断裂的短路环，可焊牢断口，再用粘合剂粘牢在铁心上。如果短路环只是脱出，可先用钢锯条将铁心槽壁刮毛，涂上粘合剂，然后将短路环压入铁心。如无法修复则应更换。

3）电源电压过低。电源电压过低也会使衔铁产生较大的噪声。因为电源电压过低，产生的电磁吸力不足，衔铁就会发出强烈的振动和噪声。应检查电源电压是否与吸力线圈的电压相符合。

4）衔铁运动受阻。如果触头的弹簧压力过大或衔铁运动发生卡阻，也会产生振动发出噪声，只要更换触头弹簧或排除卡阻即可。

2. 电磁线圈故障分析与排除

（1）电磁线圈断路　这种故障的现象是通电后该动作的电器不动作。其可能原因是：线圈因长期存放受潮断路、引出线脱焊或使用中被故障电流烧断。线圈的开路故障可用万用表相应的电阻挡检测，将万用表两支表笔触及线圈两端，若电阻趋近于∞，则线圈中有断路故障存在。拆开线圈检查，如果整个线圈完好只有个别断点，可将其焊牢，处理好绝缘后缠绕还原继续使用。如果断点较多或导线外包绝缘漆层因大电流的高热或严重潮湿已有损伤，则应重绕新线或将线圈整体更换。

（2）电磁线圈过热或烧毁　电磁线圈过热以至烧毁，主要是由于线圈的电流过大。线圈电流过大的原因有：线圈匝间短路；由于电器频繁操作，线圈里经常受到大电流的冲击发高热或因机械损伤导致漆包线绝缘层全部或部分损坏；动、静铁心端面变形或有污垢，或衔铁受阻，使衔铁吸合不紧密或不吸合，铁心间气隙的增大，使线圈阻抗减小，通过的电流增大，导致线圈过热甚至烧毁；外加电压高于线圈额定电压，电流过大，产生热效应，严重时会烧毁线圈；还可能因线圈严重受潮，绝缘性能降低，通电时被电压击穿短路。电磁线圈过热或烧毁故障发生后，一般均要重新绕制或更换线圈，如果线圈短路的故障点或故障部分很少，只有少数几匝，其余部分完好，则可以排除这些短路点的故障，处理好绝缘后，继续使用。

6.8.2　触头系统的故障分析与排除

触头是接触器、继电器等低压电器的执行元件，它担负着接通和断开线路电流的任务，故比较容易损坏，触头常见故障有：过热、磨损和熔焊、不复位等方面。

1. 触头过热

当有电流通过触头时，由于动、静触头之间接触电阻的存在，触头不可避免地会发热，适当的温升是允许的。如果动、静触头之间接触电阻过大，温升超过允许值，严重时使动、静触头熔焊在一起，便成为故障。因触头发热的程度与其接触电阻成正比，所以造成触头过热的原因可能是触头接触压力不足、触头表面接触不良、触头表面烧毛。

（1）触头压力不足　电器由于长期使用，多次开合，受机械损伤和高温电弧等原因的影响，触头压力弹簧会退火，弹簧变形、疲劳、弹性减弱或失去弹性，造成触头压力不足；

或因触头多次开合撞击发生磨损，使厚度变薄，接触部位歪斜，机械强度变差，也会使触头压力不足。两种情况均会造成触头的接触电阻增大，触头温度升高，导致触头过热。如果是触头压力弹簧失去弹性或触头磨损过度，调整后仍达不到要求时，应更换弹簧或触头。但须注意，新配弹簧压力要与原来一样。

（2）触头表面接触不良　触头过热的另一原因是触头表面接触不良，触头表面氧化或积有油垢、尘埃等杂质也会使触头接触电阻增大，导致触头过热。对于氧化比较严重的用油光锉或小刀轻轻刮掉触头表面氧化层，但如果是银或银的合金制成的触头，其表面的氧化层不仅有良好的导电性能，而且还会在使用中还原成金属银，所以不用刮去；对灰尘可用刷子刷掉；油垢可用四氯化碳或汽油作溶剂，反复地进行洗刷。应选择容量大的触头以免触头过热。

（3）触头表面烧毛　触头烧毛是指触头在分断电路时产生的高温电弧作用下在表面上形成许多凸出的小点，从而导致触头接触不良。触头轻微的烧毛是一种正常现象，但严重烧毛是一种故障，应检查原因并及时处理。造成触头烧毛的主要原因是触头分断时因温度很高的电弧在触头之间燃烧，使触头熔化。其次，在触头闭合过程中，动触头具有一定的动能，当动、静触头相碰时，动触头主要发生跳动，若这种跳动刚好发生在电动机起动的时候，此时流过触头上的电流很大，触头跳开时形成电弧将触头烧毛。如果触头表面已经被烧毛或被电弧灼伤，可用小刀或小锉修整表面，应注意只要把凸出部分锉平就够了，不需要将触头的表面修整得过分光滑，因为这样反而会使触头的有效接触面减小而使接触电阻增大，同时修锉过多会减少触头的使用寿命。此外，不允许用砂布或砂纸来修理触头表面，因为这样可能会使砂粒嵌在触头表面上。

另外，如果是因线路或负载的故障使触头产生过电流而过热，就需要从线路或设备中去寻找原因并排除故障。

2. 触头磨损

触头使用时间长久，其厚度越用越薄，这就是触头磨损。造成触头磨损的原因一般有两种：一种是电气磨损，即由于触头间高温电弧作用而使触头金属汽化或蒸发，触头变得越来越薄，电气磨损属于正常磨损；另一种是机械磨损，即由于触头在接通过程中的撞击和触头接触面的相对滑动摩擦等造成。触头逐渐磨损是一种正常现象，若触头磨损过快，则应查明原因，排除故障。

3. 触头熔焊

触头熔焊是指高温电弧将动、静触头的表面熔焊在一起而不能分断的现象。因为触头在接触过程中因产生弹跳而引起电弧，电弧的温度可达3000～6000℃，使触头表面的金属熔化而将动、静触头焊在一起，这是触头故障中最严重的一种故障。这种故障如果不及时排除，会造成设备的损毁甚至造成人身事故。造成这种故障的原因一方面是触头的初压力太大，造成触头在接通过程中弹跳太厉害，这需要调整触头的压力或更换弹簧；另一方面是接触器触头容量太小，或线路发生过载，触头在闭合时因过电流而产生较大的电弧，也会造成熔焊。触头熔焊后，必须更换新的触头，如果因触头容量不够而产生熔焊，则应选择容量更大的低压电器。

4. 触头不复位

除触头熔焊会导致触头不复位外，机械传动部分的故障也会导致触头不复位。机械传动部分的故障主要表现为机械运动部件被卡住或反作用弹簧弹力不够等。检修时应排除传动机构的阻碍因素，调换弹簧，并通电试验，直至传动部分灵活、动作自如为止。

6.8.3 灭弧装置的故障分析与排除

灭弧装置的故障现象表现为灭弧性能降低或失去灭弧功能。造成这种故障的可能原因是灭弧罩受潮、碳化或破碎，磁吹线圈局部短路，灭弧角或灭弧栅片脱落等。检查故障时，可贴近电器倾听触头分断时的声音。如有软弱无力的“噗噗”声，则是灭弧时间延长的现象，可拆开灭弧装置检查。若灭弧罩受潮，可用烘烤驱除潮气；若灭弧罩碳化，轻者可刮除碳化层，严重时应更换灭弧罩；若磁吹线圈短路，可按线圈短路故障排除方法进行检修；若是灭弧角或灭弧栅片脱落，则可重新进行固定；若是灭弧栅片烧坏，则应更换。

6.8.4 典型低压电器的故障分析与排除

这里所说的典型低压电器是指使用广泛、结构较为复杂、故障率也比较高的几种电器，如交流接触器、热继电器、时间继电器等。

1. 交流接触器

交流接触器的电磁系统、触头系统和灭弧装置的故障前面已经分析过，这里主要讨论交流接触器触头断相、相间短路和通电后不动作等几种故障。

（1）触头断相　由于接触器的某相主触头损坏、接触不良或连接螺钉、卡簧松脱，动作时只有两相主触头闭合送电，致使电动机缺相运行，三相异步电动机若发生缺相运行，在外加负载不变的情况下，由于电动机的转矩减小，电动机发出“嗡嗡”响声，且绕组的电流增大，这样很容易烧坏电动机，若出现这种情况应立即停车检修有故障的主触头。

（2）相间短路　此类故障多发生于用两个交流接触器控制电动机作可逆运转的电路上。如果联锁电路有故障，动作失灵或误动作，使两只交流接触器同时吸合，则发生相间短路。如果电路保护装置反应迟钝，故障电流可迅速将触头烧毁、线路烧坏、造成严重后果。另外，如果电动机在正反转中由于切换时间太短，动作过快，也可能使相间拉电弧造成短路。发生此类故障时，可以在控制电路中改用按钮和接触器双重联锁进行保护或更换动作时间长的接触器，以延长正反转的切换时间。

（3）通电后不动作　该故障的可能原因是：电磁线圈开路或与线圈电源接触不良，可按低压电器零部件故障排除方法检修；起动按钮常开触头接触不良，应修理起动按钮；动触头传动机构卡死，转轴生锈或歪斜，应修理传动机构。

2. 热继电器

热继电器的故障现象主要表现为热元件烧断、不动作和误动作三种。

（1）热元件烧断　当热继电器动作频率太高，或负载一侧发生短路、电流过大时会使热元件烧断。这时应先切断电源，排除线路或负载的故障，再更新或重新选用合适的热继电器。更换热继电器后注意要重新调整整定电流。

（2）热继电器不动作　该故障现象主要表现为电路发生过载后，热继电器该动作时不动作，失去过载保护作用。这种故障的原因通常是热元件烧断或脱焊，或电流整定值偏大，动作机构卡死或板扣脱落。热继电器不动作，就不能对电动机起到保护作用，因此发现后要立即进行针对性的处理。修理时可根据负载容量恰当调整整定电流，检修热元件或动作机构。同时，热继电器使用一段时间后，应注意定期检查、校验。热继电器脱扣后，不要立即手动复位，应等其双金属片冷却复原后，再按下复位按钮使常闭触头复位，按复位按钮时要注意用力不可过猛，否则会损坏操作机构。

（3）热继电器误动作　该故障现象主要表现为电路未过载热继电器就自行动作，分断主电路，造成不应有的停电。这种故障的原因通常有以下几种：一是电流整定值偏小，以致未过载就动作；二是电动机起动时间过长，使热继电器在电动机起动过程中动作；三是操作频率过高，使热元件经常受到电流的冲击；四是使用场合有较强烈的冲击及振动，使热继电器动作机构松动导致常闭触头断开。检修时，应查明原因，合理调整整定电流，或调换与负载配套的热继电器，若是电动机或线路故障，应检修电动机和供电线路。如工作环境振动过大，应配用有防振装置的热继电器。

3. 时间继电器

电气控制电路常用的时间继电器是空气阻尼式时间继电器，空气阻尼式时间继电器的主要故障是延时不准确，即延时时间自行加长、缩短，甚至不能延时。延时时间自行加长的原因是气室不清洁，空气通道不通畅，气流被阻滞，应清洁气室和空气通道；延时时间自行缩短或不能延时是气室密封不严或橡皮膜漏气所致，应改善气室的密封程度，若橡皮膜漏气应及时更换。JS7—A 系列时间继电器常见故障及处理方法见表 6-23。

表 6-23　JS7—A 系列时间继电器常见故障及处理方法

故障现象	可能的原因	处理方法
延时触头不动作	（1）电磁线圈断线 （2）电源电压过低 （3）传动机构卡住或损坏	（1）更换线圈 （2）调高电源电压 （3）排除卡住故障或更换部件
延时时间缩短	（1）气室装配不严，漏气 （2）橡皮膜损坏	（1）修理或更换气室 （2）更换橡皮膜
延时时间变长	气室内有灰尘，使气道阻塞	清除气室内灰尘，使气道畅通

4. 速度继电器

如果速度继电器的触头接触不良或胶木摆杆断裂，则使用在电动机反接制动控制电路中时，电动机停车不能制动停转，此时应维修触头或更换胶木摆杆。

习　题　6

1. 填空题

（1）低压电器的电气寿命一般________于机械寿命。

（2）封闭式负荷开关上装有________装置，保证打开箱盖时________，合闸后箱盖________。

（3）低压断路器的功能相当于________、________、________、________及________等的组合。

（4）熔断器按结构形式可分为________、________、________、________和________熔断器等。

(5) 螺旋式熔断器在安装使用时，电源进线应接在________上，负载出线应接在________上。

(6) 接触器的电磁系统由________、________和________三部分组成。

(7) 直流接触器铁心中不会产生________，没有________，也不会________，所以铁心可用整块铸铁或铸钢制成。

(8) 主令电器的应用广泛、种类繁多，常用的有________、________、________、________等。

(9) 行程开关又称________或________，是一种________控制电器。其按结构可分为________、________和________。

(10) 起动器均具有________和________功能，有的起动器还具有________功能。

2. 选择题

(1) 低压电器按执行机能分为(　　)。

A. 配电电器和保护电器　　B. 自动切换电器和非自动切换电器

C. 电磁式电器和非电量控制电器　　D. 有触头电器和无触头电器

(2) 熔断器的额定电流应________所装熔体的额定电流。(　　)

A. 大于　　B. 小于　　C. 大于或等于　　D. 小于或等于

(3) 对于单台电动机的短路保护，若是轻载起动或起动时间较短时，熔体额定电流应选该电动机额定电流的________倍。(　　)

A. 1.3　　B. 1.5　　C. 2.0　　D. 2.5

(4) 对于大容量交流接触器常采用________灭弧。(　　)

A. 电动力　　B. 纵缝灭弧罩及栅片　　C. 陶土灭弧罩　　D. 相间弧板

(5) 交流接触器端面上的短路环所起的作用是(　　)。

A. 增大铁心磁通　　B. 减小铁心振动　　C. 减小剩磁影响　　D. 减缓铁心冲击

(6) 热继电器主要用于电动机的________保护。(　　)

A. 过载　　B. 短路　　C. 欠电压　　D. 失电压

(7) 某电气控制电路对时间继电器的要求时间精度高、时间长，则应选用(　　)。

A. 电动式　　B. 空气阻尼式　　C. 晶体管式　　D. 均可使用

(8) 按下复合按钮时(　　)。

A. 常闭触头先断开　　B. 常开触头先闭合

C. 常闭和常开触头同时动作　　D. 常闭触头动作，常开触头不动作

3. 判断题

(1) 热继电器属于低压保护电器，接触器属于低压控制电器。(　　)

(2) 开启式负荷开关作为电动机的全压起动开关时，其额定电流应为电动机额定电流的3倍。(　　)

(3) 组合开关自身具有短路和过载保护功能。(　　)

(4) 低压断路器中欠电压脱扣器的线圈和电源相串联。(　　)

(5) 交流接触器是一种自动电器，通过控制电路来实现主电路的通断。(　　)

(6) 接触器的主触头和辅助触头可以通用。(　　)

(7) 交流和直流接触器都装有短路环。(　　)

(8) 为了迅速灭弧，直流接触器一般采用磁吹式灭弧装置。 ( )

(9) 热继电器可用作可逆运转及频繁通断的电动机的过载保护。 ( )

(10) 中间继电器的输入信号为线圈的通电或断电，输出是触头的动作。 ( )

(11) 电路图中各电器触头所处的状态都是按电磁线圈未通电或电器未受外力作用时的常态画出的。 ( )

(12) 按钮在电路中用于手动发出控制信号，由操作头、触头、复位弹簧等部分组成。( )

(13) 电容式接近开关仅能检测金属物质。 ( )

(14) 如发现主令控制器触头因拉弧产生的氧化颗粒而影响接通时，需用小钢锉清理干净。 ( )

4. 问答题

(1) 常用低压电器如何分类？其选用的基本原则是什么？

(2) 简述交流接触器的基本结构和工作原理？

(3) 常用的继电器有哪些？

(4) 为什么热继电器只能作过载保护，而不能作短路保护？

(5) 简述空气阻尼式时间继电器的工作原理？

(6) 中间继电器和接触器有何异同？在何种条件下可用中间继电器代替接触器起动电动机？

(7) 接近开关适用于什么场合？有什么优点？

(8) 常用的电磁铁有哪些？各自有何用途？

(9) 接触器的常见故障有哪些？如何检修？

(10) 热继电器不能动作或发生误动作的原因是什么？

实训课题六　常用低压电器的拆装与检修

1. 实训目的

(1) 正确识别常用低压电器。

(2) 熟悉常用低压电器的拆卸与装配工艺。

(3) 能对交流接触器的常见故障进行正确检修。

2. 实训器材

常用电工工具及仪表一套、开启式负荷开关、组合开关、熔断器、交流接触器、热继电器、时间继电器、中间继电器、速度继电器、按钮、行程开关

3. 实训步骤

(1) 通过观察和不带电模拟操作，熟悉和掌握各种低压电器的名称、结构和工作原理。

(2) 使用仪表检测元器件的好坏。

(3) 拆装交流接触器、热继电器、时间继电器、按钮。

(4) 预设交流接触器故障两处，并正确检修。

4. 注意事项

(1) 拆卸过程中，应备有盛放零部件的容器，以免丢失。

(2) 正确使用电工工具进行拆卸，以免损坏电器。

(3) 正确使用万用表和绝缘电阻表对元件进行检测，以免损坏仪表。

5. 思考题

(1) 熔断器、热继电器在电路中起什么保护作用？选择依据是什么？

(2) 说明常用按钮有哪几种形式？说明按钮和行程开关的作用。

(3) 交流接触器的作用是什么？中间继电器和时间继电器的作用是什么？

6. 评分标准

评分标准见表 6-24。

表 6-24　评分标准

<table>
<tr><th>项 目 内 容</th><th>配分</th><th colspan="6">评 分 标 准</th><th>扣　分</th></tr>
<tr><td>元器件识别</td><td>20</td><td colspan="6">(1) 写错或漏写名称，每只扣 4 分
(2) 写错或漏写型号，每只扣 4 分</td><td></td></tr>
<tr><td>元器件检测</td><td>20</td><td colspan="6">(1) 仪表使用方法错误，扣 10 分
(2) 检测结果错误，每次扣 5 分</td><td></td></tr>
<tr><td>拆卸与装配</td><td>30</td><td colspan="6">(1) 拆卸步骤及方法不正确，每次扣 5 分
(2) 丢失零部件，每件扣 10 分
(3) 拆卸后不能组装，扣 30 分
(4) 损坏零部件，每件扣 10 分</td><td></td></tr>
<tr><td>检修</td><td>30</td><td colspan="6">(1) 检修步骤及方法不正确，每次扣 5 分
(2) 未进行检修或检修无效果，扣 30 分
(3) 查出故障点，但不能排除，每个扣 15 分
(4) 产生新的故障，无法自行修复，扣 25 分</td><td></td></tr>
<tr><td>安全文明生产</td><td colspan="7">违反安全文明生产规程扣 5 ~ 40 分</td><td></td></tr>
<tr><td>定额时间 2h</td><td colspan="7">以每超 10min 扣 5 分计算</td><td rowspan="4"></td></tr>
<tr><td>备　　注</td><td colspan="6">除定额时间外，每项最高扣分不超过该项的配分</td><td rowspan="2">成　　绩</td></tr>
<tr><td>开始时间</td><td colspan="2"></td><td>结束时间</td><td></td><td>实际时间</td><td></td></tr>
<tr><td>班　　级</td><td colspan="3"></td><td>姓　名</td><td colspan="2"></td><td>指导老师</td></tr>
</table>

第7章
三相异步电动机控制电路

利用常用低压电器，可以构成各种不同的控制电路，完成生产机械对电气控制系统所提出的要求，而任何复杂的控制电路，都是由一些基本的控制电路组合而成的。本章主要介绍电气图的基本知识和三相异步电动机的基本控制电路，因此在本章的学习过程中，应注重理解各基本控制电路的工作原理，掌握分析控制电路的基本方法，为后续章节的学习打下坚实的基础。

7.1 电气图的识读与绘制

电气图是根据标准的图形符号和文字符号及规定的画法绘制的用以描述电气控制设备结构、工作原理和技术要求的工程图，是电气工程技术的语言。

7.1.1 图形符号和文字符号

1. 图形符号

图形符号是指用于图样或其他技术文件中，表示电气元件或电气设备性能的图形、标记或字符。国家规定电气系统图中的图形符号和文字符号必须符合国家标准 GB/T 4728—2005 ~ 2008《电气图用图形符号》、GB/T 6988—1997 ~ 2008《电气制图》、GB/T 7159—1987《电气技术中的文字符号制定通则》，以便于进行国际交流，掌握引进新的技术，适应新的发展需要。图形符号由基本符号、一般符号和明细符号组成。

（1）基本符号　基本符号是一种具有确定意义的简单图形，只说明电路的某些特征，不表示独立的电气元件。例如："="表示直流电。

（2）一般符号　一般符号是用以表示同一类产品或此类产品特性的一种较简单的符号，是各类元器件的基本符号，如一般电阻器的符号。

（3）明细符号　明细符号是用以表示某种具体电气元件的符号，其由一般符号、物理量符号、限定符号等组合而成。如过电流继电器线圈的符号是由线圈的一般符号、物理量符号 I 和限定符号" > "组成。

2. 文字符号

电气图中文字符号是用来表示电气设备、装置和元器件种类及功能的字母代码。电气技术中的文字符号分为基本文字符号和辅助文字符号。

（1）基本文字符号　基本文字符号主要表示电气设备、装置和元器件的种类名称，包括单字母符号与双字母符号两种。

单字母符号是按拉丁字母将各种电气设备、装置和元器件划分为23大类，每大类用一个专用字母符号表示，如“R”表示电阻器类，“F”表示保护电器类等。双字母符号是由一个表示种类的单字母符号与另一字母组成，应以单字母符号在前、另一字母在后的次序列出，后一字母通常选用该类设备、装置和元器件名称的首位字母。只有当用单字母符号不能满足要求、需要将大类进一步划分时，才采用双字母符号，以便于较详细和更具体地表述电气设备、装置和元器件。如“RP”表示电位器，“FU”表示短路保护电器熔断器。

（2）辅助文字符号　辅助文字符号是用以表示电气设备、装置和元器件以及电路的功能状态和特征的，通常由英文单词的前一两个字母构成。如“DC”表示直流，“L”表示限制，“RD”表示红色等。辅助文字符号也可放在表示种类的单字母后边组成双字母符号，如“KS”表示速度继电器，“YV”表示电磁阀。为简化文字符号起见，若辅助文字符号由两个以上字母组成时，允许只采用其第一位字母进行组合，如“MS”表示同步电动机等。辅助文字符号还可以单独使用，如“ON”表示接通，“N”表示中性线，“PE”表示保护接地等。

（3）补充文字符号　补充文字符号用于基本文字符号和辅助文字符号在使用中仍不够用时进行补充，但要按照国家标准中的有关原则进行。例如，有时需要在电气原理图中对相同的设备或元器件加以区别时，常使用数字序号进行编号，如“T1”表示 1 号变压器，“G2”表示 2 号发动机。

（4）回路标号　电气控制电路原理图上回路标号实际上是导线的线号，即对电路中的各个接点用字母或数字编号。主电路回路标号由文字和数字标号组成。主电路在电源开关的出线端按相序依次编号为 U11、V11、W11。然后按从上至下、从左至右的顺序，每经过一个电气元件后，编号要递增。控制电路标号方法为首先编好控制电路电源引线线号，“1”通常标在控制线的最上方，然后按等电位原则以从上至下、从左至右的顺序用数字依次编号，每经过一个电器元件后，编号要依次递增。标号方法可参照实训课题八。

7.1.2　电气原理图

电气原理图是说明电气设备工作原理的电路图。表示电流从电源到负载的传送情况和电器元件的动作原理，但它不表示电器元件的结构尺寸、安装位置和实际配线方法。

1. 绘制原则　布局合理、排列均匀、图面清晰。

1）电气原理图一般分主电路和控制电路两部分：主电路包括从电源到电动机的电路，是大电流通过的部分，用粗线条画在原理图的左边。控制电路是通过小电流的电路，一般是由按钮、电器元件的线圈、接触器的辅助触头、继电器的触头等组成的控制电路、照明电路、信号电路及保护电路等，用细线条画在原理图的右边。

2）电路图中各电气元器件，一律采用国家标准规定的图形符号和文字符号绘出和标记。

3）需要测试和拆、接外部引出线的端子，应用图形符号“空心圆”表示。电路的连接点用“实心圆”表示。

4）采用电器元件展开图的画法。同一电器元件的各部件可以不画在一起，但文字符号要相同。若有多个同一种类的电器元件，可在文字符号后加上数字序号来区分，如 KM1、KM2 等。

5）所有按钮、触头均按常态画出，即按未动作或未通电时的原始状态画出。

6）控制电路的分支电路，原则上按动作顺序和信号流程自上而下或自左至右的原则绘制。

7）电路图应按主电路、控制电路、照明电路、信号电路分开绘制。直流和单相电源电路用水平线画出，一般画在图样上方(直流电源的正极)和下方(直流电源的负极)。多相电源电路，集中水平画在图样上方，相序自上而下排列。中性线(N)和保护接地线(PE)放在相线之下。主电路垂直于电源电路画出。控制电路与信号电路垂直画在两条水平电源线之间。耗电元件(如电器的线圈、电磁铁、信号灯等)直接与下方水平线连接，控制触头连接在上方水平线与耗电元件之间。

8）电路中各元器件触头图形符号，当图形垂直放置时以“左开右闭”绘制，即垂线左侧的触头为常开触头，垂线右侧的触头为常闭触头。当图形为水平放置时以“上闭下开”绘制，即在水平线上方的触头为常闭触头，在下方的触头为常开触头。

某车床电气原理图如图 7-1 所示。

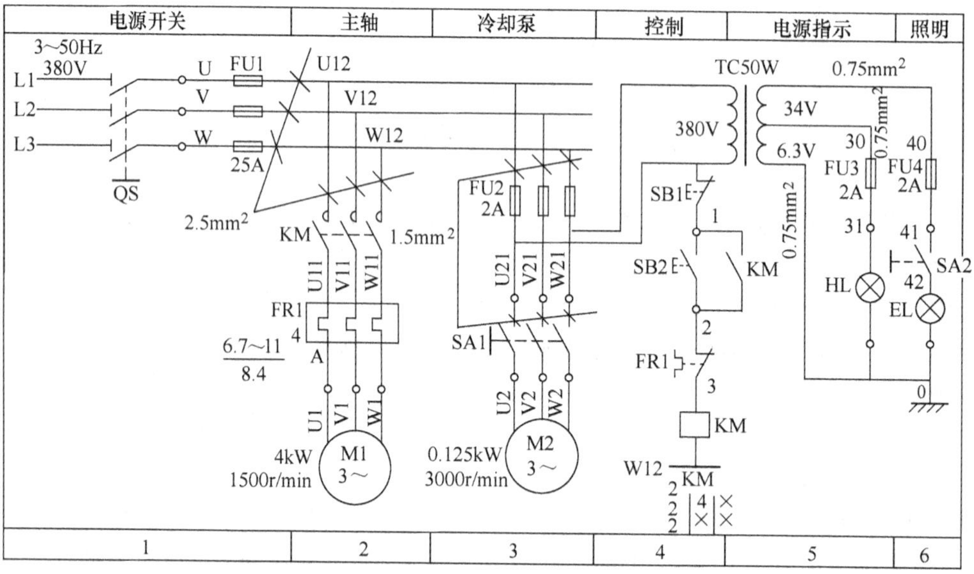

图 7-1　某车床电气原理图

2. 图区的划分

图样下方的 1、2、3、…等数字为图区编号，便于检索、阅读和分析电气电路，以避免遗漏。图区编号也可以设置在图的上方。

图样上方的“电源开关”等字样，表明对应区域下方某个元件或某部分电路的功能，以利于理解全电路的工作原理。

3. 符号位置的索引在图中 KM 线圈下方的是接触器 KM 相应触头的索引代号，对未使用的触头用“×”表示，也可以不画。对接触器，其各栏的含义如下：

左　栏	中　栏	右　栏
主触头所在的图区号	常开辅助触头所在的图区号	常闭辅助触头所在的图区号

对继电器，其各栏的含义如下：

左　栏	右　栏
常开触头所在的图区号	常闭触头所在的图区号

7.1.3　电器元件布置图

布置图是根据电器元件在控制板上的实际安装位置，采用简化的外形符号(如正方形等)而绘制的一种简图。它不表示各电器的具体作用、结构、接线情况以及工作原理，主要用于电器元件的布置和安装。图中各电器的文字符号必须与电路图和接线图的标注相一致。

电气元件布置图主要是用来表示成套设备上所有电机、电器的实际位置的一种图，可参照实训课题八。某车床控制盘电器布置图如图 7-2 所示。

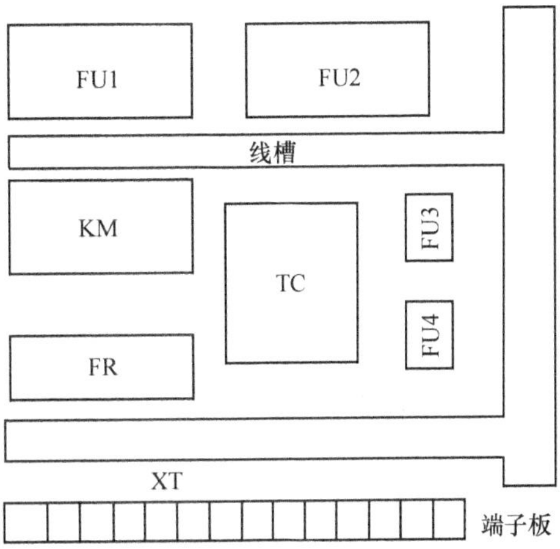

图 7-2　某车床控制盘电器布置图

7.1.4　电气安装接线图

安装接线图是根据电气设备和电器元件的实际位置和安装情况绘制的，只用来表示电器元件和电器设备的位置、配线方式和接线方式，而不明显表示电气动作原理。主要用于安装接线、线路的检查维修和故障处理。在实际应用中接线图往往要与电路图和布置图一起使用。

绘制电气安装接线图时应遵循以下原则：

1）在安装接线图中，各电气元件均按其在安装底板(或电气控制柜)中的实际安装位置按统一比例绘出。

2）绘制接线图时应采用集中表示法，即一个元件的所有部件画在一起，并用点画线框起来。若将多个电气元件用点画线框起来，则表示其安装在同一底板上。

3）安装接线图中各电气元件的图形及文字符号应符合国家标准，并与原理图一致。

4）各电气元件上凡需接线的端子均需绘出并编号，各接线端子的编号应与原理图中的标注一致，以便对照检查接线。

5）安装底板(或电气控制柜)内外的电器元件之间的连线均须通过接线端子板进行。

6）走向相同的相邻导线可以绘成一股线。

7.2　三相异步电动机直接起动控制

三相异步电动机通过开关或接触器将额定电压直接加在电动机的定子绕组上的连接方式称为直接起动或全压起动。

7.2.1　点动与连续运转控制电路

在工业生产中使用的砂轮机、小型台钻及一些小型笼型异步电动机多采用开关直接控制电动机的起动和停止，其接线简单，适用于容量小、无须频繁起动的场合。而对于大容量、起动频繁的场合，使用此法存在操作不方便、不安全、不能进行自动控制等因素。因此，目前广泛采用按钮与接触器来控制电动机的运转。

1. 点动控制电路

（1）组成及作用　点动控制电路如图 7-3 所示，其主要由隔离开关、熔断器、按钮、交流接触器、三相异步电动机组成，其中开关 QS 用作电源隔离开关；熔断器 FU1、FU2 分别作主电路、控制电路的短路保护；按钮 SB 用作控制接触器 KM 的线圈得电与失电；接触器 KM 的主触头控制电动机 M 的起动与停止。工厂中使用的机床快速移动装置和电动葫芦等均采用此电路。

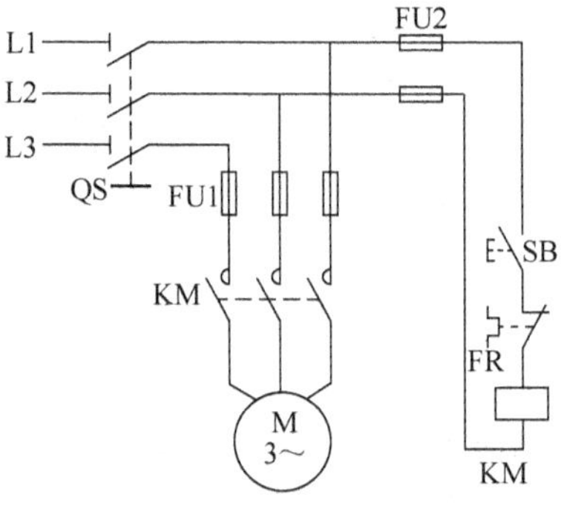

图 7-3　点动控制电路

（2）工作原理

合上开关 QS。

起动：按下 SB→KM 线圈得电→KM 主触头闭合→电动机 M 运转

停止：松开 SB→KM 线圈失电→KM 主触头断开→电动机 M 停转

只有按下按钮电动机才运转，松开按钮就停转的电路称为点动控制电路。在点动控制电路中若要电动机长期运行，则需始终按住 SB，这显然是不现实的。

2. 连续运转控制电路

连续运转控制电路如图 7-4 所示，其与点动控制电路的主要区别在于：为了实现电动机的连续运转，在起动按钮 SB2 两端并联了接触器 KM 的一对常开辅助触头实现自锁，同时为便于电动机的停止，在控制电路中串联了一停止按钮 SB1。所谓自锁是指接触器通过自身常开辅助触头闭合而使线圈保持得电的作用，而与起动按钮 SB2 并联的 KM 的常开辅助触头称为自锁触头。

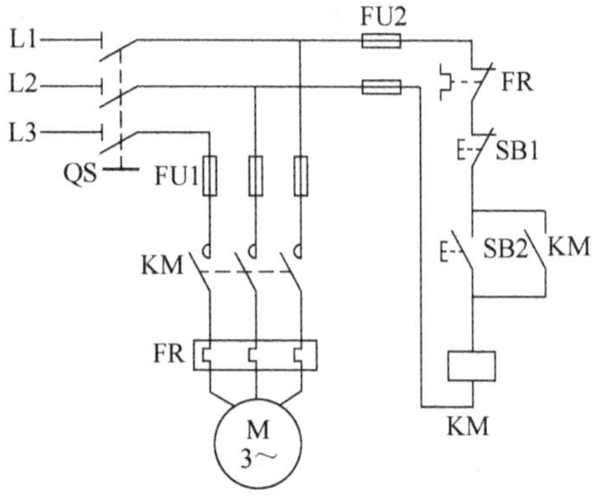

图 7-4　连续运转控制电路

（1）工作原理

合上开关 QS。

起动：按 SB2→KM 线圈得电 { KM 主触头闭合→电动机 M 连续转动；KM 常开触头闭合→维持 KM 线圈得电→自锁 }

停止：按 SB1→KM 线圈失电 { KM 主触头打开→电动机 M 停止转动；KM 常开触头打开→解除自锁 }

（2）电路功能

1）短路保护：电路中起短路保护作用的是熔断器 FU。电路中一旦发生短路事故，熔断器立即熔断，主电路和控制电路都失去电压，电动机马上停转。

2）过载保护：电路中起过载保护作用的是热继电器 FR。当电动机过载时，它的发热元件发热促使串联在控制电路中的常闭触头断开，因而接触器线圈断电，主触头断开，电动机停转。

3）失电压和欠电压保护：电路中起失电压和欠电压保护作用的是交流接触器 KM。所谓失电压和欠电压保护就是当电源停电或者由于某种原因电源电压降低过多（欠电压）时，保护装置能使电动机自动从电源上切除。因为当失电压或欠电压时，接触器线圈电流将消失或减小，失去电磁力或电磁力不足以吸住动铁心，因而能断开主触头，切断电源。失电压保护的好处是，当电源电压恢复时，如不重新按下起动按钮，电动机就不会自行转动(因自锁触头也是断开的)，避免了事故发生。如果不是采用继电接触控制，而是直接用刀开关进行控制，由于在停电时往往忽视拉开电源开关，电源电压恢复时，电动机就会自行起动，引发事故。欠电压保护的好处是可以保证异步电动机不在电压过低的情况下运行。

3. 点动与连续运转混合控制电路

点动与连续运转混合控制电路如图 7-5 所示，电路工作原理与主要功能可由读者自行分析。

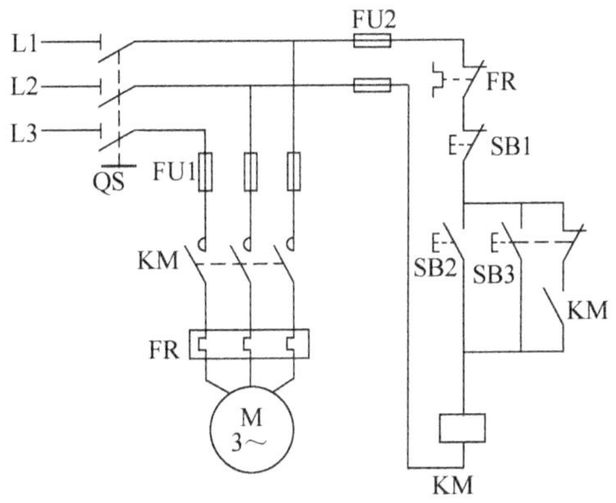

图 7-5　点动与连续运转混合控制电路

7.2.2　正反转控制电路

前面介绍的控制电路只能实现电动机单方向的点动与连续运转，而在生产中往往需要电动机可逆运行，如机床主轴的正反转、工作台的往复移动、起重机吊钩的升降等，而其通常是由电动机的正反转实现的。对于三相异步电动机而言，要改变其转向只要改变通入电动机的三相电源的相序，即将三根相线中的任意两根进行对调即可。

1. 接触器联锁正反转控制电路

接触器联锁正反转控制电路如图 7-6 所示。电路要求接触器 KM1、KM2 不能同时通电，否则其主触头同时闭合将造成 L1、L3 相间短路，为此在接触器 KM1 和 KM2 线圈的各自支路中相互串联了 KM2 和 KM1 的常闭辅助触头，这样当一个接触器得电动作时，通过其常闭辅助触头使另一接触器不能得电动作，以保证 KM1 和 KM2 不会同时通电，接触器间的这种相互制约作用叫接触器联锁或互锁，也称电气互锁。实现联锁作用的常闭辅助触头叫联锁或互锁触头。

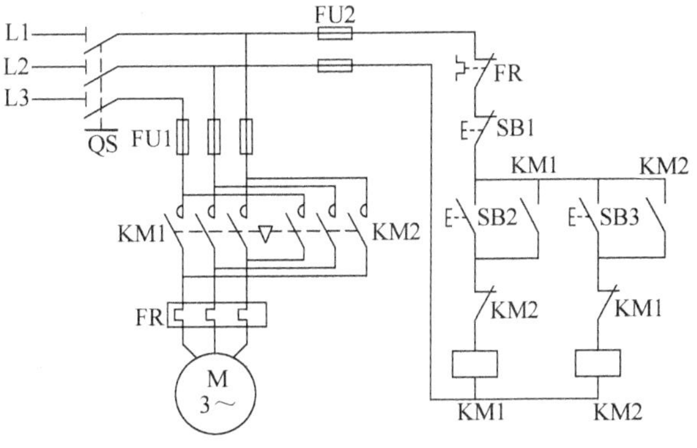

图 7-6　接触器联锁正反转控制电路

（1）工作原理

合上 QS。

正转控制：

$$\text{按 SB2→KM1 线圈得电}\begin{cases}\text{KM1 主触头闭合→电动机 M 正转}\\ \text{KM1 常开触头闭合→自锁}\\ \text{KM1 常闭触头打开→联锁}\end{cases}$$

停止：

按 SB1→KM1 线圈失电
- KM1 主触头断开→电动机 M 停止正转
- KM1 常开触头打开→解除自锁
- KM1 常闭触头闭合→解除联锁

反转控制：

按 SB3→KM2 线圈得电
- KM2 主触头闭合→电动机 M 反转
- KM2 常开触头闭合→自锁
- KM2 常闭触头打开→联锁

（2）电路特点　该电路具有安全不易产生短路故障的优点，但操作不够方便，从正转到反转，不能直接过渡，必须先按停止按钮，再按反转按钮。

2. 按钮联锁的正反转控制电路

同样为了避免电源相间短路，电路要求接触器 KM1、KM2 不能同时通电。如图 7-7 所示，在接触器 KM1 和 KM2 线圈的各自支路中相互串联了 SB3 和 SB2 复合按钮的常闭触头，以保证 KM1 和 KM2 不会同时通电，从而实现联锁。复合按钮的特点是按下按钮时，首先是常闭触头分断，然后是常开触头闭合。

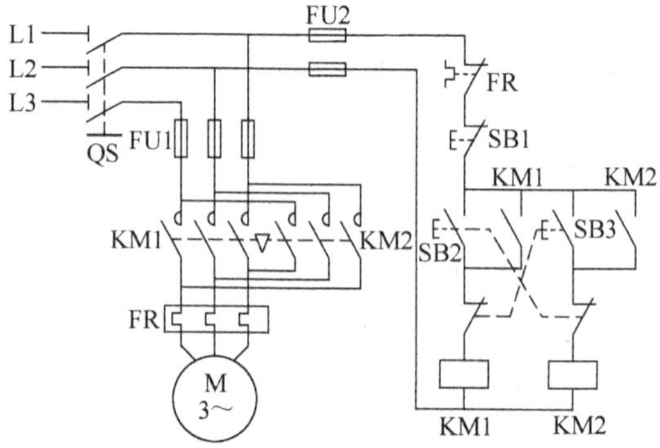

图 7-7　按钮联锁正反转控制电路

（1）工作原理

合上电源开关 QS。

正转控制：

按 SB2
- 先常闭触头打开
- 后常开触头闭合→KM1 线圈得电
  - KM1 主触头闭合→电动机 M 正转
  - KM1 常开触头闭合→自锁

反转控制：

按 SB3
- 先常闭触头打开→KM1 线圈失电
  - KM1 主触头打开→电动机 M 正转停止
  - KM1 常开触头打开→解除自锁
- 后常开触头闭合→KM2 线圈得电
  - KM2 主触头闭合→电动机 M 反转
  - KM2 常开触头闭合→自锁

停止：

按 SB1→KM2 线圈失电
- KM2 主触头打开→电动机 M 停转
- KM2 常开触头打开→解除自锁

（2）电路特点　相对于接触器联锁控制电路而言，该电路具有操作方便，从正转到反转，可以直接进行换向等优点。但其不太安全可靠，如主触头发生熔焊、卡住等现象时，易产生短路故障。

3. 按钮—接触器复合联锁正反转控制电路

将按钮联锁与接触器联锁控制电路的优点结合起来，就组成了按钮—接触器复合联锁正反转控制电路。线路如图 7-8 所示。

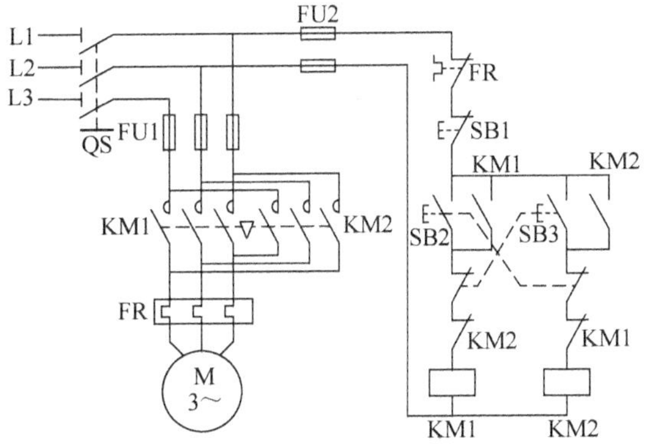

图 7-8　按钮—接触器复合联锁正反转控制电路

（1）工作原理

合上电源开关 QS。

正转控制：

按 SB2→KM1 线圈得电
- KM1 主触头闭合→电动机 M 正转
- KM1 常闭触头打开→联锁
- KM1 常开触头闭合→自锁

反转控制：

按 SB3
- 先常闭触头打开→KM1 线圈失电
  - KM1 主触头打开→电动机 M 停止正转
  - KM1 常开触头打开→解除自锁
  - KM1 常闭触头闭合→解除联锁
- 后常开触头闭合→KM2 线圈得电
  - KM2 主触头闭合→电动机 M 反转
  - KM2 常开触头闭合→自锁
  - KM2 常闭触头打开→联锁

停止：

按 SB1→KM2 线圈失电
- KM2 主触头打开→电动机 M 停转
- KM2 常开触头打开→解除自锁
- KM2 常闭触头闭合→解除联锁

（2）电路特点　该电路具有操作方便、安全可靠、不易产生短路故障，并且正反转可以自由切换等优点，故得到广泛应用。

在生产实践中，一些小容量的电动机可以直接用倒顺开关来控制电动机的正反转与停止。对于生产机械中需作自动往复运动的工作台，一般可采用行程开关代替起动按钮，用运动部件上的撞铁撞击行程开关而使触头动作，以接通或断开电路，控制机械的行程。

7.2.3　位置控制电路

位置控制电路是利用生产机械的某些运动部件与行程开关的传动部位发生碰撞，令其内部触头动作，分断或切换电路，从而限制生产机械行程、位置或改变其运动状态，指令生产机械停车、反转或变速等的电路。下面以自动往复循环控制电路为例来说明位置控制电路的相关原理。

1. 组成及作用

如图 7-9 所示为自动往复循环控制电路。其中开关 QS 用作电源隔离开关；熔断器 FU1、FU2 分别作主电路、控制电路的短路保护；停止按钮 SB1 控制接触器 KM1、KM2 的线圈失电；起动按钮 SB2 控制接触器 KM1 线圈得电；起动按钮 SB3 控制接触器 KM2 线圈得电；接触器 KM1 的主触头控制电动机 M 正转；接触器 KM2 的主触头控制电动机 M 反转；接触器 KM1、KM2 的常开辅助触头起自锁作用；接触器 KM1、KM2 的常闭辅助触头起联锁作用；为了使电动机的正反转控制与工作台的左右运动相配合，在控制电路中设置了四个行程开关 SQ1、SQ2、SQ3、SQ4，其中 SQ1、SQ2 用于自动换接电动机 M 正反转控制电路，以实现工作台的自动往返行程控制；SQ3、SQ4 起终端保护作用，以防止 SQ1、SQ2 失灵，工作台越过限定位置而发生事故。

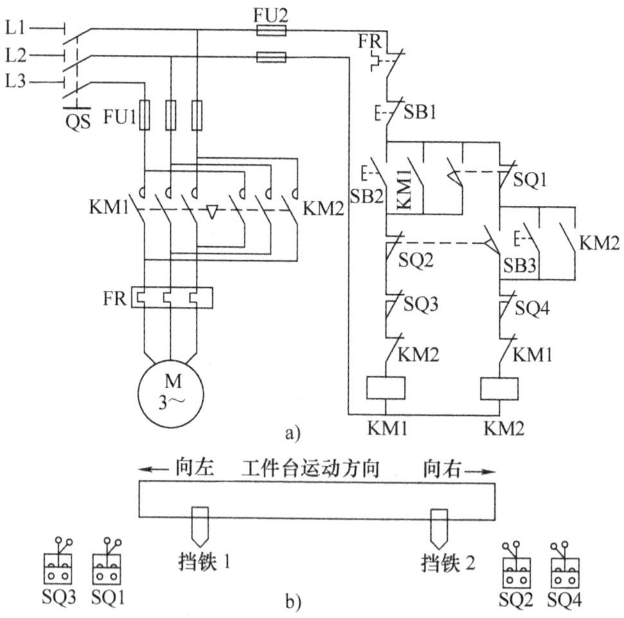

图 7-9 自动往复循环控制电路

a）控制电路 b）工作台示意图

2. 工作原理

合上电源开关 QS。

起动正转，工作台向右运动：

按 SB2→KM1 线圈得电
- KM1 常开触头闭合→自锁
- KM1 主触头闭合→电动机 M 正转带动工作台向右运转→
- KM1 常闭触头打开→联锁

→当挡铁 2 碰 SQ2 时
- SQ2 常闭触头先打开→KM1 线圈失电
  - KM1 常开触头打开→解除自锁
  - KM1 主触头打开→电动机 M 停止正转，工作台停止向右运动
  - KM1 常闭触头闭合→解除联锁
- SQ2 常开触头后闭合→

→KM2 线圈得电
- KM2 常开触头闭合→自锁
- KM2 主触头闭合→电动机 M 反转，带动工作台向左运转→
- KM2 常闭触头打开→联锁

→当挡铁 1 碰 SQ1 时
- SQ1 常闭触头先打开→KM2 线圈失电
  - KM2 常闭触头闭合→解除联锁
  - KM2 主触头打开→电动机 M 停止反转，工作台停止向左运动
  - KM2 常开触头打开→解除自锁
- SQ1 常开触头后闭合→KM1 线圈得电→进入下一轮循环

停止：

按 SB1→KM1 或 KM2 线圈失电→电动机 M 停转→工作台停止运动

由工作原理可知，工作台在行程开关 SQ1、SQ2 之间作自动往复运动，通过调节挡铁 1、2 的位置，即可调节工作台的行程大小。

7.2.4　顺序控制电路

顺序控制是指几台电动机的起动或停止必须按一定的先后顺序来完成的控制方式。在装有多台电动机的生产机械上，各电动机所起的作用不同，有时需按一定顺序起动方能保证操作过程的合理及工作的安全可靠。如 X62W 铣床工作时就要求先起动主轴电动机后才能起动进给电动机，M7130 卧轴矩台平面磨床要求砂轮电动机与冷却泵电动机之间实现顺序控制。顺序控制电路有主电路实现顺序起动和控制电路实现顺序控制两种。

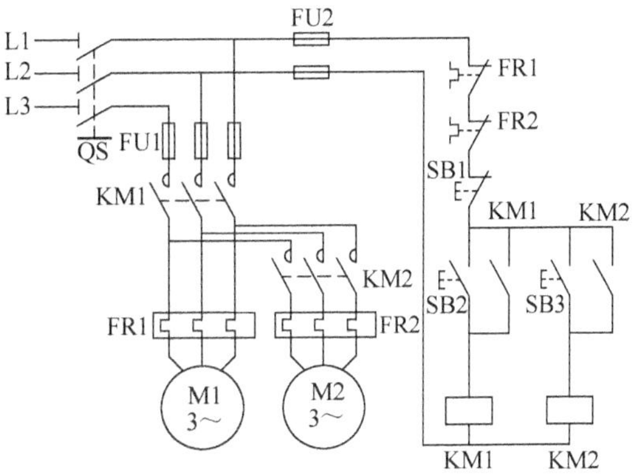

图 7-10　主电路实现顺序控制电路图

1. 顺序起动同时停止

如图 7-10 所示为主电路实现 M1 和 M2 的顺序起动控制电路，该电路的特点是，电动机 M2 的主电路是接在 KM1 主触头之后。这就保证了只有当 KM1 接通，M1 起动后，M2 才能起动。主电路实现顺序起动电路的工作原理如下：

合上电源开关 QS。

先 M1 起动：

按 SB2→KM1 线圈得电{ KM1 主触头闭合{ 电动机 M1 运转；为电动机 M2 运转作准备 }；KM1 常开触头闭合→自锁 }

后 M2 起动：

按 SB3→KM2 线圈得电{ KM2 主触头闭合→电动机 M2 运转；KM2 常开触头闭合→自锁 }

停止：

按 SB1→KM1、KM2 线圈失电{ KM1、KM2 主触头打开→电动机 M1、M2 停转；KM1、KM2 常开触头打开→解除自锁 }

控制电路实现顺序起动电路如图 7-11 所示，其工作原理可由读者自行分析。

2. 顺序起动逆序停止

顺序起动逆序停止电路如图 7-12 所示。该电路的特点是 M1 起动后 M2 才能起动，M2 停止后 M1 才能停止。在传送带运输机中常采用此电路，顺序起动的目的是为防止货物在带上堆积，逆序停止的目的是为保证停车后在带上不残存货物。

其工作原理为如下：

合上电源开关 QS。

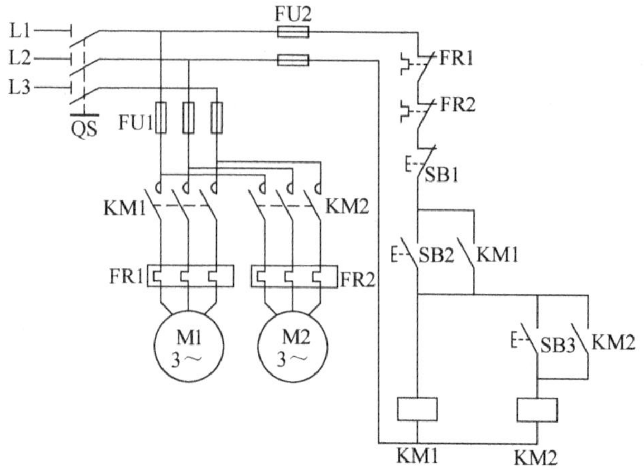

图 7-11 控制电路实现顺序起动电路

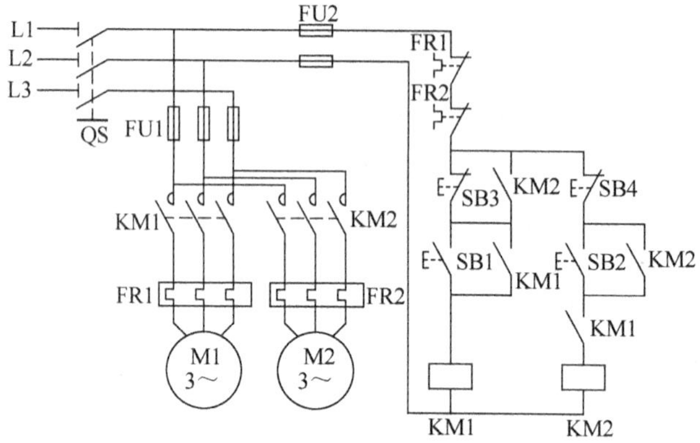

图 7-12 顺序起动逆序停止电路

M1 先起动：

按 SB1→KM1 线圈得电
- KM1 主触头闭合→电动机 M1 运转
- KM1 常开触头闭合
  - 自锁
  - 为 KM2 线圈得电作准备

M2 后起动：

按 SB2→KM2 线圈得电
- KM2 主触头闭合→电动机 M2 运转
- KM2 常开触头闭合
  - 自锁
  - 防止 KM1 线圈在 KM2 线圈之前失电

停止：

先按 SB4→KM2 线圈失电
- KM2 主触头打开→电动机 M2 停转
- KM2 常开触头闭合
  - 解除自锁
  - 解除对 KM1 线圈失电限制

后按 SB3→KM1 线圈失电
- KM1 主触头打开→电动机 M1 停转
- KM1 常开触头打开
  - 解除自锁
  - 恢复对 KM2 线圈得电限制

3. 顺序起动分别(或同时)停止

顺序起动分别或同时停止控制电路如图 7-13 所示，工作原理读者可自行分析。

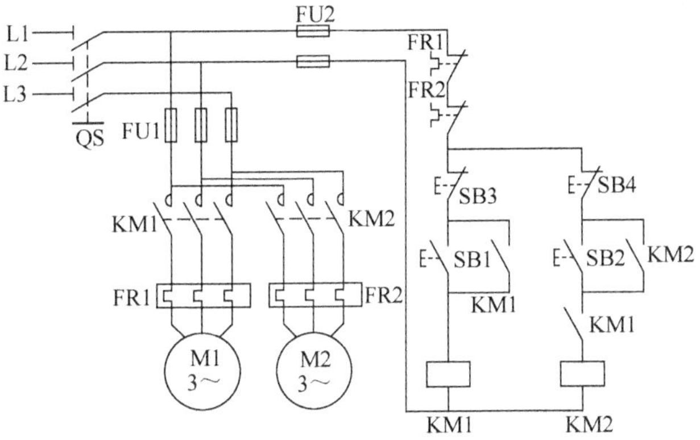

图 7-13　顺序起动分别停止控制电路

7.2.5　多地控制电路

多地控制是指能在两地或多地控制同一台电动机的控制方式。有些生产机械，特别是大型生产机械，为了操作方便，常希望在多个地点进行相同的控制操作。为了达到此目的，必须在不同的地点安装起动与停止按钮，起、停按钮接线的方法是将各地起动按钮相互并联，停止按钮相互串联。推而广之，多地控制的原则是凡常开触头应并联，常闭触头应串联。图 7-14 所示为 A、B 两地同时控制一台电动机的电路，图中 A 地起、停按钮分别为 SB1、SB2，B 地起、停按钮分别为 SB3、SB4。其工作原理如下：

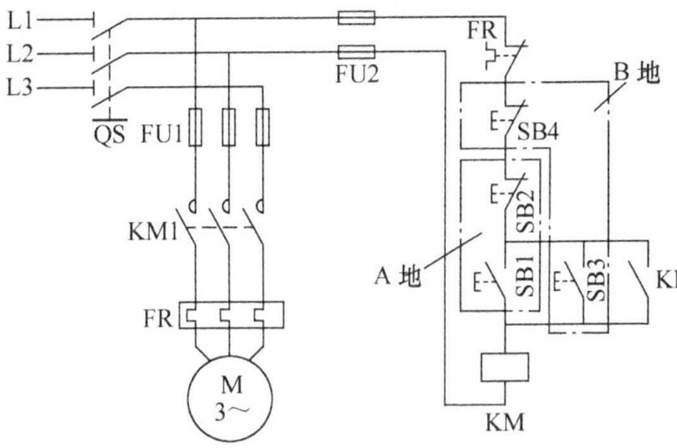

图 7-14　多地控制电路

合上电源开关 QS。

任一地起动

按 SB1 或 SB3→KM 线圈得电 { KM 常开触头闭合→自锁；KM 主触头闭合→电动机 M 运转

任一地停止

按 SB2 或 SB4→KM 线圈失电 { KM 常开触头打开→解除自锁；KM 主触头打开→电动机 M 停转

7.3　三相异步电动机减压起动控制

减压起动是将电源电压降低后，再加到电动机定子绕组上进行起动。当电动机起动后，再使电压恢复到额定值使其全压运行。减压起动常用的方式有定子绕组串电阻减压起动、Y—△换接减压起动、自耦变压器减压起动和延边三角形减压起动。

7.3.1 定子绕组串电阻减压起动控制电路

1. 组成及作用

串联电阻减压起动自动控制电路如图7-15所示。图中开关QS作电源隔离开关，熔断器FU1、FU2分别作主电路、控制电路的短路保护，停止按钮SB2控制接触器KM1和时间继电器KT线圈的失电，起动按钮SB1控制接触器KM1和时间继电器KT的线圈得电，接触器KM2、KM1的主触头分别控制串电阻减压起动和全压运行，接触器KM1常开辅助触头起自锁作用，热继电器用作电动机的过载保护，时间继电器延时闭合后使接触器KM2的线圈得电。

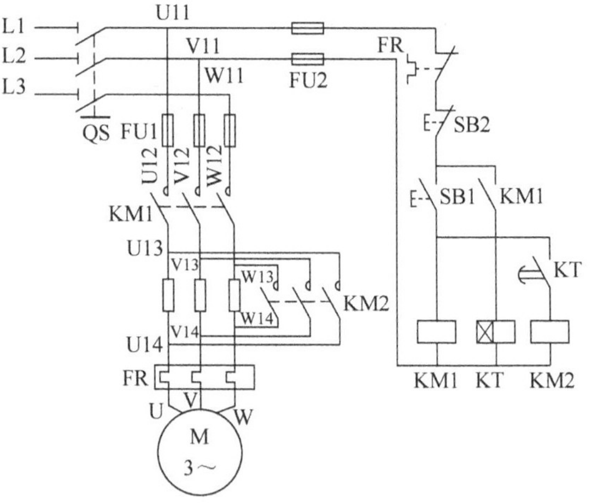

图7-15 串联电阻减压起动自动控制电路

2. 电路工作原理

电路的工作原理如下：合上电源开关QS。

按下SB1
- KM1线圈得电
  - KM1主触头闭合→电动机M串电阻R减压起动
  - KM1常开触头闭合→自锁
- KT线圈得电→当转速上升至一定值时，KT延时结束→

→KT延时常开触头闭合→KM2线圈得电→KM2主触头闭合→R被短接→电动机M全压运转→按下SB2→停止

此电路中用时间继电器KT代替按钮，从而实现了电动机从减压起动到全压运行的自动控制。只要调整好时间继电器KT触头的动作时间，电动机由起动过程切换至运行的过程就能准确可靠地完成。

由以上分析可知，当电动机M全压运转时，接触器KM1和KM2、时间继电器KT的线圈均处于长时间通电状态，从而使能耗增加，电器寿命缩短。为此，可以对图7-15主电路进行改进，将KM2的三对主触头分别并接于U12—U14、V12—V14、W12—W14两端，再对控制电路加以改进，如图7-16所示。即可使接触器KM1和时间继电器KT只作短时间的减压起动用，待电动机全压运转后就全部从线路中切除，从而延长接触器KM1和时间继电器KT的使用寿命，节省电能，提高电路的可靠性。具体工作原理可由读者自行分析。

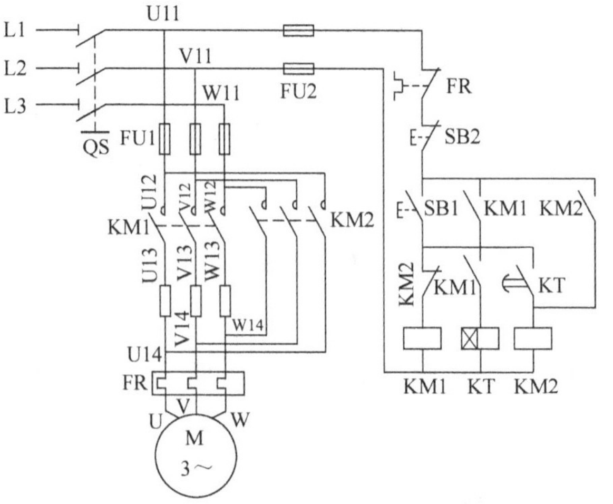

图7-16 定子绕组串电阻减压起动控制电路

7.3.2 Y—△减压起动控制电路

对于额定运行时定子绕组为三角形

联结方式且容量较大的三相交流异步电动机，可以采用Y—△减压起动。起动时三相定子绕组作星形联结，待转速升高至一定值后，再改为三角形联结。此时异步电动机起动时的电压降为正常时的$\frac{1}{\sqrt{3}}$，以达到减压起动的目的。电动机起动电流只有全电压起动电流的1/3，但起动转矩也只有全电压起动转矩的1/3，故只适用于空载或轻载起动。Y—△减压起动可直接通过Y—△减压起动器进行。

1. 按钮切换控制电路

（1）组成及作用　按钮切换控制电路如图7-17所示。

电路中，开关QS用作电源隔离开关；熔断器FU1、FU2分别用作主电路、控制电路的短路保护；停止按钮SB1控制接触器KM的线圈失电；起动按钮SB2控制电动机星形起动；起动按钮SB3控制电动机由Y—△切换；接触器KM1的主触头控制主电路电源；接触器KM2的主触头控制定子绕组接成星形；接触器KM3的主触头控制定子绕组接成三角形；接触器KM1、KM3的常开辅助触头起自锁作用；接触器KM2、KM3的常闭辅助触头起联锁作用。

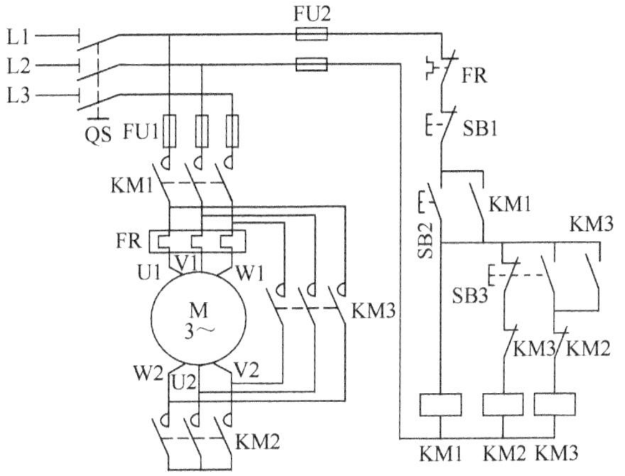

图7-17　按钮切换Y—△减压起动控制电路

（2）工作原理

合上QS。

星形起动：

按SB2 {
- KM1线圈得电 { KM1常开触头闭合→自锁；KM1主触头闭合→主电路电源接通 }
- KM2线圈得电 { KM2常闭触头打开→联锁；KM2主触头闭合→电动机星形起动 }

三角形运行：

按SB3 {
- KM2线圈先失电 { KM2常闭触头闭合→解除联锁；KM2主触头打开→解除星形联结 }
- SB3常开触头后闭合→KM3线圈得电 { KM3常闭触头打开→联锁；KM3常开触头闭合→自锁；KM3主触头闭合→电动机三角形运行 }

停止：

按下SB1→KM1、KM3线圈失电→电动机停转。

（3）注意事项

1）接线时，应保证电动机三角形联结的准确性，即接触器KM3主触头闭合时，应保证定子绕组首尾相接，即U1与W2、V1与U2、W1与V2相连接。

2）自锁触头不能接错，否则只能进行点动。

3）联锁触头不能接错，否则会造成三相电源短路事故。

2. 时间继电器自动切换控制电路

（1）组成及作用　控制电路如图7-18所示，开关QS用作电源隔离开关；熔断器FU1、FU2分别用作主电路、控制电路的短路保护；停止按钮SB1控制接触器KM的线圈失电；起动按钮SB2控制电动机Y—△自起动运行；接触器KM1的主触头控制主电路电源；接触器KM2的主触头控制定子绕组接成星形；接触器KM3的主触头控制定子绕组接成三角形；接触器KM1、KM3的常开辅助触头作为自锁触头；接触器KM2的常闭辅助触头作为联锁触头；时间继电器KT延时断开的常闭触头控制KM2线圈失电；时间继电器KT延时闭合的常开触头控制KM3线圈得电。

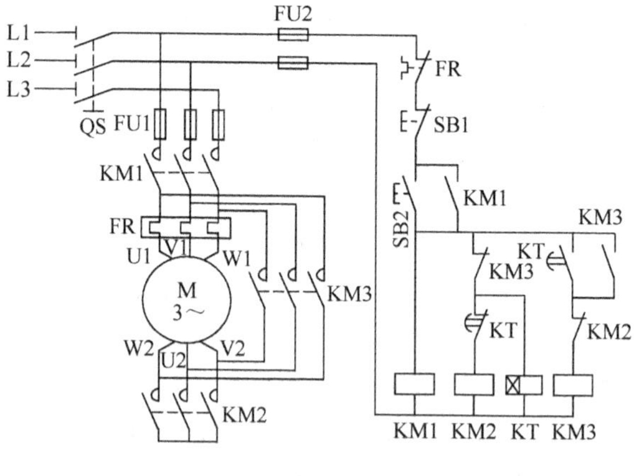

图7-18　时间继电器自动切换Y—△减压起动控制电路

（2）工作原理　合上电源开关QS。

星形起动自动切换三角形运行：

按SB2 →
- KM1线圈得电
  - KM1主触头闭合→主电路电源接通
  - KM1常开触头闭合→自锁
- KM2线圈得电
  - KM2主触头闭合→电动机星形起动
  - KM2常闭触头打开→联锁
- KT线圈得电→延时开始→延时时间到 →
  - KT延时常闭触头断开→KM2线圈失电
    - KM2主触头打开→解除星形连接
    - KM2常闭触头闭合→解除联锁
  - KT延时常开触头闭合→KM3线圈得电
    - KM3主触头闭合→电动机三角形运行
    - KM3常开触头闭合→自锁
    - KM3常闭触头打开→联锁

停止：

按SB1→KM1、KM3线圈失电→电动机停转。

（3）电路特点

1）由于起动电流只有全电压起动电流的1/3，故有效地降低了起动电流。

2）利用时间继电器就能够实现Y—△自动切换，使电动机从星形减压起动切换至三角形全压运行，操作方便。

7.3.3　自耦变压器减压起动控制电路

自耦变压器减压起动是利用自耦变压器来降低加在电动机三相定子绕组上的电压，达到限制起动电流的目的。自耦变压器减压起动时，将电源电压加在自耦变压器的高压绕组，而电动机的定子绕组与自耦变压器的低压绕组连接。当电动机起动后，将自耦变压器切除，电动机定子绕组直接与电源连接，在全电压下运行。自耦变压器减压起动比Y—△减压起动的起动转矩大，并且可用抽头调节自耦变压器的电压比以改变起动电流和起动转矩的大小。但这种起动需要一个庞大的自耦变压器，且不允许频繁起动。因此，自耦变压器减压起动适用于容量较大但不能用Y—△减压起动方法起动的电动机的减压起动。自耦变压器减压起动控制电路如图 7-19 所示。其工作原理可由读者自行分析。

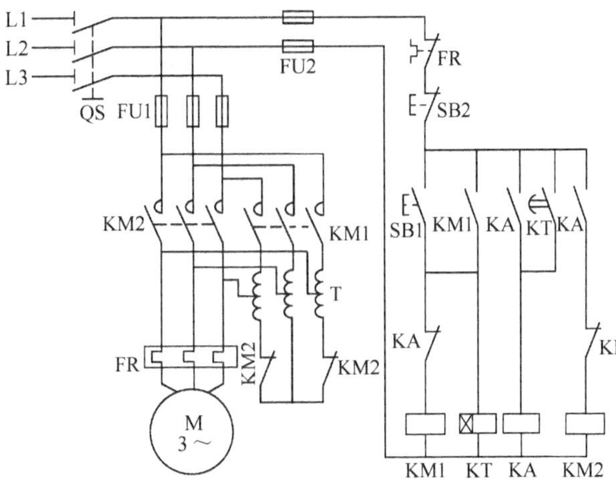

图 7-19　自耦变压器减压起动自动控制电路

7.3.4　延边三角形减压起动控制电路

延边三角形(△)减压起动是在星-三角减压起动的基础上加以改进发展而来，将Y和△两种接法有机结合起来。利用这种起动法的电动机的定子绕组，每相均有一中间抽头，起动时一半绕组接成三角形，另一半则接成星形，可以降低相电压和起动电流；运转正常后，则改接成三角形，可正常工作。这种起动方法既有效降低了起动电流，又不致使起动转矩过小，是带负载起动电动机的较好起动方法。

延边三角形(△)起动控制电路如图 7-20 所示。合上电源开关 QS，按下起动按钮 SB1，接触器 KM1、KM2、时间继电器 KT 线圈得电，此时 KM1 自锁触头闭合，KM2 联锁触头断开，KM1 主触头闭合接通电源，KM2 主触头闭合，将绕组接成延边三角形，电动机 M 在延边三角形下起动。时间继电器 KT 延时后，KT 的常闭触头先断开，使接触器 KM2 失电，KM2 主触头断开，将小三角形拆开，KM2 常闭触头恢复闭合，为 KM3 得电做

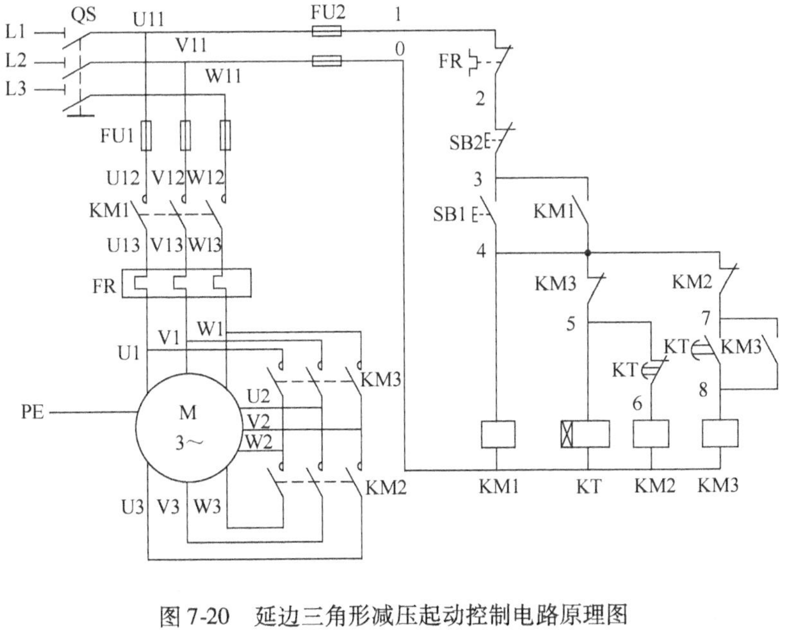

图 7-20　延边三角形减压起动控制电路原理图

好准备，KT 的常开触头后闭合，KM3 得电，KM3 常闭触头断开实现联锁，常开触头闭合实现自锁，主触头闭合，将定子绕组接成三角形运行。按下停止按钮，即可使电动机停转。

7.4　三相异步电动机调速控制

由三相异步电动机的转速公式可知，改变异步电动机转速可通过三种方法实现：一是改变电源频率 f；二是改变转差率 s；三是改变磁极对数 p。

7.4.1　变极调速控制电路

通过改变异步电动机的磁极对数而实现调速的方法称为变极调速。变极调速是通过改变定子绕组的连接方式，从而改变磁极对数来实现的，它是有级调速，且只适用于笼型异步电动机。凡磁极对数可改变的电动机称为多速电动机，常见的多速电动机有双速、三速、四速等几种类型。

1. 双速电动机的原理与接线

双速异步电动机定子绕组的△/YY接线图如图 7-21 所示。图中，三相定子绕组接成△，由三个连接点接出三个出线端 U1、V1、W1，从每相绕组的中点各接出一个出线端 U2、V2、W2，这样定子绕组共有 6 个出线端。通过改变这 6 个出线端与电源的连接方式，就可以得到两种不同的转速。要使电动机低速工作时，就把三相电源分别接至定子绕组作△联结顶点的出线端 U1、V1、W1，另外三个出线端 U2、V2、W2 空着不接，如图 7-21a 所示，此时电动机定子绕组接成△，磁极为 4 极，同步转速为 1500r/min；若要使电动机高速工作，就把三个出线端 U1、V1、W1 并接在一起，另外三个出线端 U2、V2、W2 分别接到三相电源上，如图 7-21b 所示，这时电动机定子绕组接成YY，磁极为 2 极，同步转速为 3000r/min。可见双速电动机高速运转时的同步转速是低速运转时的两倍。

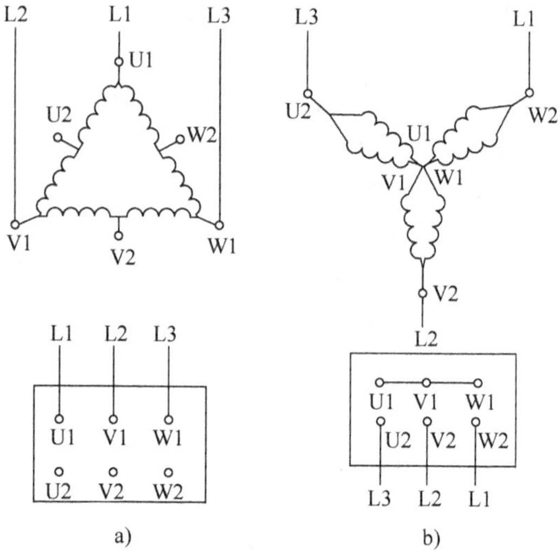

图 7-21　双速电动机三相定子绕组△/YY接线图

2. 手动控制双速电动机电路

（1）组成及作用　手动控制双速电动机电路如图 7-22 所示。开关 QS 作电源隔离开关；熔断器 FU1、FU2 分别作主电路、控制电路的短路保护；停止按钮 SB1 控制接触器 KM1、KM2、KM3 的线圈失电；起动按钮 SB2 控制接触器 KM1 得电；起动按钮 SB3 控制接触器 KM2、KM3 得电；接触器 KM1 的主触头控制电动机 M 定子绕组接成△；接触器 KM2、KM3 的主触头控制电动机 M 定子绕组接成YY；接触器 KM1、KM2、KM3 的常开辅助触头作为自锁触头；接触器 KM1、KM2、KM3 的常闭辅助触头作为联锁触头。

（2）工作原理

合上 QS。

定子绕组接成△低速运行控制：

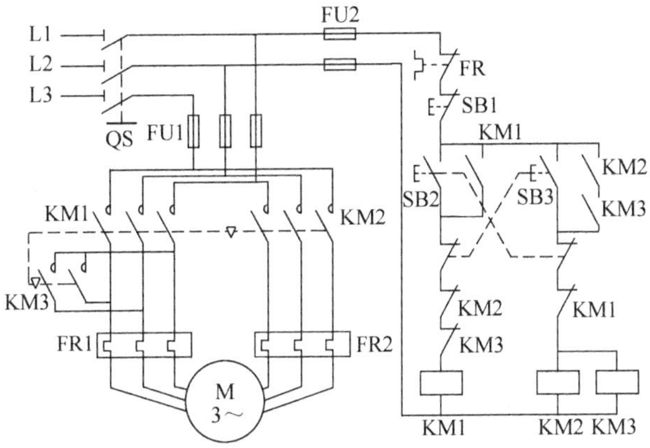

图 7-22　手动控制双速电动机电路原理图

按 SB2
- 常闭触头先打开→对 KM2、KM3 联锁
- 常开触头后闭合→KM1 线圈得电
  - KM1 常闭触头打开→对 KM2、KM3 联锁
  - KM1 常开触头闭合→自锁
  - KM1 主触头闭合→电动机 M 低速转动

定子绕组接成YY高速运行控制：

按 SB3
- 常闭触头先打开→KM1 线圈失电
  - KM1 常闭触头闭合→解除联锁
  - KM1 常开触头打开→解除自锁
  - KM1 主触头打开→电动机 M 停止低速转动
- 常开触头后闭后→KM2、KM3 线圈得电
  - KM2、KM3 常闭触头打开→对 KM1 联锁
  - KM2、KM3 常开触头闭合→自锁
  - KM2、KM3 主触头闭合→电动机 M 高速转动

停止：

按 SB1→KM2、KM3 线圈失电
- KM2、KM3 常闭触头闭合→解除联锁
- KM2、KM3 常开触头闭合→解除自锁
- KM2、KM3 主触头闭合→电动机 M 停转

（3）电路特点

1）因复合按钮的常闭触头先断开、常开触头后闭合，实现了电路的机械联锁，所以电路安全不易产生短路故障。

2）操作方便，从低速到高速可以自由转换。

3. 自动控制双速电动机低速起动高速旋转切换控制电路

（1）组成及作用　自动控制双速电动机电路如图 7-23 所示。开关 QS 作电源隔离开关；熔断器 FU1、FU2 分别作主电路、控制电路的短路保护；停止按钮 SB1 控制接触器 KM1、KM2、KM3、KT 的线圈失电；起动按钮 SB2 控制 KM1、KT 线圈得电；时间继电器常开触头 KT 控制 KM2、KM3 线圈得电；时间继电器常闭触头 KT 控制 KM1 线圈得电；接触器 KM1 的主触头控制电动机 M 定子绕组接成△；接触器 KM2、KM3 的主触头控制电动机 M 定子绕组接成YY；接触器 KM1、KM2、KM3 的常开辅助触头作为自锁触头。接触器 KM1、KM3 的常闭辅助触头作为联锁触头。

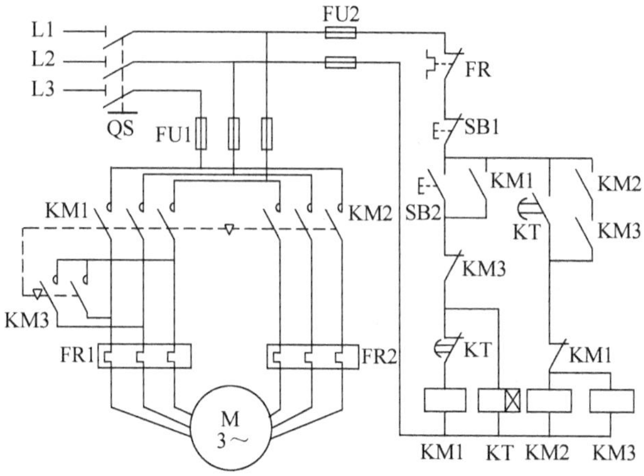

图 7-23　自动控制双速电动机低速起动高速旋转切换控制电路

（2）工作原理　定子绕组接成△低速起动控制：

按 SB2：
- KM1 线圈得电
  - KM1 常闭触头打开→对 KM2、KM3 联锁
  - KM1 常开触头闭合→自锁
  - KM1 主触头闭合→电动机 M 低速起动
- KT 线圈得电→触头延时动作开始计时→延时时间到→

定子绕组接成YY高速运转控制

- KT 常闭触头先打开→KM1 线圈失电
  - KM1 常闭触头闭合→解除对 KM2、KM3 联锁
  - KM1 主触头打开→电动机 M 停止低速起动
  - KM1 常开触头打开
    - 解除自锁
    - KT 线圈失电→KT 触头复位
- KT 常开触头后闭合→KM2、KM3 线圈得电
  - KM3 常闭触头打开→对 KM1 联锁
  - KM2、KM3 常开触头闭合→自锁
  - KM2、KM3 主触头闭合→电动机 M 高速转动

停止：

按 SB1→KM2、KM3 线圈失电
- KM2、KM3 常闭触头闭合→解除联锁
- KM2、KM3 主触头闭合→电动机 M 停转
- KM2、KM3 常开触头打开→解除自锁

（3）电路特点

1）相对于手动控制电路通过按钮实现机械联锁而言，自动控制电路则通过时间继电器使 KT 常闭触头先打开，常开触头后闭合，实现电气联锁，有效防止了电路产生短路故障。

2）操作方便，只需按下按钮 SB2 即可通过时间继电器 KT 延时，实现从低速到高速自动转换。

（4）注意事项

1）接线时注意电动机定子绕组的接法，注意主电路中接触器 KM1、KM2 在两种转速下电源相序的改变，不能接错，否则两种转速下电动机的转向相反，换向时将产生很大的冲击电流。

2）控制双速电动机△联结的接触器 KM1 和YY联结的 KM2 的主触头不能对换接线，否则不但无法实现双速控制要求，而且会在YY形运转时造成电源短路事故。

3）电动机由低速转换至高速过程中，速度变化可利用转速表进行测量。

7.4.2　电磁调速控制电路

1. 电磁调速异步电动机的结构与工作原理

电磁调速异步电动机是由普通笼型异步电动机、电磁滑差离合器和电气控制装置三部分组成。异步电动机作为原动机使用，当它旋转时带动离合器的电枢一起旋转，电气控制装置是提供滑差离合器励磁绕组的励磁电流的装置。电磁滑差离合器结构如图 7-24 所示。它包括电枢、磁极和励磁绕组三部分。电枢为铸钢制成的圆筒形结构，它与笼型异步电动机的转轴相连接，俗称主动部分；磁极做成爪形结构，装在负载轴上，俗称从动部分。主动部分和从动部分在机械上无任何联系。当励磁绕组通过电流时产生磁场，爪形结构便形成很多对磁极。此时若电枢被笼型异步电动机拖着旋转，那么它便切割磁场相互作用，产生转矩，于是从动部分的磁极便跟着主动部分电枢一起旋转，前者的转速低于后者，因为只有当电枢与磁场存在着相对运动时，电枢才能切割磁力线。磁极随电枢旋转的原理与普通异步电动机转子跟着定子绕组的旋转磁场运动的原理没有本质区别，所不同的是异步电动机的旋转磁场由定子绕组中的三相交流电产生，而电磁滑差离合器的磁场则由励磁线圈中的直流电流产生，并由于电枢旋转才起到旋转磁场的作用。

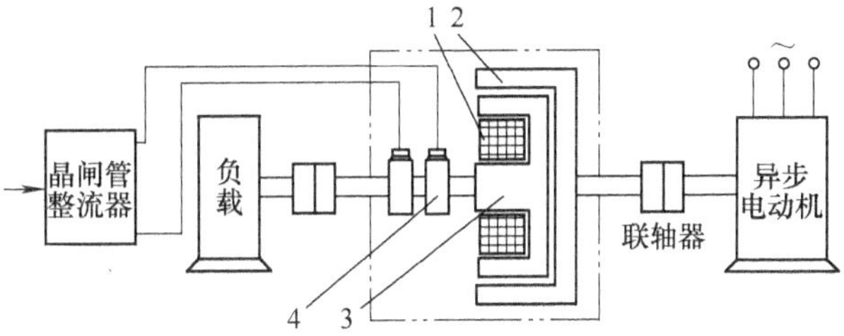

图 7-24　电磁滑差离合器基本结构

1—励磁绕组　2—电枢　3—磁极　4—集电环

2. 电磁调速异步电动机变差调速控制电路

图 7-25 是电磁调速异步电动机变差调速控制电路。当异步电动机带动电磁离合器的主动部件电枢旋转，并在磁极的励磁绕组中通入直流电后。旋转中的电枢因切割磁场在电枢上形成涡流，并与磁场作用产生转矩，使电磁离合器的从动部件跟随旋转，其转速低于电枢转速。

磁极与电枢之间存在转差，才能产生涡流和电磁转矩。UR 是晶闸管可控整流电源，其作用是将交流电变换为直流电，供给电磁转差离合器的转子绕组，电流大小则通过电位器调节。

控制电路的工作原理如下：合上开关 QS，按下起动按钮 SB1，电动机 M 运转，同时也接通晶闸管控制器 UR 的电源，使电磁离合器磁极的励磁线圈得到励磁电流，此时磁极随电动机及离合器电枢同向转动。调节电位器 RP，即可改变爪形磁极的转速，从而调节了被拖动负载的转速。

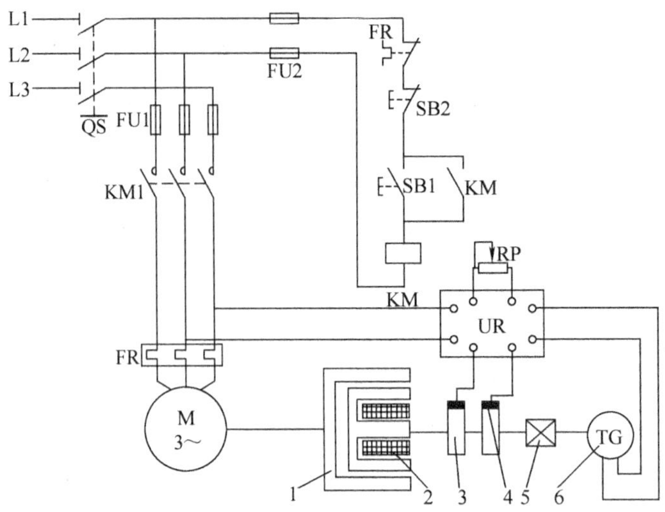

图 7-25 电磁调速异步电动机变差控制电路

1—电枢 2—磁极 3—集电环 4—电刷 5—负载 6—测速发电机

图中 TG 为测速发电机，由它取出的电动机转速信号，反馈给晶闸管可控整流电路，以调整和稳定电动机的转速，改善电磁调速异步电动机的机械特性。

7.5 三相异步电动机制动控制

电动机断开电源后，由于惯性作用不会立即停转，而是需要转动一段时间才会完全停下来，这种情况对于某些生产机械是不适宜的。例如万能铣床要求立即停转，起重机的吊钩需要准确定位等。满足生产机械的这种要求就需要对电动机进行制动。

7.5.1 反接制动控制电路

依靠改变通入电动机定子绕组的电源相序而进行的制动，即为反接制动。值得注意的是当电动机转速接近零值时，应立即切断电动机电源，否则电动机将反转。为此，在反接制动设施中，为保证电动机的转速被制动到接近零值时，能迅速切断电源，防止反向起动，常利用速度继电器(又称反接制动继电器)来自动地及时切断电源。反接制动控制电路如图 7-26 所示。

1. 组成及作用

电路中，组合开关 QS 作电源隔离开关；熔断器 FU1、FU2 分别作为主电路、控制电路的短路保护；停止按钮 SB2 控制接触器 KM1 的线圈失电和 KM2 线圈的得电；起动按钮 SB1 控制 KM1 线圈的得电；接触器 KM1 的主触头控制电动机 M 起动；接触器 KM2 的主触头控制电动机 M 反接制动；接触器 KM1、KM2 的常开辅助触头作为自锁触头；接触器 KM1、KM2 的常闭辅助触头作为联锁触头。速度继电器 KS 的常开触头作为低速时切断反接制动电路；功率电阻 R 限制反接制动电流。

2. 工作原理

合上电源开关 QS。

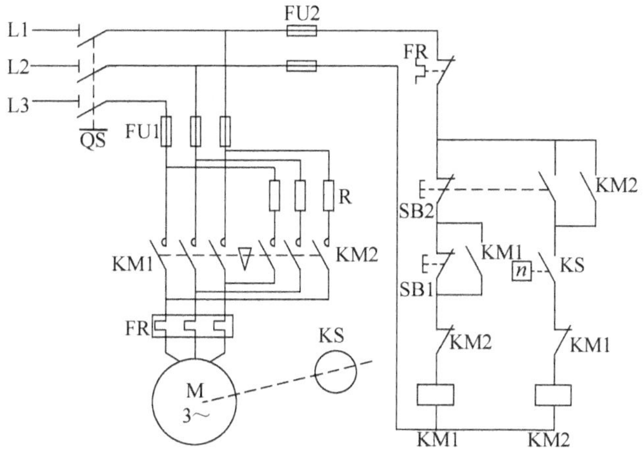

图 7-26　反接制动控制电路

起动

按 SB1→KM1 线圈得电
- KM1 常闭触头打开→联锁
- KM1 主触头闭合→电动机 M 转动，当 $n>120\text{r/min}$ 时，
- KS 常开触头闭合→为反接制动作准备
- KM1 常开触头闭合→自锁

反接制动

按 SB2
- 常闭触头先打开→KM1 线圈失电
  - KM1 常闭触头闭合→解除联锁
  - KM1 主触头打开→电动机 M 失电停止正转
  - KM1 常开触头打开→解除自锁
- 常开触头后闭合→KM2 线圈得电
  - KM2 常闭触头打开→联锁
  - KM2 常开触头闭合→自锁
  - KM2 主触头闭合→电动机 M 反接制动→当 $n<100\text{r/min}$ 时，KS 常开触头打开，反接制动结束

3. 电路特点

该电路的特点是主电路与正反转控制主电路类似，增加了三个限流电阻。

7.5.2　能耗制动控制电路

能耗制动原理在第 4 章中已经提及，此处不再赘述。能耗制动控制电路如图 7-27所示。

1. 组成及作用

电路中，组合开关 QS 作电源隔离开关；熔断器 FU1、FU2 分别用作主电路、控制电路的短路保护；复合按钮 SB2 控制接触器 KM1 的线圈失电，接触器 KM2、时间继电器 KT 的线圈得电；起动按钮 SB1 控制电动机 M 起动；接触器 KM1 的主触头控制电动机 M 起动；接触器

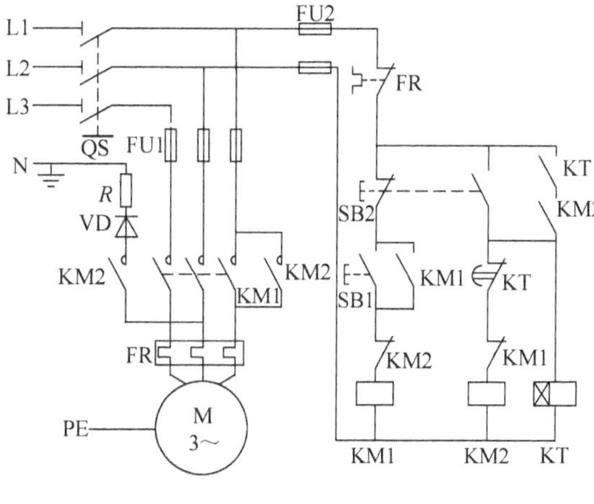

图 7-27　能耗制动控制电路

KM2 的主触头控制电动机 M 能耗制动；接触器 KM1、KM2 的常开辅助触头作为自锁触头。接触器 KM1、KM2 的常闭辅助触头作为联锁触头。时间继电器 KT 常开触头作为自锁触头。时间继电器 KT 常闭触头延时断开能耗制动。二极管 V 整流，给一相绕组提供直流电。

2. 工作原理

合上 QS：

起动

按 SB1→KM1 线圈得电
- KM1 常闭触头打开→联锁
- KM1 主触头闭合→电动机 M 转动
- KM1 常开触头闭合→自锁

能耗制动

按 SB2
- 常闭触头先打开→KM1 线圈失电
  - KM1 常闭触头闭合→解除联锁
  - KM1 主触头打开→电动机 M 失电停止正转
  - KM1 常开触头打开→解除自锁
- 常开触头后闭合
  - KM2 线圈得电
    - KM2 常闭触头打开→联锁
    - KM2 常开触头闭合→自锁
    - KM2 主触头闭合→电动机 M 能耗制动
  - KT 线圈得电
    - KT 常开瞬动触头闭合→自锁
    - KT 延时常闭触头一段时间后打开→KM2 线圈失电→能耗制动结束

能耗制动时，制动力矩的大小取决于通入定子绕组中直流电流的大小、电动机的转速及转子电路中的电阻。电流越大，转速越高，产生的制动力矩就越大。但对笼型异步电动机而言，增大制动力矩只能通过增大通入电动机的直流电流来实现，而通入的直流电流又不能太大，过大会烧坏定子绕组。因此能耗制动一般用于要求制动准确、平稳的场合，如立式铣床、磨床等的控制电路中。

7.6 三相异步电动机控制电路的安装

7.6.1 安装要求

1）正确识读电气原理图。明确线路中所用元器件的名称及其作用，熟悉电路的工作原理，并编写线号。识读电气原理图的方法如下：

① 查阅图纸说明。图纸说明包含图纸目录、技术说明、元器件明细表等，以助于了解基本信息，抓住识图重点。

② 分清电路性质。分清主电路和控制电路，交流电路和直流电路。

③ 注意识读顺序。识读时应先看主电路，再看控制电路。识读主电路时，可按以下 4 步进行：一看电路和设备的供电电源（生产机械通常采用 380V、50Hz 的三相交流电），看懂电源引自何处；二是分析主电路共用几台电动机，了解各电动机的主要功能；三是了解各台电动机的工作状况（起动方式、是否有可逆、调速、制动等控制）及相互间是否存在制约关系；四是了解主电路中所有的控制电器及保护电器。分析控制电路时要紧扣主电路动作与控制电

路的联动关系，切不可孤立地分析，分析控制电路一般按以下三步进行：一是弄清控制电路的电源电压。二是了解控制电路中常用的接触器、继电器、按钮、行程开关等的用途、动作原理及对主电路的控制关系。三是结合主电路有关元器件对控制电路的要求，分析出控制电路的动作过程。

2）正确绘制元器件布置图和电气安装接线图。

3）正确检测元器件的好坏。

安装接线前应对所使用的电器元件逐个进行检查，避免电器元件故障与线路错接、漏接造成的故障混在一起，提高制作线路的工作效率。对电器元件的检查主要包括以下几个方面：

① 电器元件外观是否清洁完整；外壳有无碎裂；零部件是否齐全有效；各接线端子及坚固件有无缺失、生锈等现象。

② 电器元件的触头有无熔焊粘连、变形、严重氧化锈蚀等现象；触头的闭合、分断动作是否灵活；触头开距、超程是否符合标准；接触压力弹簧是否有效。

③ 电器的电磁机构和传动部件的动作是否灵活；有无衔铁卡阻、吸合位置不正等现象；新品使用前应拆开清除铁心端面的防锈油；检查衔铁复位弹簧是否正常。

④ 用万用表或电桥检查所有元器件的电磁线圈（包括继电器、接触器及电动机）的通断情况，测量它们的直流电阻值并作好记录，以备检查线路和排除故障时作为参考。

⑤ 检查有延时作用的电器元件的功能，如时间继电器的延时动作、延时范围及整定机构的作用；检查热继电器的热元件和触头的动作情况。

⑥ 核对各电器元件的规格与图纸要求是否一致。例如，电器的电压等级、电流容量；触头数目、开闭状况；时间继电器的延时类型等。不符合要求的应更换或调整。

7.6.2　安装步骤

1. 按照接线图规定的位置固定电器元件

固定电器元件于安装底板时，应注意元件之间的距离要适当，既要节省板面，又要方便走线和投入运行后的检修。固定元件时应按以下步骤进行。

（1）定位　将电器元件摆放在确定好的位置，用尖锥在安装孔中心作好记号。元件应排列整齐，以保证连接导线做得横平竖直、整齐美观，同时尽量减少弯折。

（2）打孔　用手钻在作好的记号处打孔（有孔铁板可省略），孔径应略大于紧固螺钉的直径。

（3）固定　板上所有的安装孔均打好后，用螺钉将电器元件固定在安装底板上。固定元器件时，应注意在螺钉上加装平垫圈和弹簧垫圈。紧固螺钉时将弹簧垫圈压平即可，不要过分用力。防止用力过大将元件的塑料底板压裂造成损失。

2. 照图接线

接线时，必须按照接线图规定的走线方位进行。一般按照由里到外、由低到高的顺序制作，先做控制电路，后做主电路。

接线前应做好准备工作；按主电路、控制电路的电流容量选好规定截面的导线；准备适当的线号管；使用多股线时应准备烫锡工具或压接钳。

接线时应按以下的步骤进行。

1）选择适当截面积的导线，按接线图规定的方位，在固定好的电器元件之间测量所需要的长度，截取适当长短的导线，剥去两端绝缘外皮。为保证导线与端子接触良好，要用电工刀将芯线表面的氧化物刮掉；使用多股芯线时要将线头绞紧，必要时应作烫锡处理。

2）走线时应尽量避免导线交叉。先将导线绞直，把同一走向的导线汇成一束，依次弯向所需要的方向。走线应做到横平竖直、拐直角弯。做线时要用手将拐角做成90°角的“慢弯”，导线的弯曲半径为导线直径的3~4倍，不要用钳子将导线做成“死弯”，以免损坏绝缘层和损伤线芯，做好的导线束用铝线卡（钢金轧头）垫上绝缘物卡好。

3）将成型好的导线套上写好的线号管，根据接线端子的情况，将芯线煨成圆环或直接压进接线端子。

4）接线端子应坚固好，必要时加装弹簧垫圈坚固，防止电器动作时因振动而松脱。

5）控制板与板外的电气设备和电器的连接导线应采用多股软线。控制板与电动机的连接导线要用软管加以保护。

6）若控制板是铁壳的，则应和电动机外壳有良好的接地保护。

接线过程中注意对照图纸核对，防止错接。必要时用试灯、蜂鸣器或万用表校线。同一接线端子内压接两根以上导线时，可以只套一只线号管；导线截面不同时，应将截面大的放在下层，截面小的放在上层。所使用的线号要用不易退色的墨水（可用环乙酮与龙胆紫调合），用印刷体工整地书写，防止检查线路时误读。

7.6.3 通电前检测

安装完毕的控制电路板，必须经过认真检查后方可通电试车，以防止错接、漏接及电器故障无法实现控制功能，甚至造成短路事故。检查线路应按以下步骤进行。

1. 核对接线情况

对照电气原理图或安装接线图，从电源端开始逐段核对接线端子处线号，排除漏接、错接现象。重点检查辅助电路中易错接处的线号，还应核对同一导线的两端是否错号。

2. 检查端子接线是否牢固

检查所有端子上接线的接触情况，用手逐一摇动、拉拔端子上的接线，不允许有松脱现象。避免通电试车时因虚接造成麻烦，将故障排除在通电之前。

3. 用万用表检查线路通断情况

这是在控制电路不通电时，用手动来模拟电器的操作动作，用万用表测量线路通断情况的检查方法。应根据线路控制动作来确定检查步骤和内容；根据原理图和接线图选择测量点。主要检查下述内容。

1）主电路不带负荷（电动机）相间绝缘情况，接触器主触头的可靠性，正反转控制电路的电源换相线路及热继电器元件是否良好、动作是否正常等。

2）辅助电路的各个控制环节及自锁、联锁装置的动作情况及可靠性；与设备的运动部件联动的元件（如行程开关、速度继电器等）动作的正确性和可靠性；保护电器（如热继电器触头）动作的准确性等情况。

4. 检查线路绝缘电阻

用500V绝缘电阻表检查线路的绝缘电阻，不应小于1MΩ。

7.6.4 通电试车

为确保人身安全，在通电试车时应认真执行安全操作的有关规程，一人监护，一人操作。试车前应做好以下准备工作：清点工具；清除安装底板上的线头杂物；装好接触器的灭弧罩；检查各组熔断器的熔体；分断各开关，使按钮、行程开关处于未操作前的状态；检查三相电源是否对称等。若有安全隐患存在，应及时加以整改，方能试运转。通电试车的顺序如下。

（1）空载试运行　先切除主电路(一般可断开主电路熔断器)，装好辅助电路熔断器，接通三相电源，使线路不带负荷(电动机)通电操作，以检查辅助电路工作是否正常。操作各按钮检查它们对接触器、继电器的控制作用；检查接触器的自锁、联锁等控制作用；用绝缘棒操作行程开关，检查它的行程控制或限位控制作用等。还要观察各电器操作动作的灵活性，注意有无卡住或阻滞等现象；细听电器动作时有无过大的振动噪声；检查有无线圈过热等现象。经反复操作，均正常后方可进行负载运行。

（2）负载试运行　检查接线无误后合闸送电，按控制原理起动电动机，起动后要注意它的运行情况。当电动机运行平稳时，用钳形电流表测量三相电流是否平衡。若发现电动机起动困难、发出噪声及线圈过热等异常现象，应立即停车，切断电源后进行检查。

（3）参数调试　有些线路的控制动作需要调试。例如定时运转线路的运行和间隔时间；Y—△起动线路的转换时间；反接制动线路的终止速度等。应按照各线路的具体情况进行参数调试。

7.7　电气控制电路的故障分析与检测

电气设备在其工作过程中，由于各种原因常会发生各种各样的故障，这些故障除一些是机械故障外，另一些就是常见的控制电路的故障。控制电路的故障一般可分为自然故障和人为故障两大类。自然故障是由于电气设备在运行时过载、振动、锈蚀、金属屑和油污侵入、散热条件恶化等原因，造成电气绝缘下降、触头熔焊、电路接点接触不良，甚至发生接地或短路而形成的。人为故障是由于在安装控制电路时布线接线错误，在维修电气故障时没有找到真正原因或者修理操作不当，不合理地更换元器件或改动线路而形成的。一旦线路发生故障，轻者会使电气设备不能工作，影响生产；重者会造成人身、设备伤害事故。作为电气操作人员，一方面应加强电气设备日常维护与检修，严格遵守电气操作规范，消除隐患，防止故障发生；另一方面还要在故障发生后，保持冷静，及时查明原因，并熟练、准确、迅速、安全地排除故障。

电气控制电路故障分析与检测的一般步骤是：

1）熟知线路的工作原理及操作方法，结合原理图、接线图、布置图进行仔细的检查，初步判断故障的可能范围。这是观察故障、分析故障、检修故障的基础和前提。故障往往仅由于某个电器元件问题而产生。只有根据线路的工作原理、电器元件的布置位置和实际线路的走向进行分析，在不扩大故障范围，不损坏电气设备和机械设备的前提下，对线路进行通电试验，通过观察电气设备和电器元件的动作，看它是否正常，各控制环节的动作程序是否符合要求，找出故障发生部位或回路。逐步排除产生故障的可能原因，缩小故障范围。

2）通过观察、调查、分析、测量等手段，并利用一定的技术、方法、经验和技巧确定故障点。这是检修工作的重点和难点。

由于电气控制电路结构复杂多变，故障形式多种多样，因此要快速、准确地找出故障点，要求操作人员既要学会灵活运用“看”（查看电器元件是否有明显损坏或其他异常现象）、“听”（听运行时的声音是否正常）、“闻”（闻是否有异味）、“摸”（触摸电动机及各种电器的表面有无过热现象）、“问”（询问故障发生时的现象）等检修经验，又要弄懂电路原理，掌握一套正确的检修方法和技巧。

“问”即询问操作者故障前后电路和设备的运行状况及故障发生后的症状，故障是经常发生还是偶尔发生；是否有响声、冒烟、火花、异常振动等征兆；故障发生前有无切削力过大和频繁起动、停止、制动等情况；有无经过保养检修或改动线路等。

“看”即察看故障发生前是否有明显的外观征兆，如各种信号，有指示装置的熔断器的情况，保护电器脱扣动作，接线脱落，触头烧毛或熔焊，线圈过热烧毁等。

“听”即在线路还能运行和不损坏设备的前提下，可通电试车，细听电动机、接触器和继电器等电器的声音是否正常。

“摸”即在刚切断电源后，尽快触摸检查电动机、变压器、电磁线圈及熔断器等，看是否有过热现象。

3）根据故障点的不同情况，采取正确的维修方法排除故障。

4）检修完毕，进行通电空载校验或局部空载校验。

5）检验合格，通电正常运行。

7.7.1 逻辑分析法

逻辑分析法是一种从故障现象出发，根据控制电路的工作原理、控制环节的动作顺序以及相互间联系，进行认真的分析排查以划出故障可疑范围，再配合其他方法找出故障的准确位置的分析方法。在检修简单的电气控制电路时，通过对每个电器元件每根导线逐一进行检查，一般能很快找到故障点。但对复杂的控制电路而言，由于元器件和接线众多，若采取逐一检查的方法，不仅需耗费大量的时间，而且也容易漏查。在这种情况下，若根据电路图，采用逻辑分析法，对故障现象作具体分析，划出可疑范围，提高维修的针对性，就可以收到准而快的效果。若故障的可疑范围较大，则不必按部就班地逐级进行检查，这时可在故障范围的中间环节进行检查，来判断故障究竟是发生在哪一部分，从而缩小故障范围，提高检修速度。

7.7.2 电阻测量法

电阻测量法是在断电情况下利用万用表电阻档检测元件或某部分电路是否有短路或断路现象。常用的电阻测量方法有分段测量法和分阶测量法。

1. 分段测量法

图 7-28 所示为正转控制回路。采用分段测量法的操作步骤如下：

1）正确选择万用表档位，将万用表的转换开关置于电阻档的适当量程上。

2）切断被测电路的电源，严禁带电操作，否则会损坏万用表。

3）断开被测电路与其他电路并联的连线，否则测量结果不准确。

4）用两支表笔分别接触端点 1 和 2。若阻值无穷大，说

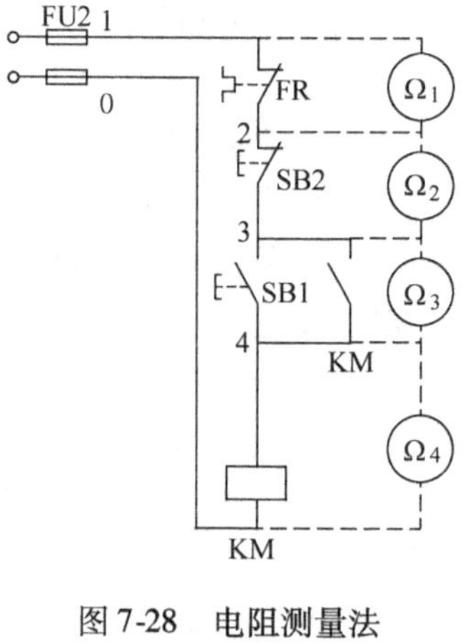

图 7-28 电阻测量法

明热继电器已动作断开，或是接线松脱。

5）用两支表笔分别接触端点 2 和 3。若阻值无穷大，说明 SB2 复位不良或接线松脱。

6）用两支表笔分别接触端点 3 和 4。当按住 SB1 时，两点间的阻值应为零；松开 SB1 后，两点间的阻值应为无穷大。

7）对于接触器线圈这类耗电元件，其进出线两端点间的阻值应与该电器铭牌上标注的阻值相符。若实测阻值偏大，说明内部出现接触不良；若实测的阻值偏小或为零，则说明内部绝缘损坏甚至被击穿。对于未注明阻值的电器，可根据铭牌上的额定工作电压和功率将电阻值算出来。

2. 分阶测量法

除可采用分段测量法外，还可采用分阶测量法。按住 SB1 不放，测出 1-0 点间的电阻，正常应为接触器线圈电阻值，若阻值为零，说明接触器线圈短路；若阻值为无穷大，说明电路断路，则需逐级分阶测量 1-2、1-3、1-4 电器触头两点间的电阻值，正常应为零，若某两点间阻值突然增大，则说明表笔刚跨过的触头或连接导线接触不良或断路。这种测量方法像台阶一样，故称分阶测量法。

7.7.3　电压测量法

使用万用表的交流电压档逐级测量控制电路中各种电器的输出端(闭合状态)电压，往往可以迅速查明故障点。以正转控制回路为例，如图 7-29所示，其电压分阶测量法的操作步骤如下：

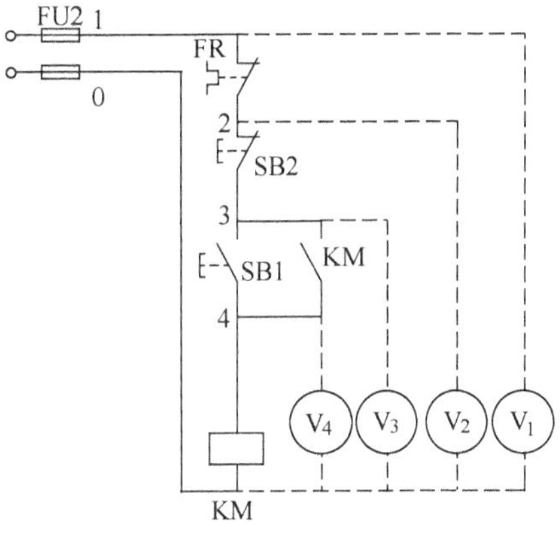

图 7-29　电压测量法

1）将万用表的转换开关置定交流档 500V 量程。

2）接通控制电路电源(注意先断开主电路)。

3）检查电源电压。将黑表笔接图的端点 0 上，再用红表笔去测量端点 1。若端点 1 无电压或电压异常，说明电源部分有故障，可检查控制电源变压器及熔断保护器等；若 1 端点的电压正常，即可继续按以下步骤操作。

4）按下 SB1。若 KM 正常吸合并自锁，说明该控制回路无故障，应顺序检查其主电路；若 KM 不能吸合或自锁，则继续按以下步骤操作。

5）用红表笔测量端点 2。若所测电压值与电源电压不相符，一般可考虑是触头或引线接触不良；若无电压，则应检查热继电器是否已动作，必要时还应排除主电路中导致热继电器动作的原因。

6）用红表笔测量端点 3。若无电压，一般可考虑按钮 SB2 未复位或是接线松脱。

7）最后按住 SB1 来测量端点 4。若无电压，可考虑是触头接触不良或接线松脱；若电压值正常，则应考虑接触器 KM 可能有内部开路故障。

电压的分段测量法读者可自行分析。

在实际的电气故障分析过程中，往往都将电压测量法和电阻测量法结合起来灵活运用，再根据线路的电气原理图进行分析和检查，以迅速查明故障原因。

7.7.4　逐步短接法

逐步短接法是在电路带电情况下采用绝缘良好的导线逐段短接电器元件以检查和判断故

障的一种方法。

如图 7-30 所示控制电路，当按下起动按钮 SB1 时，接触器 KM 不动作，则说明控制电路有故障，此时可用一段导线逐段短接来缩小故障范围。用导线依次分段短接 1-2、2-3、3-4 各点，绝对不允许短接 4-0 两点，否则会引起电源短路。若短接某两点后接触器能动作，说明这两点间的电器触头或导线存在接触不良或断路故障；若短接后接触器仍不动作，则只能借助万用表进行检测。在检测时也可采用分阶的方法依次短接 1-2、1-3、1-4 各点进行判断。

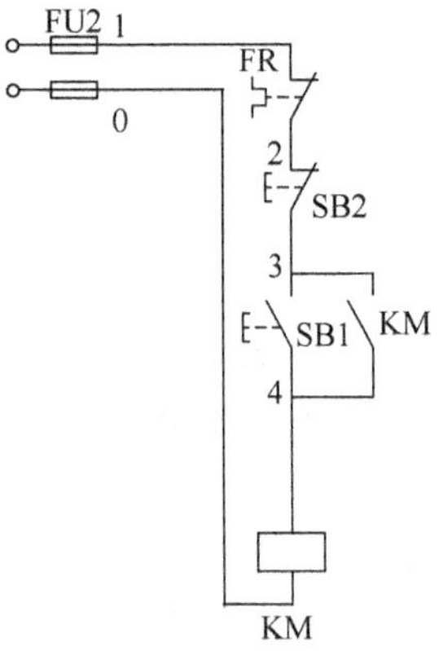

图 7-30 逐步短接法

利用逐步短接法检查和判断线路故障时，必须注意人身及设备安全，严格遵守安全操作规程，不得随意触动带电部分，尽可能切断主电路，只在控制电路带电的情况下进行检查，同时注意严禁短接接触器、继电器线圈等控制电路的负载，以避免引起电源短路。因此，逐步短接法只能用于检查导线与元器件接触不良的故障，对于负载本身断路或接触不良不适用。

电气控制电路的故障检修方法不是千篇一律的，各种方法可以配合使用，但不要生搬硬套。在一般情况下，通过调查研究能帮助我们找出故障现象；逻辑分析能有效缩小故障范围；电阻测量与电压测量能迅速可靠找出故障点。在实际检修工作中，应做到每次排除故障后，及时总结经验，做好检修记录，作为档案以备日后维修时参考。并要通过对历次故障的分析和检修，采取积极有效的措施，防止再次发生类似的故障。

习 题 7

1. 填空题

(1) 图形符号由________、________和________组成，其中________只说明电路的某些特征，不表示独立的电气元件。

(2) 自锁是指接触器通过________________而使线圈保持得电的作用，而当一个接触器得电动作时，通过其常闭辅助触头使另一接触器不能得电的动作称为________。

(3) 对于三相异步电动机而言，要改变其转向只要改变________，常见的正反转控制电路有________________、________________和________________。

(4) 减压起动常用的方式有________________、________________、________________和________________。

(5) 采用Y—△减压起动时，异步电动机起动时的电压减为正常时的________，起动电流减为全电压时的________，但起动力矩也只有全电压起动力矩的________，故只适用于________起动。

(6) 自耦变压器减压起动是利用________来降低加在电动机三相定子绕组上的电压，其适用于________________________。

(7) 电气制动常用的方法有____________、____________等，其中____________需使用直流电源。

(8) 电气控制电路常用的故障检测与分析方法有________、________、________和________。

(9) 用电阻测量法检查和判断故障时，检测前必须________，不能________操作，否则会损坏万用表。

2. 选择题

(1) 在单向连续运转按钮-接触器电气控制电路中，接触器不具备的保护功能是(　　)。

A. 过载保护　B. 欠电压保护　C. 失电压保护　D. 以上都不具备

(2) 接触器自锁控制电路的一个重要特点是(　　)。

A. 具有欠电压和失电压(或零压)保护作用

B. 能使电动机连续运转

C. 最简单正转控制电路

D. 只具有欠压保护作用，而不具有失压保护作用

(3) 点动与连续运转混合控制的正转控制电路 (　　)。

A. 只可实现电动机点动控制　B. 可实现电动机的连续或点动控制

C. 只实现电动机连续运转　D. 电动机自锁控制

(4) 接触器联锁的正反转控制电路电动机从正转到反转(　　)。

A. 必须先按停止按钮，再按反转起动按钮　B. 直接按反转起动按钮

C. 按停止按钮即可　D. 按停止按钮或反转按钮均可

(5) 按钮联锁的正反转控制电路(　　)。

A. 工作安全可靠　B. 容易产生电源两相短路故障

C. 操作不安全　D. 操作不方便

(6) 在电力拖动中被广泛采用的是(　　)的正反转控制电路。

A. 倒顺开关　B. 接触器联锁

C. 按钮接触器复合联锁　D. 按钮联锁

(7) 接触器联锁的正反转控制电路，是在线路中采用两个接触器，这两个接触器的主触头所接通的电源相序(　　)。

A. 相同　B. 不同　C. 任意　D. 没有要求

(8) 在工作台自动往返控制电路中，改变行程开关的________，就可改变工作的行程。(　　)

A. 型号　B. 接线　C. 位置　D. 触头种类

(9) 一台电动机起动后，另一台电动机方可起动的控制方式属于(　　)。

A. 多地控制　B. 顺序控制　C. 程序控制　D. 混合控制

(10) 对较大容量的电动机采用减压起动的目的是(　　)。

A. 减小起动电流　B. 增大起动电流　C. 恒定起动电流　D. 降低起动转矩

(11) 按钮、接触器控制Y—△减压起动线路中使用了________个接触器(　　)。

A. 1　B. 2　C. 3　D. 4

(12) 星形-三角形(Y—△)减压起动只适用于(　　)下起动。

A. 重载　B. 变载　C. 静载　D. 轻载或空载

(13) ________减压起动方法既降低了起动电流，又不致使起动转矩过小，是带负载起动电动机的较好的起动方法。(　　)

A. 定子绕组串电阻　B. 星-三角　C. 自耦变压器　D. 延边三角形

(14) 反接制动中，为防止反向起动，常利用________继电器来自动地及时切断电源。(　　)

A. 热　　B. 时间　　C. 速度　　D. 中间

(15) 能耗制动是当电动机切断交流电源后，立即在定子绕组的任意两相中通入________，迫使电动机迅速停转的方法。(　　)

A. 直流电　　B. 交流电　　C. 直流电和交流电　　D. 直流电或交流

3. 判断题

(1) 在实际应用中接线图往往要与电路图和布置图一起使用。(　　)

(2) 点动控制电路中，按下起动按钮后松开，即可实现连续运转。(　　)

(3) 自锁触头常并联在常闭按钮两端。(　　)

(4) 带接触器自锁的控制电路具有欠电压和失电压保护的功能。(　　)

(5) 为实现接触器联锁，在正反转控制电路中分别串接了对方接触器的一个常闭辅助触头。(　　)

(6) 接触器联锁正反转控制电路具有安全不易产生短路故障的优点，且从正转到反转，无须按停止按钮。(　　)

(7) 多地控制的原则是凡常开触头应串联，常闭触头应并联。(　　)

(8) Y—△减压起动只适用于额定运行时定子绕组为三角形联结方式且容量较大的三相交流异步电动机。(　　)

(9) 双速电动机定子绕组接成角状连接时低速运行，接成双星状连接时高速运行。(　　)

(10) 反接制动是依靠改变电动机定子绕组的电源相序来产生制动力矩的。(　　)

(11) 在电机的各种电气制动方式中，反接制动最为迅速。(　　)

(12) 能耗制动是利用发电机原理将机械能转换为电能的。(　　)

4. 问答题

(1) 电气控制电路中有哪些保护环节？分别由什么元件实现？

(2) 试画出电动机双重联锁正、反转控制电路图，分析控制过程，并说明如何实现各种保护。

(3) 如图7-31正反转控制电路(KM1负责正转,KM2负责反转)，请回答以下问题：

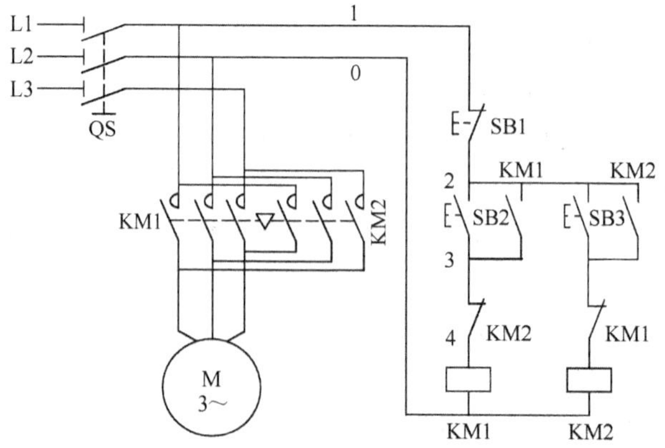

图7-31　正反转控制电路

① 在原图中补画上适当的保护电路？

② 该电路中有哪些控制电器？哪些配电电器？

③ 若 3 号线与 4 号线之间的 KM2 常闭触头因氧化不能接通，会出现什么问题？

(4) 如图 7-32 所示电动机正反转控制电路，要求在图中改错，并分析工作过程。

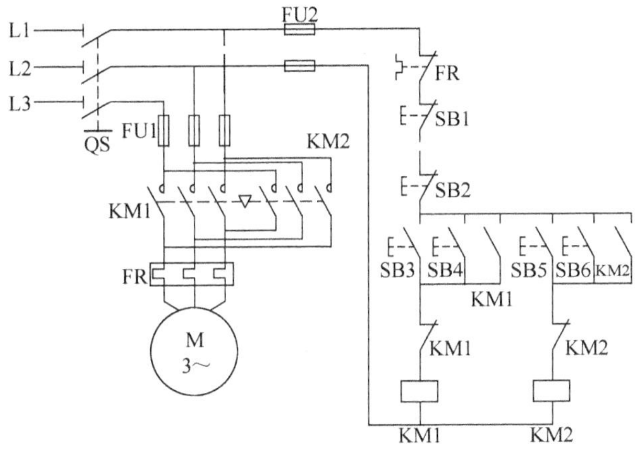

图 7-32　电动机正反转控制电路

(5) 图 7-33 为三相异步电动机拖动工作台自动往返控制电路，请仔细读图后完成下列填空：

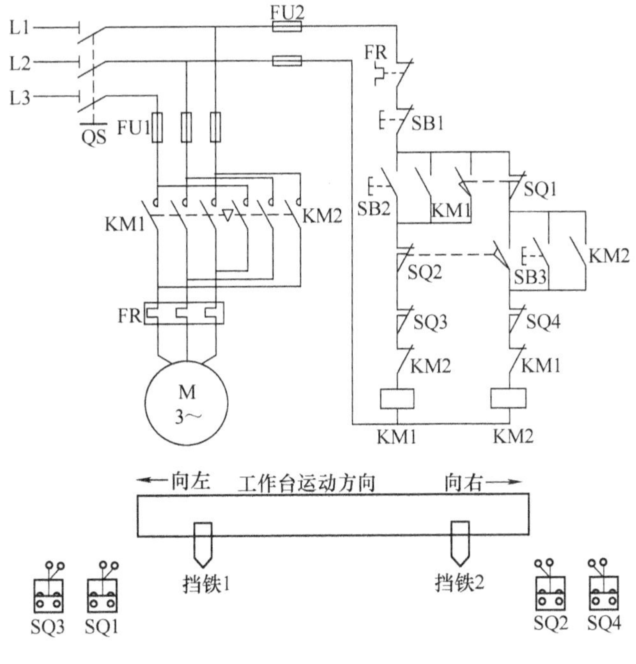

图 7-33　自动往返控制电路

① 接触器 KM1 主触头闭合时，电动机正转，工作台向左移动。________主触头闭合时，工作台向右移动。

② FR 是________器，用作主电路的________保护。

③ KM1 常开辅助触头起________作用，常闭触头起________作用。

④ 工作台向右移动，位置靠行程开关________进行控制，靠行程开关________进行极限位置保护。

⑤ 工作台向左移到位自动返回时，需要 KM2 主触头闭合，而 KM2 线圈通电的条件有二：一是 KM1 常闭辅助触头闭合，二是________________。

(6) 试按以下要求设计线路：某生产机械由 M1、M2 两台电动机拖动，M2 在 M1 起动一段时间后方能起动，但 M1、M2 可以单独控制起动和停止，要求有短路和过载保护。

(7) 某机床的油泵电机 M_1 和主电机 M_2 有如下控制要求：

① 必须首先起动 M_1，然后才能起动 M_2；

② M_2 可以单独停转；

③ M_1 停转时，M_2 也应自动停转。

试设计满足上述要求的控制电路。

(8) 试设计一个采用两地操作的点动与连续运转的控制电路？

(9) 图 7-34 为三相异步电动机Y—△自动起动电气控制电路，仔细读图后完成下列填空：

① FR 是________器，用作________保护。

② _______是时间继电器，其常开触头是延时_______的触头，常闭触头是延时_______的触头。

③ 起动时，按下________接触器 KM1 与 KM2 线圈通电，电动机定子绕组接成________形。时间继电器 KT 与接触器 KM2 两线圈________（同时，先后，后先选择其中之一填入）通电。

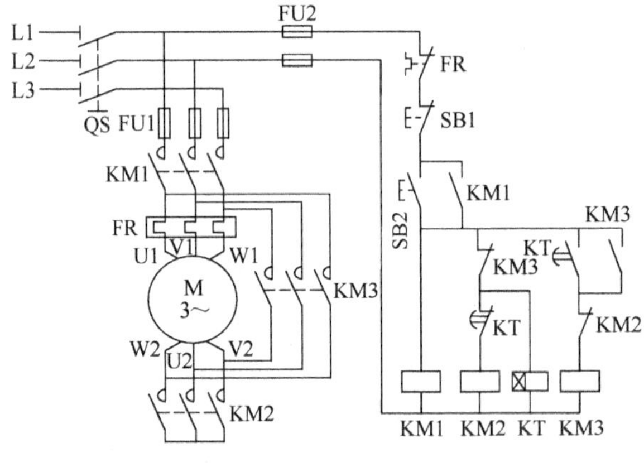

图 7-34 Y—△自动起动电气控制电路

(10) 图 7-35 为△/YY双速电动机电气控制电路。

① 该电路能够实现哪些保护功能？分别由什么元件实现？

② 电路中，KM1、KM2、KM3 的常闭辅助触头的作用如何？

③ 按下 SB2，电动机应处于什么运转状态？再按下 SB3，电动机转换为什么运转状态？

(11) 图 7-36 为三相异步电动机单向反接制动电气控制电路，请仔细读图后完成下列填空。

① 主电路中用作短路保护的器件是________。

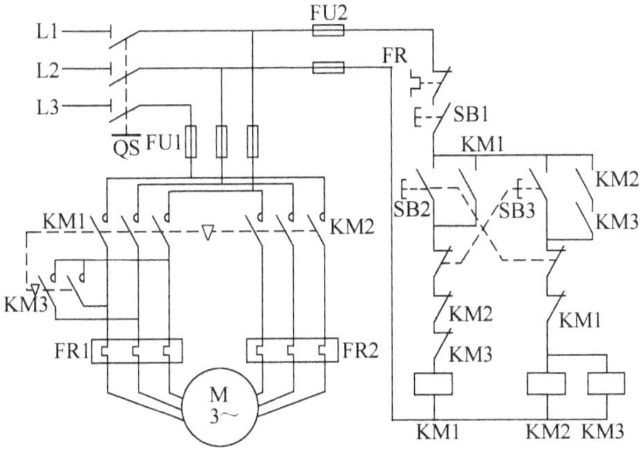

图 7-35　△/YY双速电动机电气控制电路

② KS 是________器，安装在________上，在反接制动过程中，转速高于 120r/min 时其常开触头________，而转速低于 100r/min 后，其常开触头________，接触器 KM2 线圈________电，电动机________电源制动结束。

③ 接触器 KM2 常开辅助触头起________作用。

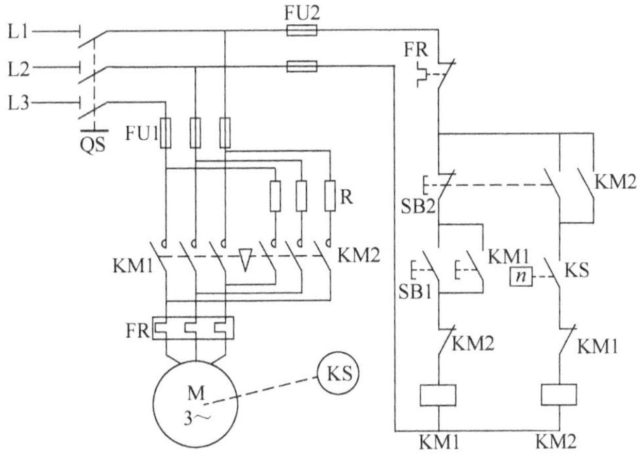

图 7-36　反接制动电气控制电路

实训课题七　手动顺序控制电路的安装训练

1. 实训目的

（1）掌握手动顺序控制电路的工作原理；

（2）熟悉顺序控制电路的安装、调试及一般故障的排除方法。

2. 实训器材

常用电工工具一套及仪表一套，原理图对应元器件，见表 7-1。

3. 实训步骤

（1）阅读电气原理图，如图 7-11 所示，分析线路控制动作，按规定标注线号。

（2）绘制位置布置图和安装接线图。

(3) 按接线图配齐电器元件，列出所需元器件明细表，并进行元器件检测，同时完成表7-1。

表7-1 手动顺序控制电路元器件明细表

序 号	代 号	名 称	型号规格	件 数	检测结果
1	QS	电源开关			
2	FU1	熔断器			
3	FU2	熔断器			
4	KM	交流接触器			
5	SB	按钮			
6	XT	接线端子排			
7	M	笼型异步电动机			
8	FR	热继电器			
9		配电板			
10	导线若干				

(4) 按布置图规定位置在配电板上将各电器元件固定牢靠，在各元器件上用编号纸贴上醒目的文字符号。

(5) 根据电动机容量选择电路导线，分别制作控制电路和主电路。

(6) 自检线路。

① 对照原理图、接线图按编码核查接线情况。

② 检查各端子连线的接触情况，排除虚接故障。

③ 用万用表检查线路。

(7) 通电试车。

可靠连接电动机和各电器元件金属外壳的保护接地线。连接电源、电动机等控制板外部的导线。在老师监护下，进行空操作试验和带负荷试车。如果线路出故障，则分析原因、排除故障；如线路动作正常，则请老师对制作工艺水平进行讲评，并进行成绩评定。训练记录与成绩评定评分标准见表7-2。

(8) 两人一组互设故障，并进行故障的分析与排除，故障检修评分标准见表7-3。

(9) 拆除导线及元器件，整理工作台。

4. 注意事项

(1) 注意按钮盒内接线，防止线间短路。

(2) 运行中若发现电动机有异常情况，应立即停车，查明原因排除故障。

(3) 在检查KM2线圈回路时，可以通过阻值的变化来观察。

(4) 联锁触头不能接错，否则不能实现顺序控制。电动机接线盒引线使用三芯护套线；按钮盒引线应使用软绝缘导线，并套上软管。

(5) 通电试车时，应熟悉线路的操作顺序，同时注意观察各电器元件、线路各部分及电动机的工作是否正常，若有异常应立即切断电源进行检修。

5. 思考题

(1) 若要实现自动顺序控制则应如何进行接线？

(2) 若要实现顺序控制、逆序停止，则控制电路如何改接？

(3) 若按下 SB2 按钮，电动机 M1 正常运转，按下 SB3 按钮，电动机 M2 不转，试分析故障的可能原因？

6. 评分标准

训练记录与成绩评定评分标准见表 7-2，故障检修评分标准见表 7-3。

表 7-2　训练记录与成绩评定

项目内容	配分	评分标准					扣分
元件检测	15	(1) 电器元件漏检或错检，每处扣 2 分 (2) 电动机质量检查，每漏一处扣 5 分					
元件安装	15	(1) 元件布置不整齐、不匀称、不合理，每只扣 3 分 (2) 元件安装不紧固，每只扣 4 分 (3) 安装元件时漏装螺钉，每只扣 1 分 (4) 走线槽安装不符合要求，每处扣 2 分 (5) 损坏元件扣 15 分					
布线工艺	30	(1) 不按电路图接线扣 25 分 (2) 布线不符合要求： 主、控电路每根分别扣 4 分、2 分 (3) 接点松动、露铜过长、压绝缘层，每个接点扣 1 分 (4) 损伤导线绝缘或线芯，每根扣 5 分 (5) 漏套或错套编码套管，每处扣 2 分 (6) 漏接接地线扣 10 分					
通电试车	40	(1) 热继电器未整定或整定错误扣 5 分 (2) 熔体规格配错，主、控电路各扣 5 分 (3) 第一次试车不成功扣 20 分 第二次试车不成功扣 30 分 第三次试车不成功扣 40 分					
安全文明生产		违反安全文明生产规程　扣 5～40 分					
定额时间 3h		每超时 5min 以内以扣 5 分计算					
备注		除定额时间外，各项目的最高扣分不应超过配分数				成绩	
开始时间			结束时间		实际时间		指导老师	

表 7-3　故障检修成绩评定

项目内容	配分	评分标准	扣分
故障分析	30	(1) 故障分析、排除故障的思路不正确，每个扣 5～10 分 (2) 标错电路故障范围，每个扣 15 分	
排除故障	70	(1) 停电不验电扣 5 分 (2) 工具及仪表使用不当，每次扣 10 分 (3) 排除故障的顺序不对扣 5～10 分	

（续）

<table>
<tr><td>项目内容</td><td>配分</td><td colspan="5">评分标准</td><td>扣分</td></tr>
<tr><td>排除故障</td><td>70</td><td colspan="5">（4）不能查出故障，每个扣35分
（5）查出故障点，但不能排除，每个扣25分
（6）产生新的故障：
不能排除，每个扣35分
已经排除，每个扣15分
（7）损坏电动机扣70分
（8）损坏电器元件或排除故障方法不正确，每只(次)扣5~20分</td><td></td></tr>
<tr><td colspan="2">安全文明生产</td><td colspan="5">违反安全文明生产规程扣10~70分</td><td></td></tr>
<tr><td colspan="2">定额时间30min</td><td colspan="5">若在修复故障过程中超时，以每超10min扣5分计算</td><td></td></tr>
<tr><td colspan="2">备注</td><td colspan="4">除定额时间外，每项最高扣分不超过该项的配分</td><td>成绩</td><td></td></tr>
<tr><td colspan="2">开始时间</td><td></td><td>结束时间</td><td></td><td>实际时间</td><td>指导老师</td><td></td></tr>
</table>

实训课题八　自动往返控制电路的安装训练

1. 实训目的

（1）掌握自动往返控制电路的工作原理。

（2）会按照工艺要求正确安装自动往返控制电路。

（3）能根据故障现象，检修自动往返控制电路。

2. 实训器材

常用电工工具一套及仪表一套，原理图对应元器件，见表7-4。

3. 实训步骤

（1）阅读电气原理图，如图7-37所示，分析线路控制动作。

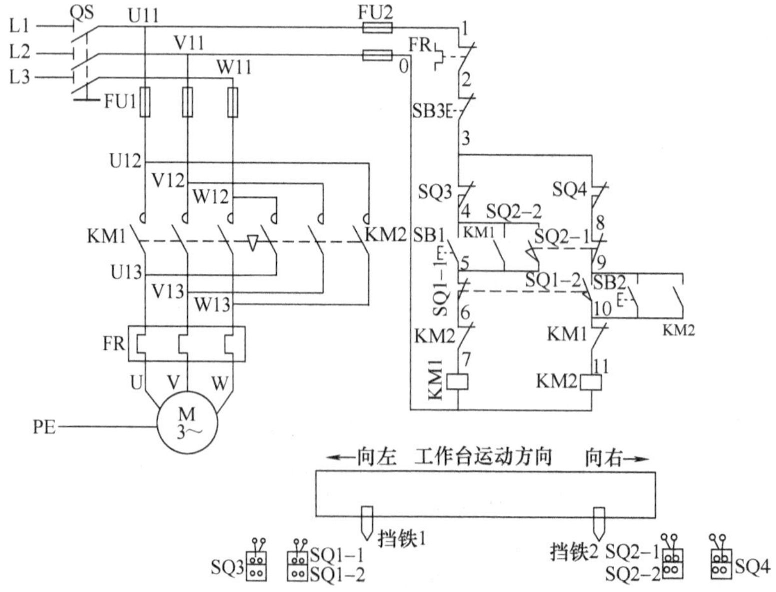

图7-37　自动往返控制电路

(2) 位置布置图，如图7-38所示，绘制安装接线图。

(3) 按接线图配齐电器元件，列出所需元器件明细表，并进行元器件检测，同时完成表7-4。

(4) 按布置图规定位置在配电板上将各电器元件固定牢靠，并在各元器件上用编号纸贴上醒目的文字符号。

(5) 根据电动机容量选择电路导线，分别制作控制电路和主电路。

(6) 自检与互检。根据电路图检验控制板内部布线的正确性。

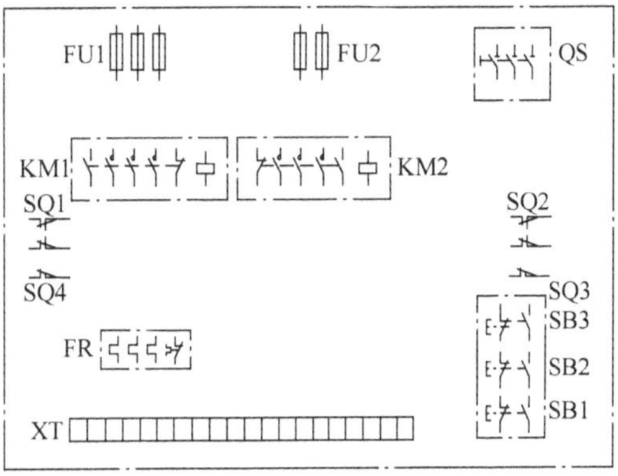

图7-38 元器件布置图

表7-4 自动往返控制电路元器件明细表

序号	代号	名称	型号	规格	数量	检测结果
1	M	三相异步电动机				
2	QS	组合开关				
3	FU1	熔断器				
4	FU2	熔断器				
5	KM1、KM2	接触器				
6	FR	热继电器				
7	SQ1-SQ4	行程开关				
8	SB1-SB3	按钮				
9	XT	接线端子排				
10		主电路导线				
11		控制电路导线				
12		按钮线				
13		接地线				
14		走线槽				
15		控制板				

① 主电路接线检查。按电路图或接线图从电源端开始，逐段核对接线有无漏接、错接之处，检查导线接点是否符合要求，压接是否牢固，以免带负载运行时产生闪弧现象。

② 控制电路接线检查。用万用表电阻档检查控制电路接线情况。

(7) 通电试车。可靠连接电动机和各电器元件金属外壳的保护接地线。连接电源、电动机等控制板外部的导线。为保证人身安全，在通电试车时，要认真执行安全操作规程的有关规定，经老师检查并现场监护。

接通三相电源L1、L2、L3，合上电源开关QS，用验电笔检查熔断器出线端，氖管亮说明电源接通。分别按下SB2→SB3和SB1→SB3，观察是否符合线路功能要求，观察电器元件动作是否灵活，有无卡阻及噪声过大现象，观察电动机运行是否正常。若有异常，立即停车检查。

(8) 两人一组互设故障，并进行故障的分析与排除。

(9) 拆除导线及元器件，整理工作台。

4. 注意事项

(1) 此电路中，行程开关的常开触头与起动按钮相关联，常闭触头应与另一线圈串联；所有常闭触头应串联，常开触头应并联。

(2) 通电校验时，必须先手动行程开关，试验各行程控制和终端保护动作是否正常可靠，以防止发生设备事故。

(3) 互设故障时，严禁在行程开关 SQ3 和 SQ4 上设置故障。

5. 思考题

(1) 若在电动机正转(工作台向左运动)时，扳动位置开关 SQ1，电动机不反转，且继续正转，则可能的故障原因是什么？

(2) 若行程开关 SQ1 和 SQ3 同时发生故障，则会导致什么现象？

6. 评分标准

工作质量检测及故障诊断评分标准同前。

实训课题九　自动Y—△减压起动控制电路的安装训练

1. 实训目的

(1) 能正确识读电路图，如图 7-18 所示，并分析自动Y—△减压起动控制原理。

(2) 能正确绘制元器件布置图和接线图。

(3) 会按照工艺要求正确安装自动Y—△减压起动控制电路。

(4) 能根据故障现象，检修自动Y—△减压起动控制电路。

2. 实训器材

常用电工工具一套及仪表一套，原理图对应元器件。

3. 实训步骤

(1) 阅读电气原理图，分析线路控制动作，按规定标注线号。

(2) 绘制位置布置图和安装接线图。

(3) 按接线图配齐电器元件，列出所需元器件明细表，并进行元器件检测，同时完成表 7-5。

表 7-5　自动Y—△减压起动控制电路元器件明细表

序号	代号	名称	型号	规格	数量	检测结果

(4) 按布置图规定位置固定元器件。将元件固定在配电板上。要求元件安装牢固，并符合工艺要求，并在各元器件上用编号纸贴上醒目的文字符号。

(5) 根据电动机容量选择电路导线，按电气控制电路图分别制作控制电路和主电路。

(6) 自检与互检。根据电路图检验控制板内部布线的正确性。

① 主电路接线检查。按电路图或接线图从电源端开始，逐段核对接线有无漏接、错接之处，检查导线接点是否符合要求，压接是否牢固，以免带负载运行时产生闪弧现象。

② 控制电路接线检查。用万用表电阻挡检查控制电路接线情况。

(7) 通电试车。为保证人身安全，在通电试车时，要认真执行安全操作规程的有关规定，经老师检查并现场监护。

接通三相电源 L1、L2、L3，合上电源开关 QS，用电笔检查熔断器出线端，氖管亮说明电源接通。分别按下 SB2 和 SB1，观察是否符合线路功能要求，观察电器元件动作是否灵活，有无卡阻及噪声过大现象，观察电动机运行是否正常。若有异常，立即停车检查。

(8) 两人一组互设故障，并进行故障的分析与排除。

(9) 拆除导线及元器件，整理工作台。

4. 注意事项

(1) 进行Y—△起动时，必须将电动机的 6 个出线端子全部引出。

(2) 电动机、时间继电器、不带电金属外壳或底板的接线端子板应可靠接地，严禁损伤线芯和导线绝缘。

(3) 接线时要注意电动机的三角形联结不能接错，应将电动机定子绕组的 U1、V1、W1 通过 KM2 接触器分别与 W2、U2、V2 相连，否则会产生短路现象。

(4) KM3 接触器的进线必须从三相绕组的末端引入，若误将首端引入，则 KM3 接触器吸合时，会产生三相电源短路事故。

5. 思考题

(1) 按下起动按钮 SB2，电机不能起动，说明其可能故障原因?

(2) 由星形联结无法正常切换到三角形联结，要么不切换，要么切换时间太短，说明其故障原因?

(3) 起动时主电路短路，试说明其可能故障原因?

6. 评分标准

工作质量检测及故障诊断评分标准同前。

第 8 章

直流电动机控制电路

由于直流电动机具有起动转矩大、调速范围广、调速精度高、调速平滑性好、能够实现无级调速以及可以频繁起动等一系列优点，故在精密机械加工与冶金工业生产过程中得到广泛应用，如高精度金属切削机床、轧钢机、造纸机、龙门刨床、电气机车等生产机械，常用直流电动机来拖动。根据设备和系统要求的不同，直流电动机控制电路可包括起动、正反转、调速、制动等基本环节。

8.1 直流电动机起动控制电路

除小型电动机以外，直流电动机一般不采用直接起动。为了在保证足够大的起动转矩条件下，尽可能减小起动电流，直流电动机的起动常用的方法有降低电枢电压和电枢回路串电阻这两种。而电枢回电路串电阻因无需可调直流电源，起动设备简单，价格便宜，被更多地采用。

他励直流电动机串二级电阻起动控制电路如图 8-1 所示。他励直流电动机在运行时，如果电路突然断电，其转速急速上升，这种现象叫“飞车”。为防止发生飞车事故，励磁回路中串入欠电流继电器。另外，在施加电枢电源前，先接入或至少同时施加额定励磁电压，防止飞车事故，也减少了起动电流。

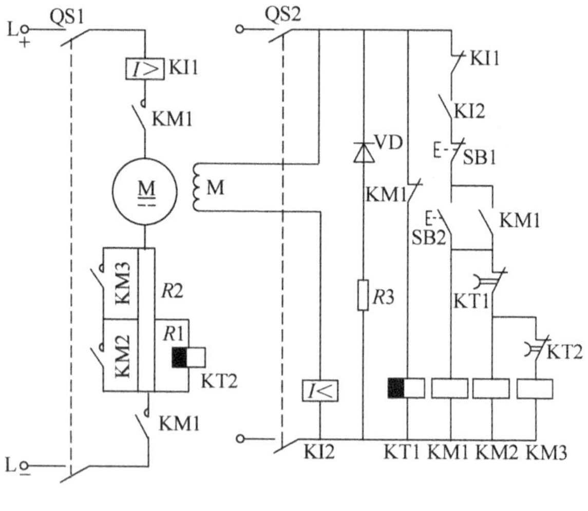

图 8-1 他励直流电动机串电阻起动控制电路

1. 保护环节

1）*R*1、*R*2 为起动电阻，减少起动电流。

2）KI1 主电路过电流保护。

3）KI2 欠电流保护。

4）电阻 *R*3 与二极管 VD 构成励磁绕组的放电回路，其作用是在停机时防止由于过大的自感电动势引起励磁绕组的绝缘击穿。

2. 起动前的准备

合上电源开关 QS1 和控制开关 QS2，励磁回路通电，欠电流继电器 KI2 通电，其常开触头闭合，为起动做准备。同时，KI1 通电，其常闭触头断开，切断 KM2、KM3 电路保证串入二级电阻 *R*1、*R*2 起动。

3. 起动

按下起动按钮 SB2，KM1 线圈得电并自锁，主触头闭合，电枢回路通电。电动机串入二级电阻起动，同时时间继电器 KT1 线圈断电。在电动机起动的同时，并接在 *R*1 两端的时间继电器 KT2 通电，其常闭触头断开，保证 KM3 线圈不通电，确保串入电阻 *R*2 起动。经过一段时间的延时后，KT1 延时触头闭合，KM2 线圈得电，KM2 常开触头闭合，短接电阻 *R*1，KT2 线圈断电。经一段时间延时后，KT2 常闭触头闭合，KM3 线圈得电，KM3 常开触头闭合，短接电阻 *R*2。电动机进入全压运行阶段，起动过程结束。

8.2　直流电动机正反转控制电路

在许多场合，直流电动机要求频繁实现正反方向的运转。例如直流电动机拖动龙门刨床工作台的往复运动，矿井卷扬机的上下运动等。而直流电动机的转向决定于电枢绕组中的电流方向和主磁场磁通方向，故改变直流电动机的转向有两种方法：一是电枢反接法，即保持励磁磁场方向不变而改变电枢电流方向；二是励磁绕组反接法，即保持电枢电流方向不变而改变励磁绕组电流的方向。不管采用何种方法，都是为了改变电动机的电磁转矩方向，从而实现反转。

在许多场合，他励直流电动机要求频繁实现正反方向的运转，常采用改变电枢电流方向来实现，其控制电路如图 8-2 所示。图中 KM1、KM2 为正反转接触器，KM3、KM4 为短接电阻 *R*1、*R*2 的接触器，KT1、KT2 为时间继电器。具体工作原理与图 8-1 相类似。分别按下起动按钮 SB2 和 SB3，流经电枢的电流方向刚好相反，这样就实现了正反转控制。

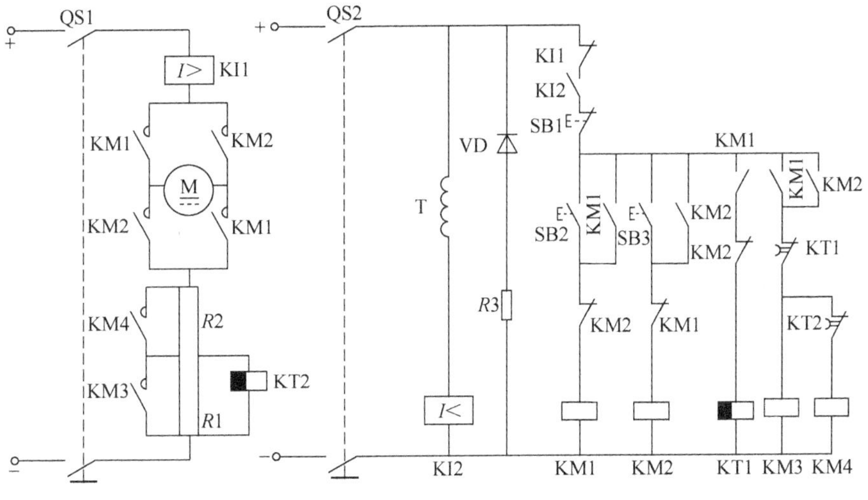

图 8-2　他励直流电动机正反转控制电路

而在实际生产中，并励直流电动机的反转也常采用改变电枢电流的方向来实现，其控制电路如图 8-3 所示。工作原理如下：

合上断路器 QF
- 励磁绕组 A 得电励磁
- 欠电流继电器 KI 得电→KI 常开触头闭合
- 时间继电器 KT 线圈得电→KT 延时闭合的常闭触头瞬时分断→

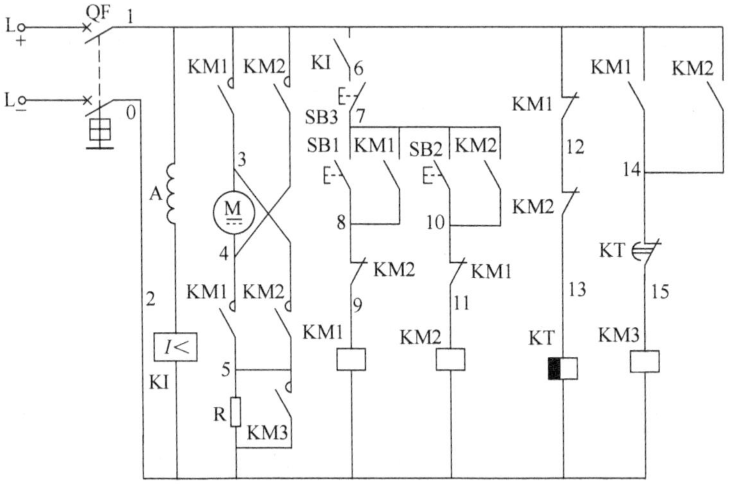

图 8-3　并励直流电动机正反转控制电路

→接触器 KM3 处于失电状态→电动机 M 串接电阻 R 起动。

按下正转起动按钮 SB1(或反转起动按钮 SB2)→接触器 KM1(或 KM2)线圈得电→

→{
- KM1(或 KM2)常开辅助触头闭合，为 KM3 得电做好准备
- KM1(或 KM2)主触头闭合 } 电动机 M 串电阻 R 正转(或反转)起动
- KM1(或 KM2)自锁触头闭合 }
- KM1(或 KM2)常闭辅助触头断开→KT 线圈失电→经过 KT 整定时间→
- KM1(或 KM2)联锁触头断开，对 KM2(或 KM1)联锁

→KT 常闭触头恢复闭合→KM3 线圈得电→KM3 主触头闭合→

→电阻 R 被短接→电动机 M 进入正常运转

按下停止按钮 SB3，即可使电动机 M 实现停转。

但需注意，当电动机由一种转向变成另一种转向时，必须先按下停止按钮 SB3，再按相应的起动按钮。

8.3　直流电动机调速控制电路

图 8-4 为他励直流电动机调速控制电路。电源开关 QS1 和控制开关 QS2 分别控制主电路、控制电路的分断，电阻 $R1$、$R2$ 作为起动、调速电阻，由接触器 KM2、KM3 控制其是否短接，KT1、KT2 为时间继电器，VD 和 R 作为励磁绕组放电回路。KI1 为过电流继电器，串接在电枢回路中，作为直流电动机的短路和过载保护；KI2 为欠电流继电器，串接在励磁绕组回路中，作为直流电动机的失磁和弱磁保护。

当 SA 手柄处于“3”位时，电动机处于稳定运行状态。此时 KM2、KM3 和 KM1 的主触头闭合，KM1 的常闭触头断开，KI2 和 KA 常开触头闭合，电动机工作于主磁通恒定，电阻 $R1$、$R2$ 未串入电枢回路的状态。

若将 SA 的手柄扳至“1”位或“2”位，则电动机处于低速运行状态。当 SA 手柄由“3”位扳到“1”位时，KM2、KM3 线圈失电，则 KM2、KM3 常开触头断开，电动机电枢

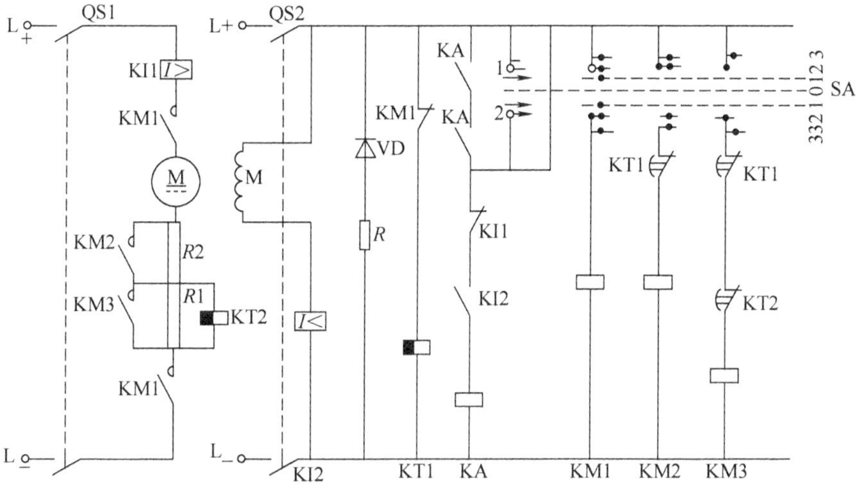

图 8-4　他励直流电动机调速控制电路

回路串入电阻 $R1$、$R2$，电动机减速运行。当 SA 手柄由“3”位扳到“2”位时，KM1、KM2 线圈有电流通过。KM1、KM2 触头不动作，而 KM3 失电，KM3 常开触头断开，电动机电枢回路串入电阻 $R1$，低速运行。

8.4　直流电动机制动控制电路

在第 5 章已经介绍了直流电动机制动方法，本节主要分析其能耗制动控制电路和反接制动控制电路。

1. 能耗制动控制电路

图 8-5 为他励直流电动机单向运转能耗制动控制电路。KM1 为电源接触器，KM2、KM3 为起动接触器，KM4 为制动接触器，KI1 为过电流继电器，KI2 为欠电流继电器，KV 为欠电压继电器，KT1、KT2 为时间继电器。$R4$ 为制动电阻，其阻值应选择适当，阻值过大会导致制动缓慢，过小会导致电枢电流超过电枢电路的允许值。

电动机正常运行时，并联在电枢回路两端的电压继电器 KV 通电，其常闭触头闭合，为制动做好准备。按下停止按钮 SB1，KM1 线圈断电，电枢两端的直流电源被切断。但电动机因惯性仍以较高速度运转，电枢两端仍保持一定电压，KV 继续通电，使 KM4 线圈通电，电阻 $R4$ 并联在电枢两端，电动机实现能耗制动，转速急剧下降。同时，电动机两端电压随着转速的减小而降低，当电压降低到 KV 的释放值时，KV 释放，KM4 断电，电动机能耗制动

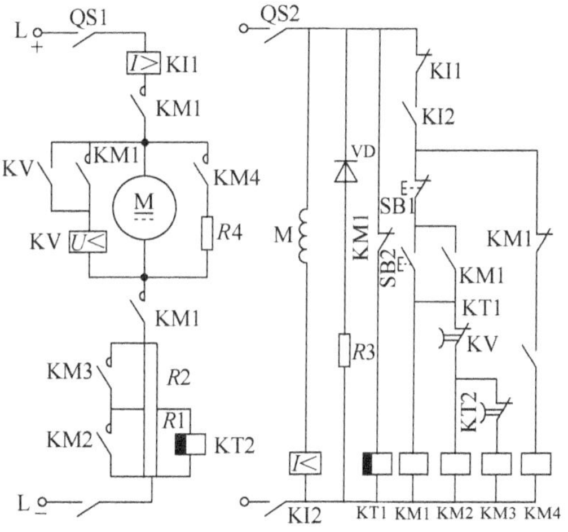

图 8-5　他励直流电动机单向运转能耗制动控制电路

结束。

（1）起动前的准备

合上电源开关 QS1

合上控制开关 QS2→励磁回路通电→欠电流继电器 KI2 通电→KT1 通电→KI2 常开触头闭合，为起动做准备。

（2）起动

按下 SB2→KM1 线圈得电→
- 电压继电器 KV 通电
- KM1 常开触头闭合
  - 电枢回路通电→串二级电阻起动
  - KT2 线圈通电→KT2 常闭触头断开
- KM1 常闭触头分断→KT1 线圈断电→延时后 KT1 常闭触头

闭合→KM2 线圈得电→KM2 常开触头闭合→短接电阻 R1→KT2 线圈断电→延时后 KT2 常闭触头闭合→KM3 线圈得电→KM3 常开触头闭合→短接电阻 *R*2→电动机全压运行。

（3）能耗制动　按下 SB1→KM1 线圈失电→电枢电源切断→电动机惯性运转→电压继电器 KV 仍然保持通电→KM4 线圈通电→电阻 *R*4 并联在电枢两端，电动机实现能耗制动→电动机转速下降→电枢电势降低→KV 释放→KM4 线圈断电→能耗制动结束。

（4）优缺点　能耗制动是利用消耗转子惯性运转时的动能来实现的。其优点是成本低、制动减速平稳可靠，缺点是能量无法利用，消耗在电阻上从而使之发热，制动转矩随转速下降而逐渐减小，使得制动时间较长。故一般用于要求制动平稳可靠的场合。

2. 反接制动控制电路

并励直流电动机可逆运行和反接制动控制电路如图 8-6 所示。图中 *R*1、*R*2 为起动电阻，*R*3 为制动电阻，*R*0 为放电电阻，KT1、KT2 为时间继电器，KT2 的延时时间大于 KT1 的延时时间，KV 为过电压继电器。

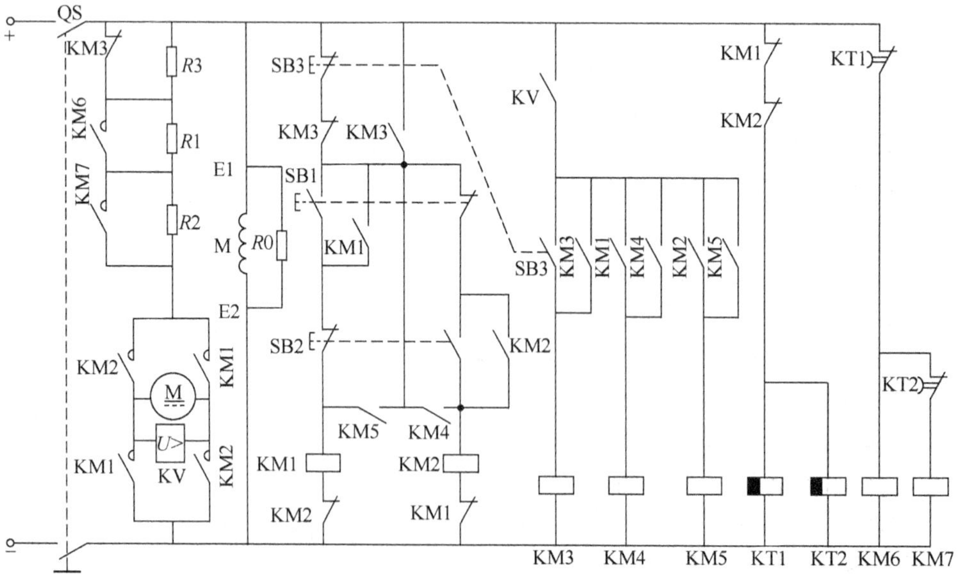

图 8-6　并励直流电动机可逆运行和反接制动控制电路

起动准备：合上 QS，励磁绕组得电，时间继电器 KT1、KT2 得电吸合，延时闭合的常闭触头瞬时断开，保证接触器 KM6、KM7 处于断电状态，使得电动机起动时能串入电阻。

正转起动：按下正转起动按钮 SB1，接触器 KM1 得电吸合，KM1 主触头闭合，电枢回路串电阻 $R1$、$R2$ 进行两级起动。同时，KM1 常闭触头分开，KT1、KT2 失电释放，其常闭触头先后延时闭合，使得 KM6、KM7 相继得电，他们的常开触头先后闭合，切除电阻 $R1$ 和 $R2$，电动机全速正转运行。

制动准备：随着电动机转速的升高，反电动势也增加。当反电动势达到一定值时，电压继电器 KV 通电，其常开触头闭合，接触器 KM4 通电吸合并自锁，KM4 常开触头闭合，为反接制动做好准备。

反接制动：按下停止按钮 SB3，接触器 KM1 断电，电动机失电惯性运转，反电动势仍然很高，电压继电器 KV 仍然保持通电，使 KM3 通电并自锁，KM3 的另一常开触头闭合，接通反转接触器 KM2 线圈，其触头闭合，电枢通入反向电流，串入电阻 $R3$ 进行反接制动。当转速降低到 KV 的释放电压时，KV 释放，使 KM3、KM4 和 KM2 均断电，反接制动结束。

习　题　8

1. 直流电动机一般采用哪种减压起动方式？为什么？

2. 在图 8-1 所示直流电动机串电阻起动控制电路中，继电器 KI1、KI2 的作用分别是什么？

3. 有一台他励直流电动机，试设计一控制电路，要求如下：

① 采用电枢回路串电阻起动，采用时间继电器控制限流电阻分两段切除。

② 励磁绕组两端并联放电回路。

4. 他励直流电动机单向运转能耗制动控制电路中，制动电阻如何选择？为什么？

实训课题十　直流电动机制动控制电路的安装训练

1. 实训目的

（1）了解他励直流电动机单向运转能耗制动控制电路（图 8-5）的原理、使用场合及优缺点。

（2）了解每个元件在线路上所起的作用。

（3）掌握他励直流电动机单向运转能耗制动控制电路的安装及一般故障的排除。

2. 实训器材

常用电工工具及仪表一套，原理图对应元器件一套。

3. 实训步骤

（1）根据实训场地所备电机的铭牌数据，结合实际条件，进行电气元件的选配，并把型号、规格、数量等数据填入表 8-1 中。

（2）按元件明细表配齐所用电器元件，并对各电器元件进行质量检查。如元件外观有无破损、活动部分是否灵活、型号规格是否相符等。

表 8-1 他励直流电动机能耗制动控制电路安装元器件明细表

序号	代号	名称	型号	规格	数量	检测结果

（3）根据线路原理图，进行线路编号。

（4）根据线路原理，在配电板上合理布局各电器元件，并对电器元件进行牢固安装，然后贴上醒目的文字符号。电源开关、起动变阻器和按钮板的安装位置要接近电动机和被拖动的机械，以便在控制时能看到电动机和被拖动机械的运行情况。

（5）在控制板上根据电路图进行正确布线和套编码套管。

（6）连接控制板外部的导线。

（7）可靠连接直流电动机和金属元件外壳的保护接地线。

（8）接线完毕，采用自检、互检的方式进行检查，初次进行接线练习的，必须由指导教师现场指导并作最后的检查。

（9）检查无误后按正确的操作步骤通电试车。

（10）拆除连接导线，整理工作台。

4. 注意事项

（1）通电试车前要认真检查接线是否正确、牢靠，特别是励磁绕组的接线；各电器动作是否正常，有无卡阻现象；欠电流继电器、时间继电器以及欠电压继电器的整定值是否满足要求。

（2）制动直流电流不能太大，一般取电动机空载电流的 3～5 倍，可通过调节制动电阻 R 来实现。

（3）进行制动时，要将按钮 SB1 按到底才能实现。

（4）分清楚同一器件不同部位触头的使用，不能混淆。

（5）若遇异常情况，应立即断开电源停车检查。若带电检查，必须有指导教师在现场监护。

（6）训练应在规定的定额时间内完成，同时要做到安全操作和文明生产。

5. 思考题

在试车过程中，若发现制动过程较为缓慢，则可能的原因是什么？

6. 评分标准

评分标准见表 8-2。

表 8-2 评分标准

项目内容	配分	评分标准	得分
元器件选用	10	（1）选错型号和规格，每个扣 5 分 （2）选错元件数量，每个扣 4 分 （3）规格型号没有写全，每个扣 2 分	

（续）

<table>
<tr><th>项 目 内 容</th><th colspan="2">配　分</th><th colspan="2">评 分 标 准</th><th colspan="2">得　分</th></tr>
<tr><td>元器件检测</td><td colspan="2">10</td><td colspan="2">（1）元器件漏检或错检，每处扣 1 分
（2）电动机质量检测，每漏一处扣 5 分</td><td colspan="2"></td></tr>
<tr><td>元器件安装</td><td colspan="2">20</td><td colspan="2">（1）元件布置不整齐、不匀称、不合理，每只扣 2 分
（2）元件安装不牢靠，每只扣 3 分
（3）漏装木螺钉，每只扣 1 分
（4）损坏元件扣 5 ~ 15 分</td><td colspan="2"></td></tr>
<tr><td>布线</td><td colspan="2">20</td><td colspan="2">（1）不按电气原理图接线，扣 20 分
（2）布线不符合要求，每根扣 2 分
（3）接点松动、露铜过长、反圈、压绝缘层，每点扣 1 分
（4）损伤导线绝缘或线芯，每根扣 4 分
（5）漏套或错套编码套管，每个扣 1 分</td><td colspan="2"></td></tr>
<tr><td>通电试车</td><td colspan="2">40</td><td colspan="2">（1）整定值整定错误，每只扣 5 分
（2）第一次试车不成功，扣 20 分
（3）第二次试车不成功，扣 30 分
（4）第三次试车不成功，扣 40 分
（5）违反安全文明生产，扣 5 ~ 40 分
（6）乱线敷设，加扣不安全分 10 分</td><td colspan="2"></td></tr>
<tr><td>定额时间 4h</td><td colspan="4">每超时 10min 以扣 5 分计算</td><td colspan="2"></td></tr>
<tr><td>备注</td><td colspan="4">除定额时间外，各项内容的最高扣分，不得超过此项配分</td><td>得分</td><td></td></tr>
<tr><td>开始时间</td><td></td><td>结束时间</td><td></td><td>实际时间</td><td colspan="2"></td></tr>
<tr><td>学生姓名</td><td colspan="2"></td><td>指导老师</td><td colspan="3"></td></tr>
</table>

第9章

典型机床电气控制电路

金属切削机床是机械加工的主要设备，包含车床、钻床、铣床、磨床、镗床等。而无论何种生产机械一般均由原动机、传动机构、工作机构及控制系统等几部分组成。电气传动控制是各类生产机械的重要组成部分，是机械电子工程技术人员必须掌握的专业知识。

9.1　卧式车床电气控制电路

车床是用车刀在工件上加工旋转表面的机床，是机械加工中应用最为广泛的金属切削机床，约占机床总数的25%~50%。车床加工范围较广，可以进行车削外圆、端面、锥面、成形面、螺纹、切槽、钻孔、镗孔、铰孔及滚花等项的加工。

9.1.1　卧式车床的主要结构与运动形式

卧式车床主要有床身、主轴变速箱、挂轮箱、进给箱、溜板箱、溜板与刀架、尾座、光杠和丝杠等部分组成，如图9-1所示。

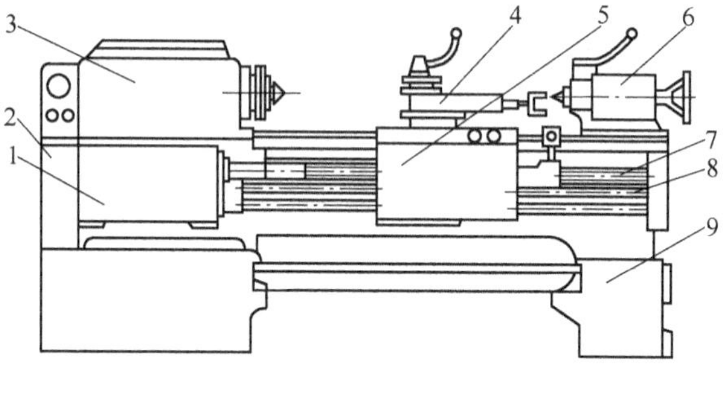

图9-1　卧式车床的结构示意图

1—进给箱　2—挂轮箱　3—主轴变速箱　4—溜板与刀架　5—溜板箱　6—尾座　7—光杠　8—丝杠　9—床身

下面以CA6140卧式车床为例进行介绍。CA6140卧式车床有两种主要工作运动，即主运动和进给运动。

主运动是主轴通过卡盘带动工件的旋转运动，是形成机床切削速度或消耗主要动力的工作运动。切削速度是指加工工件与刀具接触头的相对速度，其应根据工件的材料性质、几何形状、工件尺寸、加工方式、冷却条件及车刀的不同等进行选择，即要求主轴能在较大范围内进行调速。通过变换主轴箱外的手柄位置，可以改变主轴的转速。主轴一般不要求反转，只有在加工螺纹时为避免乱扣，才要求反转退刀。

进给运动是溜板箱带着刀架的纵向或横向直线运动，是使工件的多余材料不断被去除的工作运动。溜板箱把丝杠或光杠的转动传递给刀架部分，变换溜板箱外部的控制手柄的位置，经刀架部分使车刀做纵向或横向进给。

切削过程中主运动只有一个，进给运动可以是一个或多于一个。机床的运动除工作运动外，还有一些实现机床切削过程的辅助工作而必须进行的辅助运动，如刀架的快速移动及工件的夹紧与放松等。

9.1.2　CA6140 卧式车床电气控制电路分析

1. 电力拖动的特点和控制要求

1）主拖动电动机采用三相笼型异步电动机，主轴采用机械方式调速，其正反转亦采用机械方式实现。

2）主拖动电动机因容量较小，可采用直接起动方式。同时为减小振动，由电动机通过 V 带将动力传递到主轴箱。

3）车削加工过程中，为降低刀具和工件温度，需一台冷却泵电动机抽取冷却液进行冷却，其单方向旋转与主拖动电动机有联锁关系。

4）主拖动电动机和冷却泵电动机部分均应具有短路、欠电压、失电压和过载保护的功能。

5）应具有局部照明装置。

2. CA6140 卧式车床电气控制电路分析

CA6140 卧式车床电气控制电路如图 9-2 所示。其控制原理图可分为主电路、控制电路及照明电路三部分。

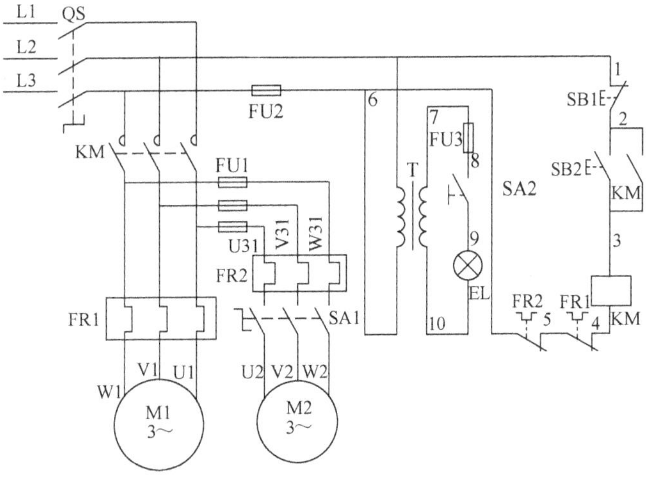

图 9-2　CA6140 卧式车床电气控制电路图

（1）主电路分析　主电路有两台电动机，即主轴电动机 M1 和冷却泵电动机 M2。M1 拖动主轴旋转，并通过进给机构实现车床的进给运动；M2 拖动冷却泵旋转供出冷却液。QS 为电源开关，接触器 KM 控制 M1 的起动和停止，组合开关 SA1 控制 M2 的工作状态，且 M2 在 M1 起动后才能起动，具有顺序联锁关系。热继电器 FR1、FR2 分别实现对 M1、M2 的长期过载保护，熔断器 FU1、FU2、FU3 分别实现对冷却泵电动机、控制电路及照明电路的短路保护。

（2）控制电路分析　控制电路采用 380V 交流电源供电，按下起动按钮 SB2，KM 线圈得电并自锁，M1 直接起动。M1 运行后，合上转换开关 SA1，实现冷却泵电动机起动与停止，由于 SA1 开关具有定位作用，因此不设自保触头。按下 SB1，M1、M2 同时停转。该电路还具有欠电压、零压保护功能。

（3）辅助照明电路分析　照明变压器 T 的二次侧输出为安全电压，作为车床低压照明灯电源。照明灯 EL 由转换开关 SA2 控制。

9.1.3　CA6140 卧式车床常见电气故障分析与排除

CA6140 卧式车床电气控制电路的常见故障与处理方法见表 9-1。

表9-1 CA6140卧式车床电气控制电路的常见故障与处理方法

故障现象	故障分析	处理方法
电源正常，接触器不吸合，主轴电动机不能起动	（1）控制电路FU2熔断或接触不良 （2）热继电器FR1、FR2已动作，常闭触头尚未复位或常闭触头接触不良 （3）接触器KM线圈断线或触头接触不良 （4）按钮SB1、SB2接触不良或按钮控制电路有断线	（1）更换熔芯或旋紧熔断器 （2）检查热继电器FR1、FR2动作原因及常闭触头接触情况，并予以修复 （3）接触器KM线圈断线或触头接触不良，予以修复，接触器衔铁若卡死应拆下重装 （4）检查按钮触头或线路断线处，并予以修复
电源正常，接触器能吸合，但主轴电动机不能起动	（1）接触器主触头接触不良 （2）热继电器电阻丝烧断 （3）电动机损坏，接线脱落或绕组断线	（1）将接触器主触头拆下，用砂纸打磨使其接触良好 （2）换热继电器 （3）检查电动机绕组、接线，并予以修复
接触器能吸合，但不能自锁	（1）接触器KM的自锁触头(2-3)接触不良或其接头松动 （2）按钮接线脱落	（1）检查接触器KM的自锁触头是否良好，并予以修复，紧固接线端子 （2）检查按钮接线，并予以修复
主轴电动机缺相运行（主轴电动机转速慢，并发出“嗡嗡”声）	（1）电源缺相 （2）接触器有一相接触不良 （3）热继电器电阻丝烧断 （4）电动机损坏，接线脱落或绕组断线	（1）用万用表检测电源是否缺相，并予以修复 （2）检查接触器触头，并予以修复 （3）更换热继电器 （4）检查电动机绕组、接线，并予以修复
主轴电动机不能停转（按SB1电动机不停转）	（1）接触器主触头熔焊、接触器衔铁卡死 （2）接触器铁心面有油污灰尘使衔铁粘住	（1）切断电源使电动机停转，更换接触器主触头 （2）将接触器铁心油污灰尘擦干净
照明灯不亮	（1）熔断器FU3熔断或照明灯泡损坏 （2）变压器一、二次绕组断线或松脱、短路	（1）更换熔丝或灯泡 （2）用万用表检测变压器一、二次绕组断线、短路及接线，并予以修复

9.2 摇臂钻床电气控制电路分析

9.2.1 摇臂钻床的主要结构与运动形式

钻床是一种孔加工设备，可以进行钻孔、扩孔、铰孔及攻螺纹及修刮端面等多种形式的加工。钻床按用途和结构分为立式钻床、摇臂钻床、卧式钻床、深孔钻床及其他专用钻床等。在各类钻床中，摇臂钻床以其性能完善、操作灵活方便、工作可靠等优点，而成为一般机械加工车间常见的机床，特别适用于加工单件和批量生产中带有多孔的大型零件。

摇臂钻床结构如图9-3所示。内立柱固定在底座的一端，其外套有外立柱，外立柱可绕内立柱回转360°。摇臂的一端为套筒，它套装在外立柱上，经液压夹紧机构可与外立柱夹紧。夹紧机构松开后，借助升降丝杠的正、反向旋转可沿外立柱作上下移动。由于升降丝杠与外立柱构成一体，而升降螺母则固定在摇臂上，所以摇臂只能与外立柱一起绕内立柱回转。主轴箱是一个复合部件，由主传动电动机、主轴和主轴传动机构、进给和变速机构、机床的操作机构等部分组成。主轴箱安装在摇臂的水平导轨上，可以通过手轮操作使其沿摇臂水平导轨移动。

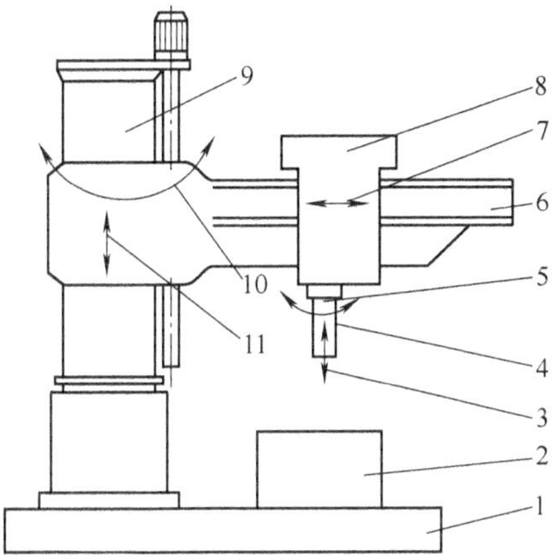

图 9-3　摇臂钻床结构及运动情况示意图
1—底座　2—工作台　3—主轴纵向进给
4—主轴旋转主运动　5—主轴　6—摇臂
7—主轴箱沿摇臂径向运动
8—主轴箱　9—内外立柱
10—摇臂回转运动　11—摇臂上下垂直运动

钻削加工时，钻头一边进行旋转切削，一边进行纵向进给，主轴旋转为主运动，而主轴的直线移动为进给运动。主轴变速和进给变速的机构都在主轴箱内，用变速机构分别调节主轴转速和上、下进给量。摇臂钻床的主轴旋转运动和进给运动由一台交流异步电动机 M1 拖动。摇臂钻床的辅助运动有：摇臂沿外立柱的上升、下降，立柱的夹紧和松开以及摇臂与外立柱一起绕内立柱的回转运动。摇臂的上升、下降由一台交流异步电动机 M2 拖动，立柱的夹紧和松开、摇臂的夹紧与松开以及主轴箱的夹紧与松开由另一台交流电动机 M3 拖动一台齿轮泵，供给夹紧装置所需要的压力油推动夹紧机构液压系统实现的。而摇臂的回转和主轴箱沿摇臂水平导轨方向的左右移动通常采用手动。此外还有一台冷却泵电动机 M4 对加工的刀具进行冷却。

9.2.2　Z3040 摇臂钻床电气控制电路分析

1. 电力拖动的特点和控制要求

1）摇臂钻床运动部件较多，为简化传动装置，采用多台电动机拖动，通常设有主轴电动机、摇臂升降电动机、立柱夹紧和放松电动机及冷却泵电动机。

2）摇臂钻床的主运动与进给运动皆为主轴运动，这两个运动由一台主轴电动机拖动，分别经主轴与进给传动机构实现主轴旋转和进给。主轴变速机构与进给变速机构均装在主轴箱内。

3）为适应多种形式加工，要求主轴的旋转及进给运动均有较大的调速范围，由机械变速机构实现。主轴在一般速度下的钻削加工为恒功率负载，而低速是用于扩孔、铰孔及螺纹加工，属于恒转矩负载。

4）为加工螺纹，主轴要求有正反转，采用机械方法来实现，为此主轴电动机只需单方向旋转，可直接起动，无需制动。

5）摇臂的升降由升降电动机拖动，要求电动机能正、反转；采用笼型异步电动机，可直接起动，不需要调速和制动。

6）摇臂的夹紧和放松是由电气和液压联合控制，并且有夹紧和放松指示。

7）内外立柱的夹紧与放松、主轴箱与摇臂的夹紧与放松是通过控制电动机的正、反转，带动液压泵送出不同流向的压力油，推动活塞、带动菱形块动作来实现的。因此拖动液压泵的电动机要求正、反向旋转，采用点动控制。

8）钻削加工时，根据加工需要，操作者可以手控操作冷却泵电动机输送冷却液对刀具和工件进行冷却。

9）要有必要的限位，联锁和过载保护，且具有局部安全照明及信号指示电路。

2. 主电路分析

Z3040摇臂钻床电气控制电路如图9-4所示。该机床共有四台电动机：主电动机M1，摇臂升降电动机M2，液压泵电动机M3和冷却泵电动机M4。

1）主电动机M1为单向旋转，由接触器KM1的主触头控制其起停，热继电器FR1作其长期过载保护；而主轴的正反转则依靠机床液压系统操纵机构配合正反转摩擦离合器来实现；空档、制动及变速由液压系统完成。

2）摇臂升降电动机M2由接触器KM2和KM3的常开主触头控制其正反转，控制电路保证在操纵摇臂升降时先通过液压系统，将摇臂松开后M2才能起动，带动摇臂上升或下降，当移动达到所需位置时控制电路又保证升降电动机先停止，然后自动液压系统将摇臂夹紧。由于M2为短时运转，故未设置过载保护。

3）液压泵电动机M3拖动油泵送出压力油以实现摇臂的松开与夹紧、立柱和主轴箱的松开与夹紧。为此由接触器KM4、KM5来实现正反转控制，用热继电器FR2作为其过载保护。

4）冷却泵电动机M4因容量小故用组合开关SA直接控制。

3. 控制电路分析

该机床控制电路同样采用380V/127V隔离变压器供电，但其二次绕组增设36V安全电压供局部照明使用。

（1）摇臂升降的控制　按上升（或下降）按钮SB3（或SB4），时间继电器KT吸合，其延时断开的常开触头（1-39）与瞬时常开触头（23-25）使电磁铁YV和接触器KM4同时吸合，使液压泵电动机M3旋转，供给压力油。压力油经二位六通阀进入摇臂松开的油腔，推动活塞和菱形块，使摇臂松开，并压下限位开关SQ2，其常闭触头断开，使接触器KM4线圈断电而释放，液压泵电动机M3停转，与此同时KM2（或KM3）吸合，升降电动机M2旋转，带动摇臂上升（或下降）。如果摇臂没有松开，SQ2的常开触头也不能闭合，KM2（或KM3）就不能吸合，摇臂也就不可能升降。

当摇臂上升（或下降）到所需位置时，松开按钮SB3（或SB4），KM2（或KM3）和时间继电器KT释放，升降电动机M2停转，摇臂停止升降。由于KT释放，其延时闭合的常闭触头（29-31）经1～3s延时后，接触器KM5吸合，液压电动机M3反转，反向供给压力油。压力油经二位六通阀（此时电磁铁YV仍处于吸合状态）进入摇臂夹紧油腔，向相反方向推动活塞和菱形块，使摇臂夹紧。夹紧后活塞杆通过弹簧片压下限位开关SQ3，KM5和YV同时断电释放，液压泵电动机停转，摇臂升降完成。

这里还应注意，在摇臂松开后，限位开关SQ3复位，其触头是（1-29）闭合的，而在摇臂夹紧后，SQ3被压合。时间继电器KT的作用是：控制接触器KM5在升降电动机M2断电后的吸合时间，从而保证在升降电动机停转后再夹紧摇臂的动作顺序。时间继电器KT的延时，可根据需要整定在1～3s。

摇臂升降的限位保护，由行程开关SQ1来实现。当摇臂上升到极限位置时，SQ1动作，将电路（7-9）断开，接触器KM2断电释放，升降电动机M2停转。但SQ1的另一组触头（9-17）仍处于闭合状态，可利用按钮SB4使摇臂下降。同理，当摇臂下降到极限位置时，SQ1动作，电路（9-17）断开，KM3释放，M2停转。而SQ1的另一常闭触头（7-9）仍闭合，可利用按钮SB3使摇臂上升。

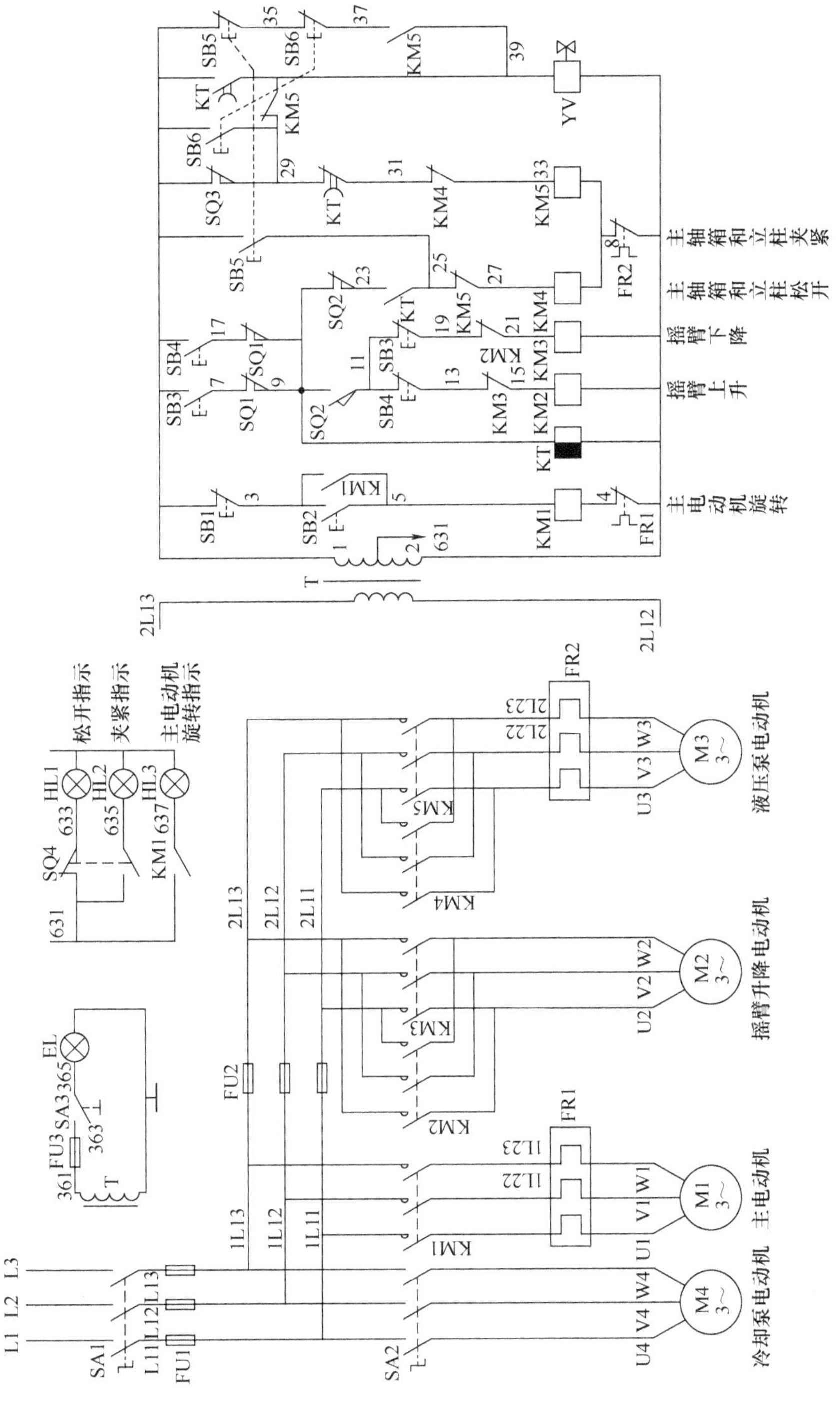

图 9-4　Z3040 摇臂钻床电气控制电路

而心轴另一端则固定在主轴上。在床身的前方有垂直导轨，一端悬持的升降台可沿之上下移动。在升降台上面的水平导轨上，装有可平行主轴轴线方向（横向移动）的溜板，工作台可沿溜板上部转动部分的导轨在垂直于主轴轴线的方向移动（纵向移动）。如此安装在工作台上的工件，可以作三个方向位置调整或进给运动。由于转动部分相对于溜板可绕垂直轴线转动一个角度（通常为正负 45°），因此工作台在水平面上除能平行或垂直于主轴轴线方向进给外，还能在倾斜方向上进给，从而完成铣螺旋槽加工任务，故称万能铣床。

X62W 卧式万能铣床的主运动为主轴带动铣刀的旋转运动；进给运动为铣床工作台的前后、左右、上下 6 个方向的运动；辅助运动为圆工作台的旋转运动等。

9.3.2 X62W 万能铣床电气控制电路分析

1. 电力拖动特点和控制要求

1）铣床在铣削加工时，进刀量较小时用高速，反之用低速铣削。这要求主传动系统能够调速而且在各种铣削速度下保持功率不变。主轴电动机采用三相笼型异步电动机。

2）为了能进行顺铣和逆铣加工，要求主轴能够实现正反转，但考虑到正反转操作并不频繁，因此采用组合开关来改变电源相序实现主轴电动机正反转。

3）铣床主轴电动机采用直接起动，且具有正反转控制。但停车时，由于主轴传动系统中装有避免振动的惯性轮，使主轴停车困难，故主轴电动机采用电磁离合器制动来实现准确停车。

4）主轴变速时，为使变速箱内齿轮易于啮合，要求主轴电动机变速时有变速冲动。

5）由于工作台要求有前后、左右、上下六个方向的进给运动和快速移动，故要求进给电动机能正反转，并通过操纵手柄和机械离合器配合实现。由于六个方向的进给运动同时只能有一种运动产生，因此采用了机械手柄和位置开关相配合的方式来实现六个方向的联锁。

6）为防止刀具、床体的损坏，要求只有主轴起动后才允许有进给运动和进给方向的快速移动。

7）为了减少加工工件的表面粗糙度，只有进给停止后主轴才能停止或同时停止。

8）要求有冷却系统、照明设备及各种保护措施。

2. 主电路分析

X62W 卧式万能铣床电气控制电路如图 9-6 所示。主电路有三台电动机，其中 M1 为主轴电动机，M2 为工作台进给电动机，M3 为冷却泵电动机。主轴电动机 M1 通过换相开关 SA5 与接触器 KM1、KM2 进行正反转、串电阻反接制动和瞬动控制，并通过机械机构进行变速。工作台进给电动机 M2 通过 KM3、KM4 控制电动机正反转，通过 KM5 和牵引电磁铁 YA 控制电动机的快慢，并通过机械机构使工作台上下、左右及前后快速移动。通过 KM6 控制冷却泵电动机 M3 的正转，且 M1 起动后 M3 才能起动。热继电器 FR1、FR2 和 FR3 分别实现对 M1、M2 和 M3 进行过载保护，熔断器 FU1、FU2、FU3 及 FU4 实现对主轴电动机、冷却泵电动机、控制电路及照明电路的短路保护。

3. 控制电路分析

（1）主轴电动机的控制　为了便于操作，主轴电动机 M1 采用两地控制方式，主轴电动

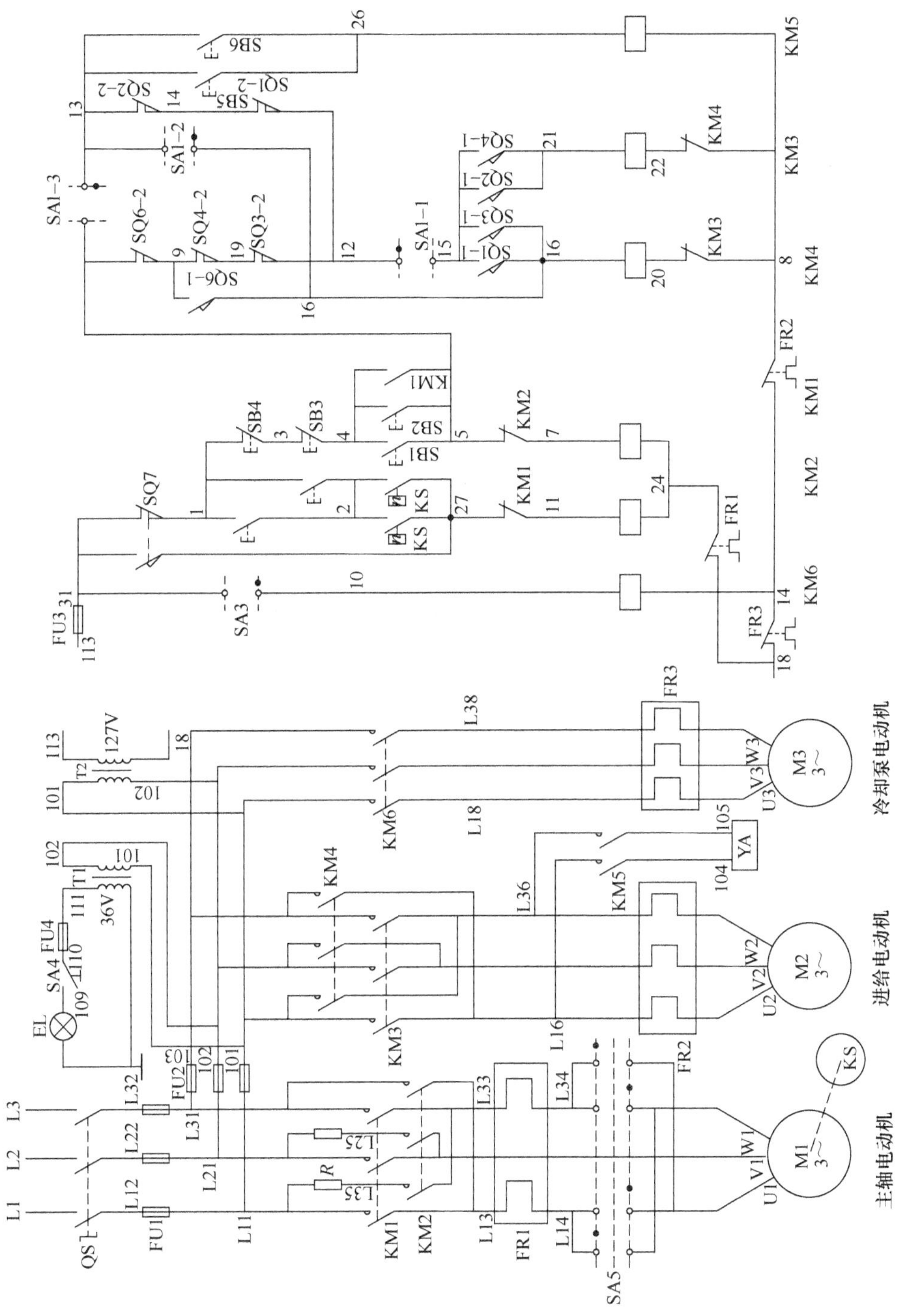

图 9-6　X62W 卧式万能铣床电气控制电路

机起动按钮 SB1、停止按钮 SB3 为一组，安装在床体上；另一组起动按钮 SB2、停止按钮 SB4 安装在工作台上。KM1 是主轴电动机起动接触器，KM2 是反接制动接触器；SA5 是电源换相开关，用于改变电动机的转向。主轴换相开关说明见表 9-3。SQ7 是与主轴变速手柄联动的瞬动行程开关；主轴电动机 M1 起动后，速度继电器 KS 的常开触头闭合，为电动机停转制动做准备。主轴电动机 M1 停止时，按停止按钮 SB3 或 SB4 切断 KM1 电路，接通 KM2 电路，改变了 M1 的电源相序，实现了定子绕组串电阻反接制动；当电动机 M1 的转速接近零时，速度继电器触头复位，KS 触头自动断开切断电源。

表 9-3 主轴换向开关说明

位置	触头	左转	停止	右转
SA5-1	L14-W1	+	–	–
SA5-2	L14-U1	–	–	+
SA5-3	L34-W1	–	–	+
SA5-4	L34-U1	+	–	–

（2）工作台进给电动机的控制　工作台进给上下运动和前后运动及左右运动的控制，是依靠电动机 M2 的正反转实现的，而正反转接触器 KM3、KM4 是由两个机械手柄控制的，这两个完全相同的手柄分别装在工作台左侧的前方和后方。手柄的连动机构与行程开关 SQ3、SQ4 相连接，操作手柄的同时完成机械挂档并压合 SQ3、SQ4，使正反转接触器接通，进给电动机运行，拖动工作台向预定方向运动。操作手柄有五个位置，五个位置是联锁的。工作台上下及横向限位终端保护，是利用工作台座上的挡铁撞动十字手柄使其回到中间位置，工作台停止运动。工作台进给控制电路只有在主轴电动机起动后才能接通。

1）工作台向上运动的控制：主轴电动机起动后，将手柄扳到“向上”位置时，其机械离合器挂上，为垂直传动做准备；同时压合行程开关 SQ4，使 SQ4-2（9-19）断开，SQ4-1（15-21）闭合，接触器 KM3 线圈得电，M2 正转，拖动工作台向上运动。当需要停止时，将手柄扳回中间位置，垂向进给离合器脱开，同时 SQ4 不再受压 SQ4-1（15-21）断开，电动机 M2 停转，工作台停止运动。

2）工作台向下运动的控制：将手柄扳向“向下”的位置时，其联动机构使垂直离合器挂上，为垂直传动做准备；同时压合行程开关 SQ3 使 SQ3-2（12-19）断开，SQ3-1（15-16）闭合，接触器 KM4 线圈得电，M2 反转，拖动工作台向下运动。

3）工作台向前、向后横向运动的控制：将手柄扳到“向前”或“向后”，垂向进给离合器脱开，而横向进给离合器接通传动机构，使工作台向前、向后横向运动。

工作台横向及升降进给行程开关说明，见表 9-4。

4）工作台左右运动控制：工作台左右运动由工作台纵向控制手柄来控制，此手柄也是复式的，手柄有三个位置：向左、零位、向右，当手柄扳到“向右”或“向左”位置时，

表 9-4　工作台横向及升降进给行程开关说明

位　置	触　头	向前向下	停　止	向后向上
SQ3-1	15-16	+	-	-
SQ3-2	12-19	-	+	+
SQ4-1	15-21	+	-	-
SQ4-2	9-19	-	+	+

通过联动机构将纵向进给离合器挂上，同时压下行程开关 SQ1 或 SQ2，使接触器 KM4 或 KM3 动作，控制进给电动机 M2 的正反转。工作台左右行程的长短可以调节安装在工作台两端的挡铁来控制，当工作台纵向运动到极限位置时，挡铁撞动纵向控制手柄，使它回到零位，工作台便停止运动，从而实现了终端保护。

① 工作台向左运动的控制：将操纵手柄扳到“向左”方向，其联动机构压下行程开关 SQ2，使 SQ2-2(13-14)断开，SQ2-1(15-21)闭合，KM3 得电，电动机 M2 反转，拖动工作台向左运动。

② 工作台向右运动的控制：将操纵手柄扳到“向右”方向，其联动机构压下行程开关 SQ1，使 SQ1-2(14-12)断开，SQ1-1(15-16)闭合，接触器 KM4 得电，电动机 M2 正转，拖动工作台向右运动。

工作台的纵向进给行程开关说明，见表 9-5。

表 9-5　工作台的纵向进给行程开关说明

位　置	触　头	向前向下	停　止	向后向上
SQ1-1	15-16	-	-	+
SQ1-2	12-14	+	+	-
SQ2-1	15-21	+	-	-
SQ2-2	13-14	-	+	+

5）工作台快速移动控制：当铣床不进行铣削加工时，工作台能够在纵向、横向、垂直六个方向都可以快速移动。工作台快速移动是由进给电动机 M2 拖动的，其动作过程如下：

当工作台按照选定的速度和方向进行工作时，再按下快速移动按钮 SB5 或 SB6，使接触器 KM5 线圈得电，接通牵引电磁铁 YA，经杠杆使进给传动链上的摩擦离合器合上，减少了中间传动装置，使工作台按原方向快速移动。当松开快速移动按钮时，电磁铁 YA、KM5 相继断电，摩擦离合器断开，快速移动停止，工作台按原进给速度、方向继续移动。

工作台也可以在主轴电动机不转动的情况下进行快速移动，此时应将主轴换向开关 SA5

扳在“停止”的位置，然后按下 SB1 或 SB2，使接触器 KM1 线圈得电并自锁，操纵工作台手柄选定方向，使进给电动机 M2 起动，再按下快速移动按钮 SB5 或 SB6，工作台便可以快速移动。

（3）主轴变速冲动联锁控制　变速时，拉出变速手柄，转动变速盘，选择需要的转速，此时凸轮机构压下，使冲动行程开关 SQ7 常闭触头(31-1)先断开，使 M1 断电。随后 SQ7 常开触头(31-27)接通，接通器 KM2 线圈得电动作，M1 反接制动。当手柄继续向外拉至极限位置，SQ7 不受凸轮控制而复位，M1 停转。接着把手柄推向原来位置，凸轮又压下 SQ7，使常开触头接通，接通器 KM2 线圈得电，M1 反转一下，以利于变速后齿轮啮合，继续把手柄推向原位，SQ7 复位，M1 停转，操作结束。

（4）圆工作台运动控制　圆工作台工作时先将转换开关 SA1 扳到接通位置，这时 SA1-2(13-16)闭合，SA1-1(12-15)和 SA1-3(5-13)断开，然后将工作台的两个操纵手柄扳到零位，此时四个行程开关SQ1～SQ4 的触头都处于复位状态。这时按下主轴起动按钮 SB1 或 SB2，主轴电动机 M1 起动，进给电动机 M2 也因接触器 KM4 线圈得电而起动，并经传动机构使圆工作台回转。圆工作台只能沿一个方向作回转运动。另外，圆工作台控制电路是经过行程开关 SQ1～SQ4 的四对常闭触头形成回路，若扳动任一进给手柄，都将使圆工作台停止工作，这就实现了工作台进给与圆工作台的运动联锁关系。圆工作台转换开关 SA1 说明，见表 9-6 所示。圆工作台要停止工作时，只要按下主轴停止按钮 SB3 或 SB4 即可。

表 9-6　圆工作台转换开关说明

位置 \ 触头		圆工作台 接通	圆工作台 断开
SA1-1	12-15	−	+
SA1-2	16-13	+	−
SA1-3	5-13	−	+

（5）冷却泵电动机与照明电路的控制　冷却泵电动机 M3 由转换开关 SA3 控制，当扳至“接通”位置时触头 SA3(31-10)闭合，接触器 KM6 线圈得电，冷却泵电动机 M3 起动，送出冷却液。

机床局部照明由照明变压器 T1 输出 36V 电压，由开关 SA4 控制照明灯 EL。

9.3.3　X62W 万能铣床常见电气故障分析与排除

X62W 万能铣床的主轴运动，是由主轴电动机 M1 拖动，采用齿轮变换实现调速。电气原理上不仅保证了上述要求，而且在变速过程中采用了电动机的冲动和制动。

铣床的辅助运动是工作台导轨的左右、上下及前后进给或快速移动，用手柄选择运动方向，使电动机正反旋转，并通过电气和机械的配合来实现。同样，工作台的进给速度也需要变速，变速也是采用变换齿轮来实现的，电气控制原理与主轴变速相似。

由于万能铣床的机械操纵与电气控制配合十分密切，因此调试与维修，不仅要熟悉电气原理，同时还要对机床的操作与机械结构，特别是机电配合应有足够的了解。

X62W 万能铣床常见的电气故障分析与处理，见表 9-7。

表 9-7　X62W 万能铣床常见的电气故障分析与处理方法

故障现象	分析原因	处理方法
主轴电动机不能起动	（1）起动按钮损坏、接线松脱、接触不良或接触器线圈导线断线 （2）变速冲动开关 SQ7 的触头（31-1）接触不良，开关位置移动或撞坏	（1）更换按钮、紧固导线、检查与修复线圈 （2）检查冲动开关 SQ7 的触头、调整开关位置、损坏予以修复
主轴不能变速冲动	行程开关 SQ7 经常受到频繁冲击，使开关位置改变、开关底座被撞碎或接触不良	修理或更换开关，调整开关动作行程
主轴不能制动或产生短时反向旋转	（1）速度继电器 KS 的常开触头不能按旋转方向正常闭合，如：推动触头的胶木摆杆断裂损坏，轴身圆锥销扭弯、磨损或弹性连接元件损坏，螺钉、销钉松动或打滑 （2）速度继电器 KS 触头弹簧调得过紧，使反接制动电路过早切断，制动效果不明显 （3）速度继电器 KS 永久磁铁磁性消失，使制动效果不明显 （4）当速度继电器 KS 弹簧调得过松时，使触头分断过迟，在反接的惯性作用下，电动机停止后仍有短时反转现象	（1）检查速度继电器 KS 常开触头，更换胶木摆杆、圆锥销及螺钉、销钉等，并予以修复或更换 （2）调整速度继电器 KS 触头弹簧，直到制动效果明显为止 （3）检查速度继电器 KS 永久磁铁，并予以修复或更换 （4）调整速度继电器 KS 触头，使故障排除
工作台各个方向都不能进给	（1）电动机 M2 不能起动，电动机接线脱落或电动机绕组断开 （2）接触器 KM1 不吸合 （3）接触器 KM1 主触头接触不良或脱落 （4）经常扳动操作手柄，开关受到冲击，行程开关 SQ1、SQ2、SQ3、SQ4 位置发生变化或损坏 （5）变速冲动开关 SQ6-2 在复位时，不能接通或接触不良	（1）检查电动机 M2 是否完好，并予以修复 （2）检查接触器 KM1、控制变压器一、二次绕组，电源电压是否正常，熔断器熔丝是否熔断，并予以修复 （3）检查接触器主触头，并予以修复 （4）调整行程开关的位置或予以更换 （5）调整变速冲动开关 SQ6-2 的位置，检查触头接触情况，并予以修复
进给不能变速冲动	行程开关 SQ6-1 经常受到频繁冲击，使开关位置改变、开关底座被撞碎或接触不良	修理或更换开关，调整开关动作行程
工作台能向左、向右进给，但不能向前、向后、向上、向下进给	（1）限位开关 SQ1、SQ2 经常被压合，使螺钉松动、开关位移、触头接触不良、开关机构卡住及线路断开 （2）限位开关 SQ3-2 或 SQ4-2 被压开，使进给接触器 KM3、KM4 的通电回路均被断开	（1）检查与调整 SQ1 或 SQ2，予以修复或更换 （2）检查 SQ3-2 或 SQ4-2 是否复位、并予以修复
工作台能向前、向后、向上、向下进给，但不能向左、向右进给	同上	同上

（续）

故障现象	分析原因	处理方法
工作台不能快速移动	（1）牵引电磁铁YA由于冲击力大，操作频繁，经常造成铜制衬垫磨损严重，产生毛刺划伤线圈绝缘层，引起匝间短路烧毁线圈 （2）线圈受振动，接线松脱 （3）控制回路电源故障或KM5线圈断路 （4）按钮SB5或SB6接线松动、脱落	（1）如果铜制衬垫磨损严重，则更换牵引电磁铁YA；线圈烧毁重新绕制或更换 （2）紧固线圈接线 （3）检查控制回路电源及KM5线圈情况，并予以修复或更换 （4）检查SB5或SB6接线，并予以紧固

9.4 平面磨床电气控制电路分析

磨床是一种使用砂轮的周边或端面进行磨削加工的精密机床。磨床的种类很多，按其工作性质可分为外圆磨床、内圆磨床、平面磨床、工具磨床以及一些专用磨床，如螺纹磨床、齿轮磨床、导轨磨床、球面磨床和无心磨床等。其中平面磨床应用最为普遍。平面磨床的工件一般是夹紧在工作台上，或靠电磁吸力固定在电磁工作台上，然后用砂轮的周边或端面对工件平面进行磨削加工，适用于钢件、铸铁及有色金属等表面质量要求较高的各种平面的半精加工和精加工。

9.4.1 平面磨床的主要结构与运动形式

M7130卧轴矩台平面磨床如图9-7所示，其主要由床身、工作台、电磁吸盘、砂轮架(及磨头)滑座和立柱等组成。在箱形床身中装有液压传动装置，工作台通过活塞杆由油压驱动作往复运动，床身导轨由自动润滑装置进行润滑。工作台表面有T形槽，用以固定电磁吸盘，再用电磁吸盘来吸持加工工件。工作台往返运动的行程长度可通过调节装在工作台正面槽中的撞块的位置来改变。换向撞块是通过碰撞工作台往复运动换向手柄来改变油路方向，以实现工作台的往复运动。

在床身上固定有立柱，沿立柱的导轨上装有滑座。砂轮主轴通常是由内连式异步电动机

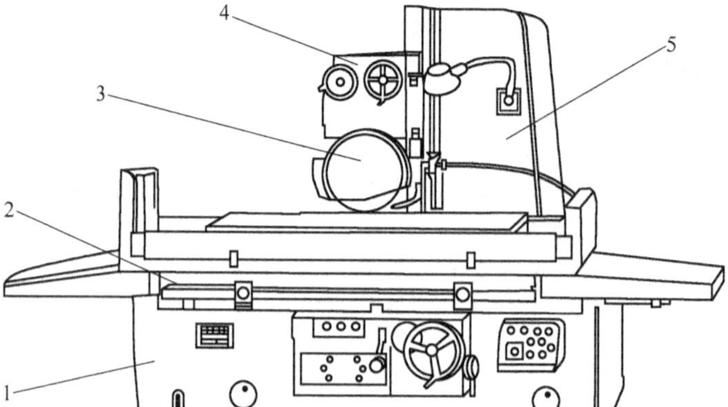

图9-7 M7130卧轴矩台平面磨床

1—床身 2—工作台 3—砂轮架 4—滑座 5—立柱

直接拖动。往往电机轴就是主轴，电动机的定子就装在砂轮架的体壳内。砂轮架可沿滑座的燕尾导轨作间歇的横向进给运动（手动或液动）。滑座和砂轮架一起，可由垂直进刀手轮操作沿立柱的导轨作间歇的竖直切入运动。工作台沿床身的导轨作纵向往复运动（液压传动）。

M7130 卧轴矩台平面磨床的主运动为砂轮的旋转，进给运动为工作台的左右进给及砂轮架的上下、前后的移动，辅助运动为砂轮架的快速移动及工作台的移动。

在加工过程中，工作台每完成一次往复运动时，砂轮箱便作一次间断性的横向进给；当加工完整个平面后，砂轮架在立柱导轨上向下移动一次（进刀），将工件加工到所需的尺寸。

9.4.2　M7130 平面磨床电气控制电路分析

M7130 卧轴矩台平面磨床的电路图如图 9-8 所示。该线路分为主电路、控制电路、电磁吸盘控制电路和照明电路四部分。

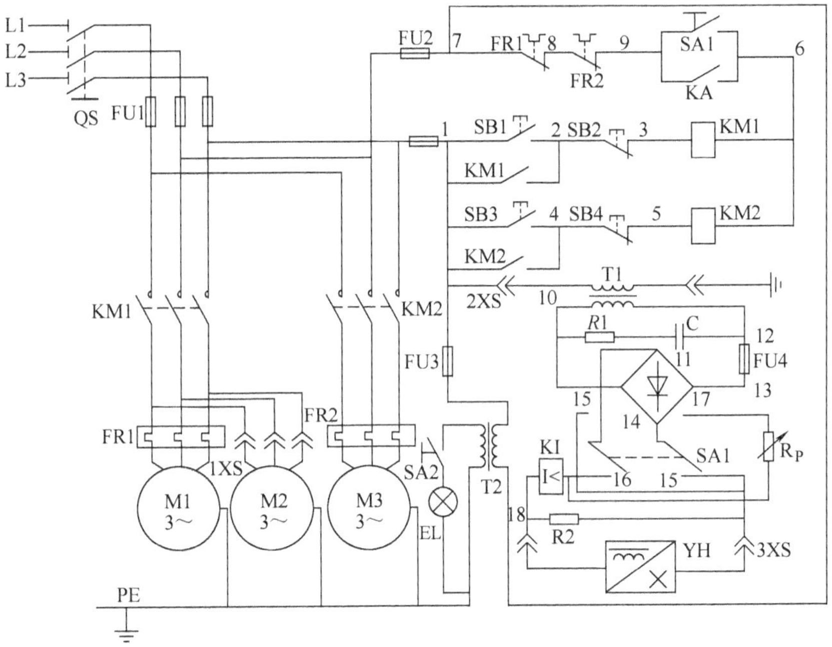

图 9-8　M7130 卧轴矩台平面磨床电气控制电路图

1. 电力拖动特点和控制要求

1）M7130 平面磨床采用多电机拖动，其中砂轮电动机 M1 拖动砂轮的旋转运动，不需要调速与换向。为了使磨床结构简单，提高其加工精度，采用了装入式电动机，砂轮可以直接装在电动机轴上使用。

2）液压泵电动机 M3 拖动液压泵供出压力油，经液压传动机构来完成工作台往复纵向运动并实现砂轮的横向自动进给及承担工作台导轨的润滑；液压传动换向平稳，易于实现无级调速。

3）冷却泵电动机 M2 拖动冷却泵，供给砂轮和工件冷却液，同时冷却液还带走磨下的铁屑。要求砂轮电动机 M1 与冷却泵电动机 M2 之间实现顺序控制。

4）为适应磨削小工件需要，采用电磁吸盘来吸持工件，电磁吸盘有充磁和退磁控制环节；对于较大工件，也可将电磁吸盘取下，将工件用螺钉和压板直接固定在工作台上进行加工。

5）为了保证安全，电磁吸盘与砂轮电动机、液压泵电动机、冷却泵电动机之间有电气联锁装置实现电气联锁，即电磁吸盘充磁后，电动机才能起动；电磁吸盘不工作或发生故障时，三台电动机均不能起动。

6）平面磨床设有局部安全照明。

2. 主电路分析

主电路中有三台电动机，即砂轮电动机 M1、冷却泵电动机 M2 和液压泵电动机 M3，3 台电动机的短路保护均由熔断器 FU1 实现，M1 由热继电器 FR1 作过载保护，M3 由热继电器 FR2 作过载保护。由于床身和冷却液箱是分装的，所以冷却泵电动机 M2 通过接插器 1XS 和砂轮电动机 M1 的电源线相连，并与砂轮电动机 M1 实现顺序控制。砂轮电动机 M1 由接触器 KM1 控制；液压泵电动机 M3 由接触器 KM2 控制。

3. 控制电路分析

控制电路采用 380V 电压供电，由按钮 SB1、SB2 与接触器 KM1 构成砂轮电动机起动、停止控制电路。由按钮 SB3、SB4 与接触器 KM2 构成液压泵电动机起动、停止控制电路。在三台电动机控制电路中，转换开关 SA1 与欠电流继电器 KI 的常开触头并联后串接于电路中，只有 SA1 或 KI 的常开触头闭合，3 台电动机才有条件起动。即欠电流继电器 KI 通电吸合，触头 KI(6-9)闭合，或 YH 不工作，但转换开关 SA1 置于“去磁”位置，触头 SA1(6-9)闭合后方可进行。

KI 的线圈串联在电磁吸盘 YH 工作回路中，只有当电磁吸盘得电工作时，KI 线圈才获电吸合，KI 常开触头闭合。此时按下起动按钮 SB1(或 SB3)使接触器 KM1(或 KM2)线圈获电吸合，砂轮电动机 M1 或液压泵电动机 M3 才能运转。这样就实现了工件只有在被电磁吸盘 YH 吸住的情况下，砂轮和工作台才能进行磨削加工，保证了安全。

由电路图可见，主轴电动机 M1 与冷却泵电动机 M2 两台电动机之间实现顺序控制。只有当电动机 M1 起动运转后，通过接插件 1XS，使电动机 M2 运行，释放冷却液。

4. 电磁吸盘控制电路

（1）电磁吸盘的结构与工作原理　电磁吸盘是用来固定加工工件的一种夹具。电磁吸盘外形有长方形和圆形两种。矩形平面磨床采用长方形电磁吸盘。电磁吸盘的结构和工作原理如图 9-9 所示。

它的外壳由钢制箱体和盖板组成。在它的中部凸起的芯体上绕有线圈 4，盖板则用非磁性材料隔离成若干钢条。在线圈中通入直流电流，芯体和隔离的钢条将被磁化，当工件被放在电磁吸盘上时，也将被磁化而产生与磁盘相异的磁极而被牢牢吸住。

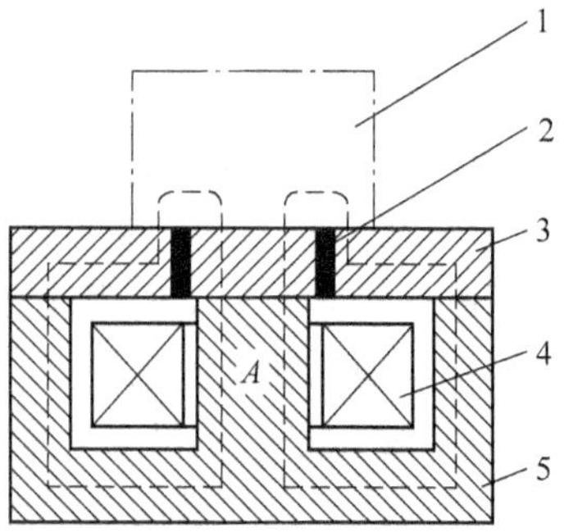

图 9-9　电磁吸盘原理图

1—工件　2—隔磁层　3—盖板

4—线圈　5—钢制吸盘体

电磁吸盘与机械夹具比较，具有不损坏工件，夹紧迅速，能同时吸持若干小工件，以及加工中工件发热可自由伸缩，加工精度高等优点。不足之处是夹紧力不如机械夹紧，调节不便，需用直流电源供电，不能吸持非磁性材料等。

（2）电磁吸盘控制电路　电磁吸盘电路由整流装置、控制装置及保护装置等部分组成。

电磁吸盘整流装置由整流变压器 T1 与桥式全波整流器 VC 组成，输出 110V 直流电压对电磁吸盘供电。电磁吸盘集中由转换开关 SA1 控制。SA1 有“充磁”、“断电”和“去磁”三个位置。当开关置于“充磁”位置时，触头 SA1(11-16)与触头 SA1(14-15)接通；当开关置于“去磁”位置时，触头 SA1(11-15)、SA1(14-17)及 SA1(6-9)接通；当开关置于“断电”位置时，SA1 所有触头都断开。当 SA1 置于“充磁”位置，电磁吸盘 YH 获得 110V 直流电压，其极性 15 号线为正，18 号线为负，同时欠电流继电器 KI 与 YH 串联，若吸盘电流足够大，则 KI 动作，触头 KI(6-9)闭合，反映电磁吸盘吸力足以将工件吸牢，此时可分别按下 SB1 与 SB3，起动 M1 与 M2 进行磨削加工。磨削加工完毕，按下停止按钮 SB2 与 SB4，M1 与 M2 停止旋转。为便于从吸盘上取下工件，需对工件进行去磁，其方法是将开关 SA1 扳至“退磁”位置。

当 SA1 扳至“退磁”位置时，电磁吸盘中通入反方向电流，并在电路中串入可变电阻 R_P，用以限制并调节反向去磁电流大小，达到既退磁又不致反向磁化的目的。退磁结束将 SA1 扳到“断电”位置，便可取下工件。

(3) 电磁吸盘保护环节　电磁吸盘具有欠电流保护、过电压保护及短路保护等。

为了防止平面磨床在磨削过程中电磁吸盘电压不足或加工过程中出现断电，造成工件飞出而发生事故，故在电磁吸盘电路中串入欠电流继电器 KI。只有当直流电压满足设计要求，电磁吸盘具有足够吸力时，KI 才吸合，触头 KI(6-9)闭合，为起动 M1、M2 进行磨削加工作准备，否则不能开动磨床进行加工；若在磨削加工中，KI 因电流过小而释放，则触头 KI(6-9)断开使 KM1、KM2 线圈断电，M1、M2 立即停转，以避免事故的发生。

由于电磁吸盘线圈匝数多，电感大，通电工作时储有大量磁场能量。当线圈断电时，在其两端会产生较大的自感电动势，使线圈和其他电器由于过电压而损坏，故在电磁吸盘两端并联了放电电阻 R2 来吸收线圈释放的磁场能量。此外，在整流装置中电阻 R1 与电容器 C 的串联是用以吸收交流电路产生过电压和直流侧电路通断时在 T1 二次侧产生浪涌电压，实现整流装置的过电压保护。在整流变压器 T1 二次侧或整流装置输出端装有熔断器 FU4 作短路保护。

5. 照明电路

由照明变压器 T2 将 380V 降为 36V，为照明灯 EL 提供 36V 的安全电压，并由开关 SA2 控制照明灯 EL。在 T2 一次侧装有熔断器 FU3 作短路保护。

9.4.3　M7130 平面磨床常见电气故障分析与排除

平面磨床电气控制特点是采用了可吸持工件的电磁吸盘，所以常见故障是电磁吸盘控制电路。

M7130 平面磨床电气控制电路常见故障与处理方法，见表 9-8。

表 9-8　M7130 平面磨床电气控制电路常见故障与处理方法

故障现象	故障分析	处理方法
三台电动机均不运转	(1) 电动机是否过载导致热继电器 FR1、FR2 已动作或接触不良 (2) 转换开关 SA1(6-9)是否接通 (3) 欠电流继电器 KI 是否吸合，其触头(6-9)是否闭合或接触不良、接线松动脱落或有油垢	(1) 检查热继电器 FR1、FR2 是否动作或接触不良，并复位或修复 (2) 检查转换开关 SA1(6-9)是否良好或扳到退磁位置，检查 SA1(6-9)触头情况，并予以修复 (3) 检查欠电流继电器 KI 触头(6-9)是否良好，并予以修复或更换

（续）

故障现象	故障分析	处理方法
砂轮电动机的热继电器 FR1 脱扣	（1）砂轮电动机进刀量太大，使电动机堵转，电流很大 （2）更换的热继电器 FR1 规格不符合要求或未调整好 （3）砂轮电动机前轴瓦损坏，使电动机堵转，电流很大	（1）使热继电器 FR1 复位，并减小进刀量 （2）更换符合规格的热继电器 FR1 或调整好 （3）更换砂轮电动机前轴瓦，并使热继电器 FR1 复位
冷却泵电动机不能起动	插座或电动机已损坏	修复或更换
液压泵电动机不能起动	（1）SB3 或 SB4 的触头接触不良或接线脱落 （2）接触器 KM2 的线圈损坏或接线脱落 （3）液压泵电动机损坏	（1）更换按钮或紧固接线 （2）更换接触器 KM2 的线圈或紧固接线 （3）更换液压泵电动机
电磁吸盘没有吸力	（1）三相交流电源是否正常，熔断器 FU1、FU2 与 FU4 是否完好，接触是否正常 （2）插接器 3XS 接触是否良好 （3）电流继电器 KI 线圈是否断开，吸盘线圈是否断路等	（1）使用万用表测电压，测量熔断器 FU1、FU2 与 FU4 是否熔断，并予以修复 （2）检查插接器 3XS 是否良好并予以修复 （3）测量电流继电器 KI 线圈、吸盘线圈是否损坏，并予以修复
电磁吸盘吸力不足	（1）桥式整流电路输出电压不正常，负载时不低于 110V （2）电磁吸盘损坏	（1）测量电压是否正常，找出故障点并予以修复 （2）检查线圈是否短路或断路，更换线圈，处理好线圈绝缘
电磁吸盘退磁效果差，工件难以取下	（1）退磁电路断路 （2）退磁电压过高	（1）检查转换开关 SA1 接触是否良好，退磁电阻 RP 是否损坏，并予以修复 （2）检查退磁电压（5～10V）并予以修复

9.5 卧式镗床电气控制电路

镗床是一种孔加工机床，主要用于加工精确度高的孔，以及各孔间距离要求较精确的零件，是大型箱体零件加工的主要设备。如变速箱、主轴箱等，往往在其上要加工多个尺寸不同的孔，对孔的同轴度、垂直度、平行度及孔间距离等均有精确要求。它的加工精度和表面质量要高于钻床。镗床除镗孔外，还可以钻孔、扩孔、铰孔及加工端面；装上平旋盘径向刀架还可加工大的孔径、端面和外圆；装上车螺纹附件后，还可以车削螺纹。因此，镗床加工范围广，调速范围大，运动部件多。按用途不同，镗床可分为卧式镗床、立式镗床、坐标镗床和专门化镗床，其中以卧式镗床最为常见。下面主要介绍 T68 卧式镗床。

9.5.1 卧式镗床的主要结构与运动形式

T68 卧式镗床外形图如图 9-10 所示。卧式镗床主要由床身、镗头架、前立柱、工作台、后立柱、溜板和尾座等部分组成。床身整体铸造而成，在其一端固定有前立柱，在前立柱的垂直导轨上装有镗头架，镗头架可沿导轨垂直移动。镗头架上装有主轴、主轴变速箱、进给箱与操纵机构等部件。切削刀具固定在镗轴前端的锥形孔里，或装在平旋盘上的刀具溜板上。在镗削加工中，镗轴一边旋转，一边沿轴向作进给运动。平旋盘只能旋转，装在其上的刀具溜板作径向进给运动。平旋盘主轴为空心轴，镗轴穿过其中的空心部分，经由各自的传动链传动。

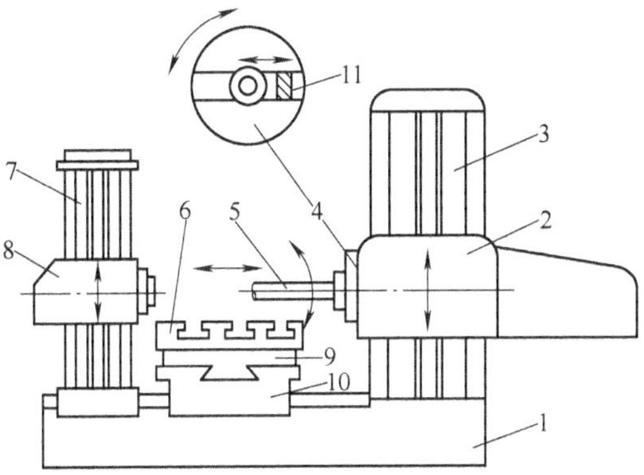

图 9-10　T68 卧式镗床结构示意图

1—床身　2—镗头架　3—前立柱　4—平旋盘　5—镗轴　6—工作台　7—后立柱　8—尾座　9—上溜板　10—下溜板　11—刀具溜板

在床身的另一端装有后立柱，后立柱可沿床身导轨在镗轴轴线方向移动，调整位置。在后立柱导轨上安装有尾座，尾座与镗头架同步升降，保证两者的轴心在同一水平线上。如有需要，可将其从床身上卸下。

安装工件的工作台安放在床身中部的导轨上，它由下溜板、上溜板和回转工作台三层组成。下溜板可沿床身顶面上的水平导轨作纵向运动，上溜板可沿下溜板顶部的导轨作横向运动，回转工作台可以上溜板的环形导轨上绕垂直轴线转位，能使要件在水平面内调整至一定角度位置，以便在一次安装中对互相平等或成一角度的孔与平面进行加工。

镗床在加工时，一般是将工件固定在工作台上，由镗杆或平旋盘上固定的刀具进行加工。此时，镗轴与平旋盘的旋转运动为主运动；进给运动则包括镗轴的轴向进给，平旋盘刀具溜板的径向进给，镗头架的垂直进给，工作台的纵向进给与横向进给；辅助运动包括工作台的回转，后立柱的轴向移动及尾座的垂直运动等。

9.5.2　T68 卧式镗床电气控制电路分析

1. T68 卧式镗床电力拖动特点和控制要求

1）卧式镗床的主运动与进给运动由一台电动机拖动。主轴拖动要求恒功率调速，由于各种进给运动都需正反不同方向的运转，所以要求主电动机能正、反转。主轴旋转与进给量都有较大的调速范围，为简化传动机构，一般采用双速笼型异步电动机拖动。

2）为满足加工过程调整工作的需要，主轴电动机应能实现正、反转的点动控制。

3）为确保主轴停车迅速、准确，主轴电动机应设有电气制动环节。

4）主轴及进给速度的改变可在主轴电动机停车或运转时进行，为便于实现变速时齿轮的顺利啮合，应有变速低速冲动环节。

5）为缩短辅助时间，应采用正、反转的点动控制方式的快速移动电动机拖动，使机床各运动部件、各进给方向均能实现快速移动。

6）主电动机为双速电动机，有高、低两种速度供选择，高速运转时应先经低速再进入高速。

7）由于镗床运动部件较多，应设置必要的联锁及保护环节，且采用机械手柄与电气开关联动的控制方式。

2. 主电路分析

T68 卧式镗床电气控制电路如图 9-11 所示。T68 卧式镗床有两台电动机进行拖动，即

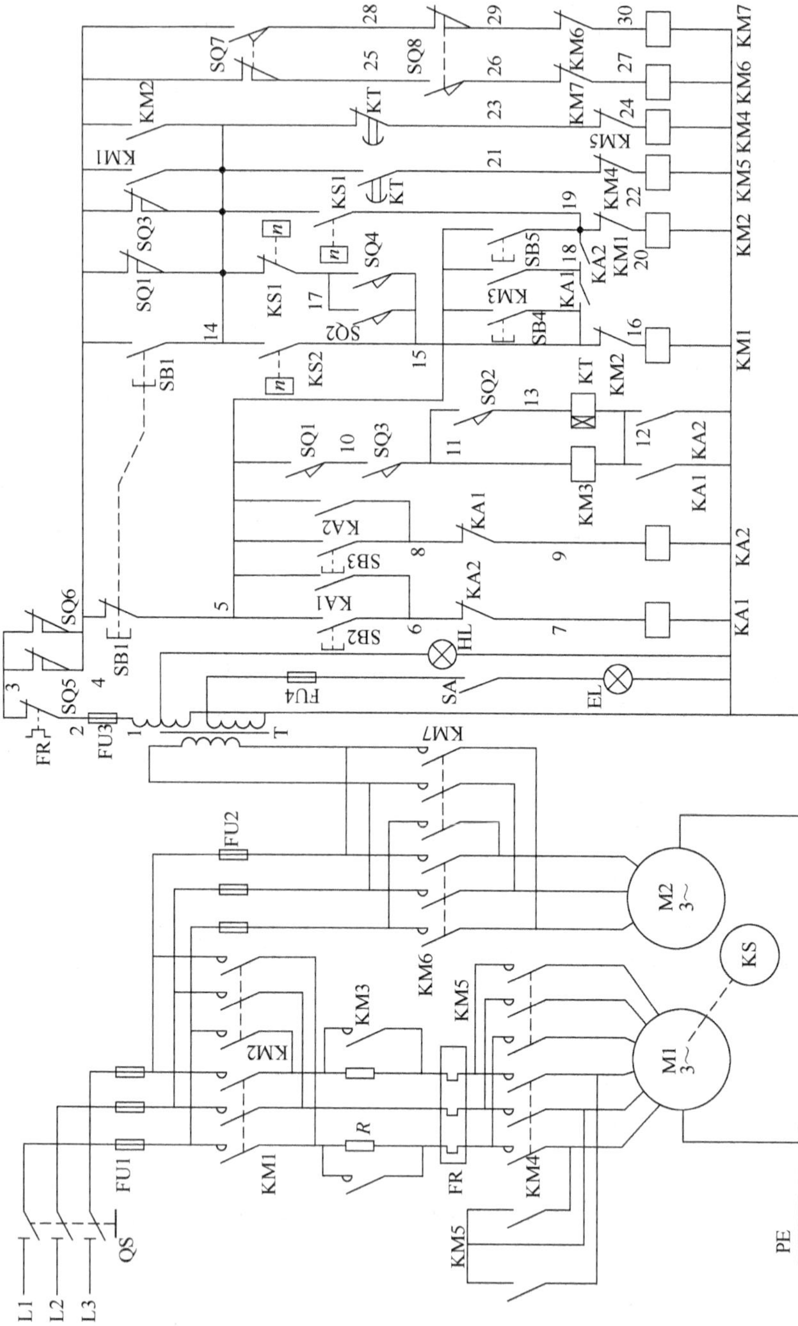

图 9-11 T68 卧式镗床电气控制电路图

主轴电动机 M1 和快速移动电动机 M2。其中主轴电动机 M1 为双速电动机，用以拖动机床的主运动和进给运动。快速移动电动机 M2，用以实现主轴箱与工作台的快速移动。主轴电动机 M1 的正反转由接触器 KM1 和 KM2 控制，接触器 KM3、KM4 和 KM5 作△-Y/Y变速切换。当 KM3 主触头闭合时，定子绕组为角状接法，M1 低速运转；当 KM4 和 KM5 主触头闭合时，定子绕组为双星状接法，M1 高速运转。快速移动电动机 M2 的正反转由接触器 KM6 和 KM7 控制。热继电器 FR 作 M1 的过载保护，M2 因短时工作，故不设过载保护。熔断器 FU1 作主电路的短路保护，FU2 作快速移动电动机 M2 和控制电路的短路保护。

3. 控制电路分析

T68 卧式镗床的整个控制电路由电动机正反转起动旋转与正反转点动控制环节、主轴电动机正反转停车反接制动控制环节、主轴变速与进给变速时的低速运转环节、工作台快速移动控制及机床的联锁与保护环节等组成。

（1）主轴电动机的正反转控制

1）主轴电动机点动正反转控制。由点动按钮 SB4、SB5 与接触器 KM1、KM2 组成主轴电动机 M1 正反转控制电路，此时主轴电动机 M1 的定子串入降压电阻 R，三相定子绕组联结成△进行低速点动。

2）电动机正反向低速旋转控制。由正反转起动按钮 SB2、SB3 与正反转中间继电器 KA1、KA2 及正反转接触器 KM1、KM2 构成电动机正反转起动电路。当选择主电动机低速运转时，应将主轴速度选择手柄置于低速档位，此时经速度选择手柄联动机构使高低速行程开关 SQ2 处于释放状态，其触头 SQ2(11-13)处于断开状态。当主轴变速手柄与进给变速手柄置于原位时，变速行程开关 SQ1、SQ3 均被压下，使触头 SQ1(5-10)、SQ3(10-11)闭合。此时若按下 SB2 或 SB3 时，将使 KA1 或 KA2 线圈通电吸合，使 KM3 与 KM1 或 KM2 线圈通电吸合，KM4 相继通电吸合，主电动机定子绕组联结成△，在全压下直接起动获得低速旋转。

3）主轴电动机高速正反转的控制。若需主轴电动机高速起动旋转时，则将主轴速度选择手柄置于高速档位，此时速度选择手柄经联动机构将行程开关 SQ 压下，触头 SQ(11-13)闭合。这样，在按下起动按钮，KM3 线圈通电的同时，时间继电器 KT 线圈也通电吸合，于是电动机 M1 在低速△联结起动并经 3s 左右的延长后，因 KT 通电延时断开触头 KT(14-21)闭合，高速转动接触器 KM5 通电吸合，KM5 主触头闭合，将主电动机 M1 定子绕组接成YY形并重新接通三相电源，从而使主电动机由低速旋转变为高速旋转，实现电动机低速档起动再自动换接成高速档旋转的自动控制。

（2）主轴电动机停车与制动的控制　主轴电动机 M1 在运行中可按下停止按钮 SB1 实现主轴电动机的停车与制动。由 SB1、速度继电器 KS、接触器 KM1、KM2 和 KM3 构成主电动机正反转反接制动控制电路。以主电动机正向旋转时的停车制动为例，此时速度继电器 KS 的正向常开触头 KS1(14-19)闭合。停车时，按下复合停止按钮 SB1，其触头 SB1(4-5)断开。若原来处于低速正转状态，这时 KM1、KM3、KM4 和 KA1 断电释放；若原来为高速正转，则 KM1、KM3、KM5、KA1 及 KT 断电释放，限流电阻 R 串入主电动机定子电路。虽然此时电动机已与电源断开，但由于惯性作用，M1 仍以较高速度正向旋转。而停止按钮的另一对触头 SB1(4-14)闭合，KM2 线圈经触头 KS1(14-19)通电吸合，其触头 KM2(4-14)闭合对停止按钮起自锁作用。同时，接触器 KM4 线圈通电吸合。KM2、KM4 的主触头闭合，经限流电阻 R 接通主电动机三相电源，主电动机进行反接制动，电动机转速迅速下降。当主电动机转速下降到速度继电器 KS 复位转速时，触头 KS1(14-19)断开，KM2、KM4 线圈先后断电释放，其主触头切断主电动机三相电源，反接制动结束，电动机自由停车。

由以上分析可知，在进行停车操作时，务必将停止按钮 SB1 按到底，使 SB1(4-14)触头闭合，否则将无反接制动，电动机只是自由停车。

（3）主电动机在主轴变速与进给变速时的连续低速冲动控制　T68 卧式镗床的主轴变速与进给变速既可在主轴电动机停车时进行，也可在电动机运行中进行。变速时为便于齿轮的啮合，主电动机在连续低速状态下运行。

1）操作过程：主轴变速时，首先将变速操纵盘上的操纵手柄拉出，然后转动变速盘，选好速度后，再将变速手柄推回。在拉出或推回变速手柄的同时，与其联动的行程开关 SQ1、SQ2 相应动作。在手柄拉出时 SQ1 不受压，SQ2 压下；当手柄推回时，SQ1 压下，SQ2 不受压。

2）电动机在运行中进行变速时的自动控制：在主电动机在运行中如需变速，可将变速孔盘拉出，此时 SQ1 压下，SQ2 不受压，触头 SQ1(5-10)处于断开状态，接触器 KM3 线圈断电释放，其主触头断开，将限流电阻 R 串入定子电路，而触头 KM3(5-18)断开，KM1 或 KM2 均断电释放。因此，主电动机无论工作在正转或反转运行状态，都因 KM1 或 KM2 线圈断电释放而停止旋转。

3）电动机在主轴变速时的连续低速冲动控制：主轴变速时，将变速孔盘拉出，SQ1 不再受压，SQ2 压下，于是触头 SQ2(17-15)闭合。

若变速前主电动机处于正转运行状态，这时由于主轴变速手柄拉出，使主电动机处于自停状态，速度继电器触头 KS1(14-17)闭合，KS1(14-19)断开，KS2(14-15)处于断开状态，使接触器 KM1、KM4 线圈相继通电吸合。KM1、KM4 主触头闭合，主电动机定子绕组联结成△并经限流电阻 R 正向起动旋转。随着主电动机转速的上升，当到达速度继电器 KS 动作值时，触头 KS1(14-17)断开，KM1 线圈断电释放，主触头又切断电动机三相电源，主电动机在惯性下继续正向旋转。同时，触头 KS1(14-19)闭合，KM2 线圈通电吸合，而此时 KM4 仍通电吸合。KM2、KM4 主触头闭合，接通主电动机反向电源，经限流电阻 R 进行反接制动，使主电动机转速迅速下降。

当主电动机转速下降到速度继电器的释放值时，触头 KS1(14-19)断开，KM2 断电释放。同时，经限流电阻 R 正向起动。这样反复地起动和反接制动，使主电动机处于连续低速运转状态，有利于变速齿轮的啮合。一旦齿轮啮合后，变速手柄推回原位，开关 SQ1 压下，SQ2 不受压，触头 SQ1(4-14)断开，SQ2(17-15)断开，切断主电动机变速低速运转电路。

由上述分析可知，如果变速前主电动机处于停转状态，那么变速后主电动机也处于停转状态。若变速前主电动机处于正向低速(△联结)状态运转，由于中间继电器 KA1 仍保持通电状态，变速后主电动机仍处于△联结下运转。

进给变速时主电动机连续低速冲动控制情况与主轴变速相同，只不过此时操作的是进给变速手柄，与其联动的行程开关是 SQ3、SQ4，当手柄拉出时 SQ3 不受压，SQ4 压下，当变速完成，推上进给变速手柄时，SQ3 压下，SQ4 不受压。其余电路工作情况与主轴变速相同。

（4）镗头架、工作台快速移动的控制　控制快速操作手柄，由快速移动电动机 M2 拖动机床各部件实现快速移动。运动部件及其运动方向的选择由安装在工作台前方的手柄操纵。快速操作手柄有正向、反向、停止 3 个位置。

在正向或反向控制时，行程开关 SQ7 或 SQ8 将被压下，使接触器 KM6 或 KM7 线圈通电吸合，实现 M2 的正反转，并通过相应传动机构使所选运动部件按选定方向作快速移动。当快速移动控制手柄置于“停止”位置时，行程开关 SQ7、SQ8 均不受压，接触器 KM6 或 KM7 断电释放，M2 断电停转，快速移动结束。

（5）联锁保护　因 T68 卧式镗床运动部件较多，应保证主轴进给和工作台进给不能同时进行，以防止设备或刀具损坏，为此设置了行程开关 SQ5 与 SQ6 实现联锁保护。其中 SQ5 是与工作台和镗头架自动进给手柄联动的行程开关，SQ6 是与主轴和平旋转刀架自动进给手柄联动的行程开关。SQ5 与 SQ6 的常闭触头并联后串接于控制电路中，当两种进给运动同时选择时，SQ5、SQ6 均被压下，其常闭触头断开，切断控制电路，使两种进给都不能进行，从而实现联锁保护。

（6）照明电路　照明电路由降压变压器 T 供给 36V 安全电压。EL 为电源指示灯，HL 为照明灯，由开关 SA 控制。

9.5.3　T68 卧式镗床常见电气故障分析与排除

T68 卧式镗床主电动机为双速电动机，机械与电气联锁配合较多，这方面常见的电气故障出现较多，主要分析见表 9-9 所示。

表 9-9　T68 卧式镗床常见电气故障分析与排除方法

故障现象	故障分析	处理方法
主轴电动机有低速档无高速档或有高速档而无低速档	（1）行程开关 SQ 损坏或位置变动使 SQ 处于接通（或断开）状态 （2）时间继电器 KT 不动作	（1）检查行程开关 SQ，更换或调整 SQ 的位置 （2）检查时间继电器 KT 控制电路，修复故障点
主轴电动机无变速低速冲动或运行中进行变速	（1）行程开关 SQ1 绝缘损坏，触头短路 （2）行程开关 SQ1、SQ2 触头接触不良或位置偏移	（1）检修或更换行程开关 SQ1 （2）检查行程开关 SQ1、SQ2 触头，调整好位置，并予以修复
主轴实际转速比变速盘指示转速成倍提高或降低	（1）行程开关 SQ 损坏或位置变动 （2）变速机构推动撞钉即簧片压合行程开关调整不当	（1）检修行程开关或调整其固定位置 （2）调整撞钉动作与变速盘指示速度相对应
主轴电动机无反接制动停车	（1）停止按钮 SB1 触头（4-14）接触不良 （2）速度继电器 KS 触头损坏或接触不良	（1）检查停止按钮 SB1 触头，并予以修复 （2）检查速度继电器 KS 触头，并予以修复
电动机高低速无转换	大修后或重接电源引线，双速电动机定子接线有误	根据接线图，检查电源引线，定子接线，并予以修复
进给部件不能快速移动	（1）接触器 KM6 或 KM7 主触头接触不良 （2）行程开关 SQ7 或 SQ8 触头接触不良 （3）机械部件异常	（1）检查接触器 KM6 或 KM7 主触头，予以修复或更换 （2）检查行程开关 SQ7 或 SQ8 触头，调整好位置，并予以修复 （3）进行机械调整

习 题 9

1. 填空题

(1) CA6140 卧式车床的主运动为________，其主拖动电动机和冷却泵电动机部分均应具有________、________、________和________保护；

(2) Z3040 摇臂钻床为加工螺纹，主轴要求有________，采用________来实现，为此主轴电动机只需单方向旋转，可________起动，无须________。

(3) X62W 万能铣床的主运动是________运动，进给运动是工作台在________、________、________三个相互垂直方向上的直线运动。

(4) X62W 万能铣床主轴电动机采用________起动，利用________来改变电源相序实现主轴电动机正反转，采用________制动来实现准确停车。

(5) M7130 卧轴矩台平面磨床中电磁吸盘的作用是________，电磁吸盘电路由________、________及________等部分组成。电磁吸盘电路中放电电阻 $R2$ 的作用是________。

(6) T68 卧式镗床主轴电动机为________电动机，用以拖动机床的________运动和________运动。

2. 选择题

(1) Z3040 摇臂钻床的主运动与进给运动均由________实现。 (　　)

A. 主轴电动机　　B. 摇臂升降电动机

C. 立柱夹紧和放松电动机　　D. 冷却泵电动机

(2) Z3040 摇臂升降电动机未设置过载保护是因为(　　)。

A. 短时运转　　B. 不会过载　　C. 长期过载无影响　　D. 其他原因

(3) Z3040 摇臂钻床接触器 KM2 的线圈不能吸合，会导致(　　)。

A. 摇臂不能升降　　B. 摇臂升降至预定位置后不能夹紧

C. 立柱不能夹紧　　D. 主轴箱不能夹紧

(4) X62W 万能铣床若主轴电动机未起动，则工作台(　　)。

A. 可以快进　　B. 可以工进

C. 不能有任何进给　　D. 可以快进也可以工进

(5) X62W 万能铣床控制电路中，若牵引电磁铁 YA 线圈因匝间短路而烧毁，则(　　)。

A. 工作台不能快速移动　　B. 工作台不能左右进给

C. 工作台不能前后进给　　D. 工作台不能上下进给

(6) M7130 卧轴矩台平面磨床中，电磁吸盘的电路文字符号是(　　)。

A. YA　　B. YB　　C. YC　　D. YH

(7) M7130 卧轴矩台平面磨床中，电磁吸盘不具有的保护功能为(　　)。

A. 欠电流保护　　B. 过电压保护　　C. 短路保护　　D. 机械保护

(8) M7130 卧轴矩台平面磨床电气控制电路中，若整流电路输出电压不正常，则产生的现象为(　　)。

A. 电磁吸盘没有吸力　　B. 电磁吸盘吸力不足

C. 电磁吸盘退磁效果差　　D. 三台电动机都不运转

3. 判断题

(1) CA6140 卧式车床的主轴电动机 M1 和冷却泵电动机 M2 具有顺序联锁关系。（　）

(2) CA6140 卧式车床主拖动电动机因容量较小，可采用直接起动方式。（　）

(3) Z3040 摇臂钻床主轴的正反转是依靠接触器联锁正反转控制电路实现。（　）

(4) X62W 万能铣床的主轴系统装有飞轮，是为了提高工作效率，所以停车必须制动。（　）

(5) X62W 万能铣床只有进给停止后主轴才能停止或同时停止。（　）

(6) M7130 卧轴矩台平面磨床控制电路中，转换开关与欠电流继电器的常开触头闭合，砂轮电动机才有可能起动。（　）

(7) T68 卧式镗床中工作台及镗刀架的自动进给与主轴及花盘刀架的自动进给不能同时进行。（　）

4. 问答题

(1) CA6140 型普通车床主轴电动机因过载而停车后，操作者再按起动按钮，电动机不能起动，试分析可能的原因？

(2) 分析 Z3040 钻床电路中，时间继电器 KT 和电磁阀 YV 在何时动作？时间继电器 KT 各触头的作用是什么？YV 动作时间与 KT 比较是长还是短？YV 何时不动作？

(3) 简述 Z3040 摇臂钻床操作摇臂上升时的电路工作情况？

(4) 试分析 Z3040 摇臂钻床摇臂升降至预定位置后摇臂不能夹紧的可能原因？

(5) X62W 万能铣床电气控制电路具有哪些电气联锁？

(6) 简述 X62W 万能铣床主轴变速冲动的控制过程？

(7) 如果 X62W 万能铣床的工作台能上下、前后进给，但不能左、右进给，试分析故障原因？

(8) M7130 平面磨床电气控制具有哪些特点？

(9) M7130 平面磨床具有哪些保护环节？各有什么电器元件来实现？

(10) M7130 平面磨床的电磁吸盘线圈为何要用直流供电而不能用交流供电？

(11) T68 卧式镗床是如何实现主轴变速控制的？

(12) T68 卧式镗床能低速起动，但不能高速运行，其可能的故障原因？

(13) T68 镗床变速冲动与 X62W 万能铣床变速冲动各有何特点？

实训课题十一　C650 车床的常见电气故障分析与排除

1. 实训目的

(1) 掌握 C650 卧式车床的电气控制的工作原理。

(2) 进一步熟悉电气控制电路的接线方法。

(3) 学会 C650 卧式车床的电气控制的故障分析及排除方法。

2. 实训器材

常用电工检修工具、仪表、C650 卧式车床或其电气控制模拟试验台。

3. 实训步骤

(1) 识读图 9-12 所示 C650 卧式车床的电气原理图，分析其工作原理。

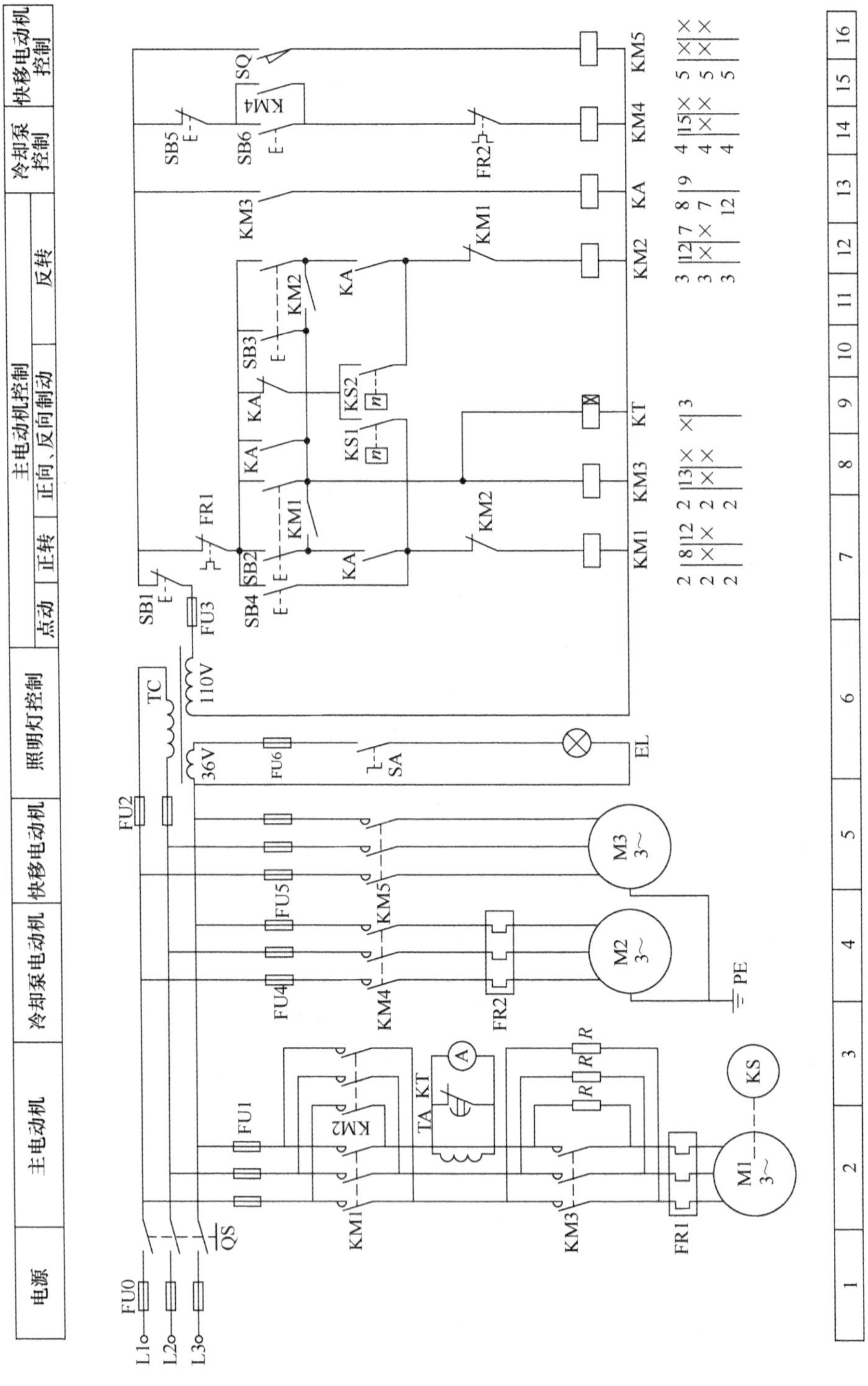

图 9-12 C650卧式车床的电气原理图

（2）由指导老师对车床进行操作，了解车床的各种工作状态及操作方法。

（3）在教师指导下，参照C650卧式车床电器位置图和电箱内电器布置图，搞清机床电器元件的安装位置及布线情况。

（4）在C650卧式车床上人为设置自然故障，指导老师示范检修。

① 用通电试验法引导学生观察故障现象。

② 根据故障现象，依据电路图用逻辑分析法确定故障范围。

③ 采用正确的检查方法，查找故障点并排除故障。

④ 检修完毕，进行通电试验，并做好维修记录。

（5）由指导老师设置让学生事先知道的故障点，指导学生从故障现象入手进行分析，逐步引导学生采用正确的检修步骤和方法。

（6）在C650卧式车床上预设两处电气故障，学生分析并排除，同时完成表9-10。

表9-10　C650卧式车床电气故障分析

序号	故障现象	故障位置	故障原因	采取措施
1				
2				

4. 注意事项

（1）熟悉C650卧式车床电气线路的基本环节，弄清电气与执行部件间如何配合实现某种运动方式，认真观摩指导老师的示范检修。

（2）检修所用工具及仪表应满足使用要求。

（3）排除故障时，必须修复故障点，严禁扩大故障范围。

（4）带电检修，必须在指导老师监护下进行，以确保安全。

5. 思考题

（1）C650卧式车床是如何实现刀架的快速移动的？

（2）C650卧式车床是如何实现快速停车的？

（3）试分析C650卧式车床制动不明显的原因？

6. 评分标准

评分标准见表9-11。

表9-11　评分标准

项目内容	配分	评分标准	扣分
故障分析	30	（1）图纸中未正确标出故障位置，每个故障点扣15分 （2）实际排除过程中，思路不清晰　每个故障点扣5～15分	
故障排除	70	（1）工具和仪表使用不正确，每次扣5分 （2）不能查出故障，每个故障扣35分 （3）查出故障点，但不能排除故障，每个故障扣20分 （4）扩大故障范围或产生新故障，又不能自行修复，每处扣35分，能修复，每处扣20分 （5）损坏电器元件，每只扣40分	

（续）

<table>
<tr><th>项目内容</th><th>配分</th><th colspan="5">评 分 标 准</th><th>扣 分</th></tr>
<tr><td>安全操作</td><td colspan="6">违反安全操作，扣10~70分</td><td></td></tr>
<tr><td>额定时间</td><td>3h</td><td colspan="5">每超时10分钟扣5分</td><td></td></tr>
<tr><td>开始时间</td><td></td><td>结束时间</td><td></td><td>实际时间</td><td></td><td>成绩</td><td></td></tr>
<tr><td>备注</td><td colspan="5">除超时扣分外，各项内容扣分均不得超过此配分</td><td>指导老师</td><td></td></tr>
</table>

附录

常见元器件图形符号、文字符号

类别	名称	图形符号	文字符号	类别	名称	图形符号	文字符号
开关	单极控制开关		SA	接触器	常开主触头	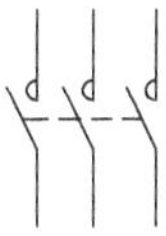	KM
	手动开关一般符号	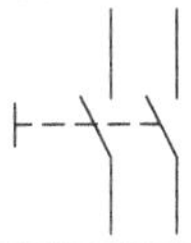	SA		常开辅助触头		KM
	三极控制开关	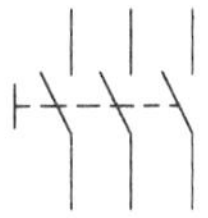	QS		常闭辅助触头		KM
	三极隔离开关	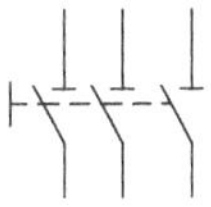	QS	时间继电器	通电延时（缓吸）线圈	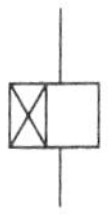	KT
	三极负荷开关	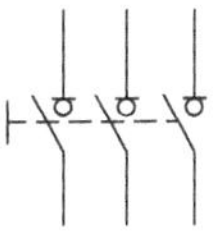	QS		断电延时（缓放）线圈	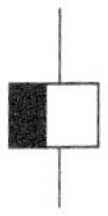	KT
	组合旋转开关	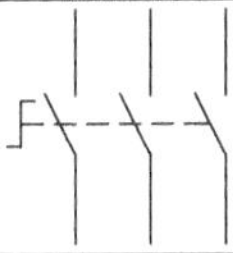	QS		瞬时闭合的常开触头		KT
	低压断路器	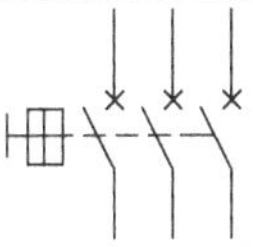	QF		瞬时断开的常闭触头		KT
	控制器或操作开关	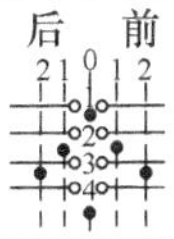	SA		延时闭合的常开触头		KT
接触器	线圈操作器件	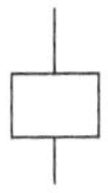	KM		延时断开的常闭触头		KT

（续）

类别	名称	图形符号	文字符号	类别	名称	图形符号	文字符号
时间继电器	延时闭合的常闭触头		KT	灯	照明灯		EL
	延时断开的常开触头		KT	接插器	插头和插座		X 插头 XP 插座 XS
电磁操作器	电磁铁的一般符号	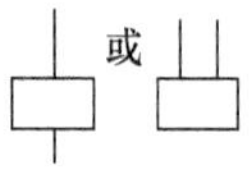	YA	位置开关	常开触头		SQ
	电磁吸盘	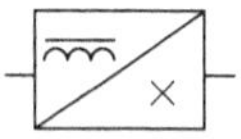	YH		常闭触头		SQ
	电磁离合器	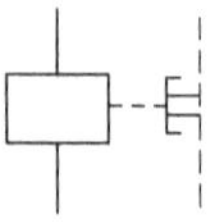	YC		复合触头		SQ
	电磁制动器	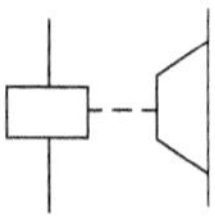	YB	按钮	常开按钮	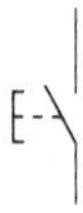	SB
	电磁阀	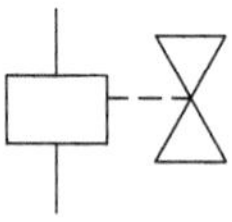	YV		常闭按钮	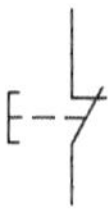	SB
非电量控制的继电器	速度继电器常开触头	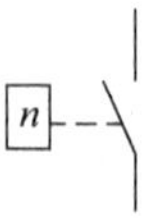	KS		复合按钮	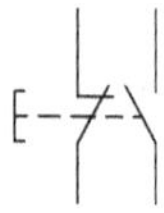	SB
	压力继电器常开触头	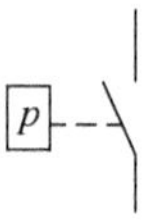	KP		急停按钮	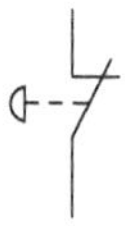	SB
发电机	发电机	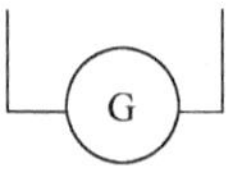	G		钥匙操作式按钮		SB
	直流测速发电机	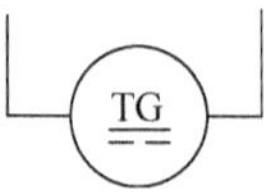	TG	热继电器	热元件	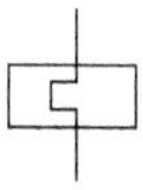	FR
灯	信号灯（指示灯）		HL		常闭触头		FR

（续）

类别	名称	图形符号	文字符号	类别	名称	图形符号	文字符号
中间继电器	线圈	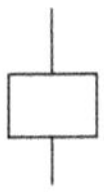	KA	电动机	三相笼型异步电动机	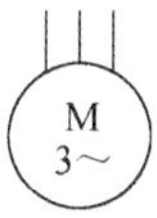	M
	常开触头		KA		三相绕线转子异步电动机	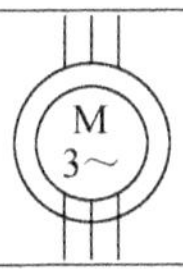	M
	常闭触头		KA		他励直流电动机	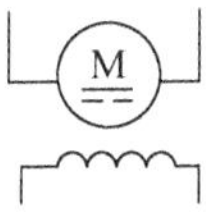	M
电流继电器	过电流线圈	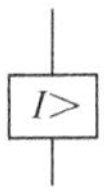	KI		并励直流电动机	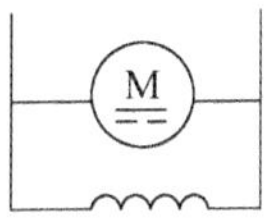	M
	欠电流线圈	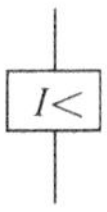	KI		串励直流电动机	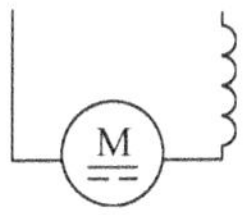	M
	常开触头		KI	熔断器	熔断器		FU
	常闭触头		KI	变压器	单相变压器	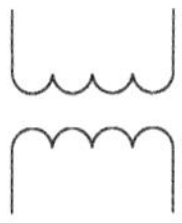	TC
电压继电器	过电压线圈	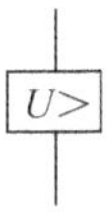	KV		三相变压器	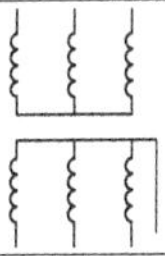	TM
	欠电压线圈		KV	互感器	电压互感器	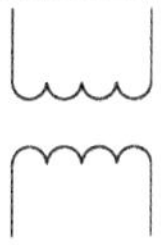	TV
	常开触头		KV		电流互感器	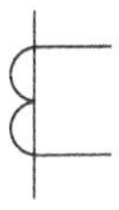	TA
	常闭触头		KV		电抗器	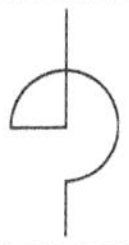	L

参考文献

[1] 金国砥，俞艳. 电工实训[M]. 北京：电子工业出版社，2007.
[2] 何焕山. 工厂电气控制设备[M]. 北京：高等教育出版社，2002.
[3] 程周. 电机拖动与电控技术[M]. 北京：电子工业出版社，2008.
[4] 曾祥富，邓朝平. 电工技能与实训[M]. 北京：高等教育出版社，2003.
[5] 阮友德. 电气控制与PLC实训教程[M]. 北京：人民邮电出版社，2007.
[6] 徐建俊. 电机与电气控制[M]. 北京：北京交通大学出版社，2006.
[7] 王炳勋，殷埝生. 电工实习教程[M]. 北京：机械工业出版社，2007.
[8] 高勤. 电气及PLC控制技术[M]. 北京：高等教育出版社，2007.
[9] 劳动和社会保障部教材办公室. 电力拖动控制电路与技能训练[M]. 北京：中国劳动社会保障出版社，2005.